Das große Buch der

Bienen

Jutta Gay und Inga Menkhoff, Jahrgang 1971 und 1972 und beide Germanistinnen, gehen seit Jahren gemeinsam auf Expedition. Sie entdecken Flüsse und Städte, beobachten Tiere und Pflanzen und schreiben als freie Autorinnen darüber Bücher und Artikel für verschiedene Verlage und Medien.

Nicht weit reisen müssen sie, um auf ihre Bienen achtzugeben: In einem Vorort Kölns kümmern sie sich seit Jahren um einen Bienenstock. Hier können sie die Insekten bei der Brutpflege, beim Sammeln und Einbringen von Pollen und Nektar beobachten und sich jedes Jahr über reiche Erträge an Honig freuen.

Jutta Gay & Inga Menkhoff

Das große Buch der Bienen

»Mein Freund, ich will der Honigbiene gleichen,
Die bald die rote Blume mag erreichen
Und bald die gelbe; fort von einer Wiesenwelt
Hinaus zur nächsten streift, wie´s ihr gefällt,
Für ihren Winter Proviante pflückend;
So bin auch ich, glaub mir, wenn ich entzückt in
Den Büchern blättre, sammle, Schönes zähle,
Dass hundert Farben ich für ein Bild wähle
Und gleichviel für das andere, begeistert
Und ohne Zwang: nach der Natur – dein Malermeister …«

PIERRE DE RONSARD (1521–1585): AN JEAN PASSERAT,
ÜBERTRAGUNG RALPH DUTLI

»Während die Königin eifrig Eier legt und die Arbeitsbienen aus- und einfliegen, um Nahrung herbeizuschaffen, die Brut füttern, Zellen bauen und den Bau reinigen, gibt es in jedem Stock ein paar hundert Insassen, die nichts tun, sondern faul ihre Zeit hinbringen. Das sind die Drohnen, die männlichen Bienen.«

WILHELM BÖLSCHE: DAS LIEBESLEBEN IN DER NATUR

Porträt einer Großfamilie

*»Willst du Gottes Wunder sehen,
musst du zu den Bienen gehen.«*
DEUTSCHES SPRICHWORT

Die große, bunte Welt der Bienen

In der farben- und formenreichen Welt der Bienen zählen die *Agapostemon*-Bienen aus der Familie der *Halictidae* dank ihres metallisch glänzenden, grün-goldenen Körpers zweifelsohne zu den auffälligsten Arten. (Linke Seite)

Unser Bild von Bienen ist das von Honigbienen. Wir kennen und schätzen sie als fleißige, emsige Insekten, die von Blüte zu Blüte fliegen, farbige Pollenbällchen an ihren Beinen sammeln und diese in die von Imkern errichteten Bienenstöcke tragen, wo eine Königin, viele Arbeiterinnen und männliche Drohnen einen Staat mit zehntausenden Bewohnern bilden. Verborgen vor unseren Augen füllen sie Waben mit einem süßen Saft an, den auch wir Menschen seit Jahrtausenden lieben und schätzen: Honig. Allein in Deutschland werden pro Jahr rund 90.000 Tonnen des begehrten Bienenprodukts konsumiert! Die Biene – ein domestiziertes Gemeinschaftswesen mit Arbeitsteilung und Hofstaat? All das ist richtig und doch nur Teil der Wahrheit. Tatsächlich ist die Welt der Bienen tausendmal bunter, vielfältiger und anders, als die meisten von uns denken.

APIS MELLIFERA – NUR EINE UNTER TAUSENDEN BIENENARTEN

Die uns vertraute Westliche Honigbiene *Apis mellifera* dürfte das am besten erforschte Insekt der Welt sein. Körperbau, Ernährung, Schlafgewohnheiten, Lebenszyklen, Kommunikation, Fortpflanzung und Nestbau – nichts, was nicht bis

Eine in Europa weit verbreitete Wildbienenart ist die Rotpelzige Sandbiene, *Andrena fulva*. Insbesondere die bis zu 14 Millimeter großen Weibchen machen mit einer fuchsroten, dichten Behaarung an der Oberseite des Körpers ihrem Namen alle Ehre.

ins kleinste Detail untersucht worden wäre. Jedes Jahr kommen weitere Erkenntnisse hinzu, immer wieder werden neue Aspekte entdeckt, die es zu erforschen gilt. Die Gründe für das intensive Interesse und die Popularität der Honigbiene liegen auf der Hand: *Apis mellifera* versorgt uns mit Honig und ist jedes Jahr

Rund ein Kilogramm Honig konsumiert jeder Deutsche durchschnittlich im Jahr und belegt damit im weltweiten Vergleich einen der Spitzenplätze. (Links)

Sinnbild des sprichwörtlichen Bienenfleißes: In ihren Pollenkörbchen sammeln die Arbeiterinnen den Pollen der Blütenpflanzen und transportieren ihn in den Bienenstock, wo er als Nahrungsmittel dient. (Rechts)

milliardenfach auf Feldern und Obstplantagen überall auf der Welt im Einsatz, womit sie einen entscheidenden Anteil an der Bestäubung und Verbreitung von Blütenpflanzen hat und ertragreiche Ernten möglich macht. Ihr Leben in komplexen Sozialverbänden gilt als vorbildlich und nicht zuletzt ist sie als Vorlage für die wohl berühmteste Biene der Literatur- und Fernsehgeschichte, die Biene Maja, den meisten vertraut, auch wenn das gezeichnete Objekt nur ansatzweise seinen real existierenden Vorbildern gerecht wird. Es gibt also genug Gründe, die Honigbiene auch in den Mittelpunkt dieses Buchs zu rücken. Doch Honigbienen bilden nur einen winzigen Ausschnitt aus der Welt der Bienen, die mehr als 20.000 Arten umfasst. Um diese Vielfalt zu erleben, muss man sich nicht in ferne Länder begeben: Rund 560 verschiedene Arten, meist Wildbienen, sind alleine in Deutschland beheimatet. Sie tragen wie die Honigbiene einen wichtigen Anteil bei der Bestäubung von Wild- und Kulturpflanzen, bereichern die Welt der Insekten mit mannigfachen Farben und Formen und faszinieren nicht zuletzt durch ihre Unterschiede im Sozialverhalten und Nestbau. Auch sie sollen in diesem Buch in angemessener Weise gewürdigt werden.

GESCHICHTE UND EVOLUTION DER BIENEN

In den 1920er-Jahren machte Alfred Cary Hawkins in einem Steinbruch bei Kinkora im US-Bundesstaat New Jersey einen bedeutenden Fund. Der engagierte Geologe und Mineraloge entdeckte einen Bernstein, der in seinem Inneren ein knapp sechs Millimeter langes Insekt enthielt. Untersuchungen ergaben, dass es sich hierbei um eine Arbeiterbiene der Gattung *Trigona* handelte und dass dieses Exemplar vor rund 65 bis 45 Millionen Jahren in einem Harztropfen eingeschlossen wurde. *Trigona prisca* galt seitdem als älteste fossile Biene der Welt. Da die Gattung *Trigona* zu der rund 370 Arten umfassenden Gruppe der *Meliponini* gezählt wird – stachellose Bienen, die wie Honigbienen dauerhafte, über mehrere Generationen bewohnte Kolonien mit Arbeitsteilung gründen –, war überdies der Beweis erbracht, dass seit vermutlich mehr als 50 Millionen Jahren Bienenarten auf der Erde existieren, die sich durch eine soziale Lebensweise auszeichnen.

Fossile Biene

Wie in goldgelben Honig eingetaucht und dort auf ewig konserviert – so sehen die ältesten, in Bernstein eingeschlossenen Exemplare von Bienen aus. Die fossilen Insekten liefern den Beweis dafür, dass die Erde schon vor Jahrmillionen von Bienen bevölkert war, die neben Käfern und Schmetterlingen für die Verbreitung und Diversifikation von Blütenpflanzen sorgten.

2006 wurde ein neues Kapitel in der Geschichte der Bienen aufgeschlagen. In einer Mine im nördlichen Myanmar entdeckte man ebenfalls eine in Bernstein eingeschlossene fossile Biene. Das knapp drei Millimeter kleine Insekt konnte als Exemplar einer bislang unbekannten, nicht mehr existierenden Bienenart identifiziert werden, das in anatomischer Hinsicht Merkmale sowohl mit fleischfressenden Wespen als auch mit pollensammelnden Bienen aufweist. Die wichtigste Erkenntnis diverser Untersuchungen des Fossils jedoch war: Das Alter von *Milittosphex burmensis*, so der wissenschaftliche Name der fossilen Biene, wurde auf 100 Millionen Jahre geschätzt. Dies entspricht dem erdgeschichtlichen Zeitraum, in dem auch Blütenpflanzen, sogenannte Bedecktsamer, in Erscheinung traten. Dies legt die Annahme nahe, dass die Entwicklung und Verbreitung von Blütenpflanzen die

Möglicherweise trugen Bienen dazu bei, dass sich vor 100 Millionen Jahren insektenbestäubte Pflanzen (links) gegenüber den Koniferen (rechts) durchsetzten und sich zur artenreichsten aller Pflanzengruppen entwickelten.

Voraussetzung für die Ausbildung pollensammelnder Bienenarten war. Doch auch der umgekehrte Fall ist denkbar: Bienen könnten die Erde schon vor der Ausbreitung von Blütenpflanzen bewohnt haben, wobei Windblütlerpollen bereits existierender Nadelbäume oder Sporen der Samenfarne ihre Nahrungsgrundlage gebildet hätten. Möglicherweise ist es also die Biene gewesen, die aufgrund ihres pollenbindenden Haarkleids den Impuls zur Entwicklung von Blütenpflanzen gab. Unstrittig ist auf jeden Fall, dass vor 100 Millionen Jahren Bienen und Blütenpflanzen die Vorteile eines Zusammenspiels entdeckten. »Nahrung gegen Verbreitung« heißt das Credo des symbiotischen Verhältnisses, das sich evolutionsgeschichtlich betrachtet schon bald als Erfolgsmodell erwies und zu entsprechenden Koevolutionen führte. Bei den Bienen zeigten sich unter anderem Veränderungen der Mundwerkzeuge sowie Optimierungen der Transportorgane, um Pollen und

***Die Maskenbiene* (Hylaeus)**

Maskenbienen bilden eine Gattung innerhalb der Unterfamilie der Hylaeinae. *Sie sind in Europa mit knapp 80 Arten vertreten, wobei einige in ihrer Existenz als bedroht gelten und entsprechend auf der Roten Liste geführt werden. Ihren Namen verdanken die verhältnismäßig klein gewachsenen Bienen einer gelben oder weißen Gesichtsmaske, die insbesondere bei den Männchen ein hervorstechendes Merkmal ist. Ansonsten zeigt die Maskenbiene einen fast durchgängig schwarzen, unbehaarten Körper. Gemeinsames Kennzeichen aller Arten ist das Fehlen von äußeren Transportorganen für Pollen: Bauchbürsten oder Pollenkörbchen wie etwa bei den Honigbienen sind nicht vorhanden. Aus diesem Grund nehmen Maskenbienen den Pollen über einen Borstenkamm auf, verschlucken ihn und würgen ihn im Nest zusammen mit dem aufgenommenen Nektar wieder aus.*

Nektar effektiver befördern zu können. Blütenpflanzen wiederum entwickelten süßen Nektar als Nahrungs- und Energiequelle, um Bienen und andere potenzielle Bestäuber anzulocken, oder bildeten sogenannte Saftmale aus, die es den Insekten erleichtern, den Nektar und die Bestäubungsorgane zu finden.

Doch damit nicht genug: Als Reaktion auf den starken Selektionsdruck und ein beständiges Konkurrenzverhältnis im »Werben« um Bestäuberinsekten entwickelten Pflanzen immer neue Methoden, um ihren Fortbestand zu sichern: Das Absondern von Sexuallockstoffen, das Vortäuschen einer üppigen Nahrungsquelle, die faktisch gar keinen oder nur wenig Nektar bereithält, oder das vorübergehende Festhalten des Insekts im Blütenkelch, um die Bestäubungswahrscheinlichkeit zu erhöhen, sind einige dieser Überlebensstrategien.

Diese Anpassungsmechanismen erwiesen sich als ungemein erfolgreich: Gegen Ende der Kreidezeit setzten sich insektenbestäubte Pflanzen (Angiospermen) mehr und mehr gegenüber den bis dahin vorherrschenden Koniferen durch und entfalteten sich zur artenreichsten aller Pflanzengruppen. Und auch der Fortbestand und die Weiterentwicklung der Bienen wurde durch das Prinzip »Nahrung gegen Verbreitung« gesichert: Bienen fliegen heute auf jedem Kontinent der Welt. Sie sind insbesondere seit der kommerziellen Nutzung durch den Menschen die mit Abstand wichtigsten Bestäuberinsekten. Und: Sie konnten im Laufe der Jahrmillionen zigtausende Arten ausbilden, die zusammengenommen die große, bunte Familie der *Apiformes* bilden.

Mit 23 bis 28 Millimetern Körperlänge ist die Blaue Holzbiene die größte in Deutschland ansässige Bienenart. Ihr schwarzer Körper und die blau schimmernden Flügel machen die solitär lebende Wildbiene, die blütenreiche Gegenden mit viel Totholz als Nistplätze bevorzugt, unverwechselbar.

Folgende Doppelseite: Die Verbreitung von Pflanzen und die Sicherung landwirtschaftlicher Erträge ist maßgeblich von der Bestäubungsleistung der Wildbienen abhängig, hier eindrucksvoll zu sehen an einer *Agapostemon splendens* aus der Familie der *Halictidae*, die Pollen aus einem Stachel-Nachtschatten befördert.

VON DER VIELFALT DER BIENEN

Das Farbenspektrum ihrer Körper reicht von metallisch-leuchtendem Grün und Blau über Rot und Schwarz bis hin zu den charakteristischen braun-gelben Mustern. Die einen zeigen gewölbte, knubbelige und mit einem dichten Haarpelz versehene Körper, die anderen präsentieren sich schlank, durchgehend schwarz und unbehaart. Doch die Unterschiede beschränken sich nicht nur auf das Äußere. Von der Honigbiene wissen wir, dass sie in Kolonien von bis zu 100.000 Tieren lebt, mit einer klar definierten Ordnung und Hierarchie zwischen Königin, Arbeiterinnen und Drohnen. Diese Lebensweise in Staaten mit Arbeitsteilung, Brutfürsorge und Futteraustausch bildet jedoch die Ausnahme unter den Bienen. Nicht wenige Arten sind parasitär, schmuggeln ihre Eier in die Brutzellen sammelnder und nestbauender Bienen und lassen sie dort aufziehen, nicht selten tötet die Schmarotzerlarve die Wirtslarve und verzehrt deren Futtervorräte. Etliche andere Arten wiederum zählen zu den sogenannten Solitär- oder Einsiedlerbienen. Sie leben nicht in Sozialverbänden, sondern kümmern sich allein und ohne Arbeitsteilung um den Bau von Nestern und die Anreicherung eines Futtervorrats. Und auch in der Frage, welches der beste Schlafplatz ist, sind sich die (männlichen) Vertreter der einzelnen Arten durchaus uneins: Die einen machen es sich in Blütenkelchen bequem, andere versammeln sich mit mehreren Artgenossen an Fruchtständen, wieder andere beißen sich in Pflanzenhalmen fest oder ziehen die gemütliche Enge eines Bienenstocks vor.

Die Sandbiene

Zahlreiche Arten der Sandbiene erinnern in ihrem äußeren Erscheinungsbild an die Westliche Honigbiene. Doch im Gegensatz zu der in Staaten organisierten Apis mellifera *führt die Sandbiene ein Leben als Einzelgänger: Von wenigen Fällen abgesehen, in denen sich meist Schwestern einer Generation ein Nest teilen, bauen die Weibchen der Sandbiene ihre Nester im Alleingang. Dazu graben sie eine bis zu 60 Zentimeter tiefe Niströhre in den Boden, legen Nistkammern an, die mit Pollen und Nektar aufgefüllt werden, platzieren dort jeweils ein Ei und verschließen die Brutzellen. Die aus den Eiern geschlüpften Larven bedienen sich des angelegten Nahrungsmittelvorrats und verpuppen sich. Bis zum Spätsommer haben sich daraus erwachsene, geschlechtsreife Bienen entwickelt, die das Nest allerdings erst im darauffolgenden Frühjahr verlassen. Einige Arten wie die Gemeine Sandbiene* (Andrena flavipes) *bringen innerhalb eines Jahres auch zwei Generationen hervor.*

Um all diesen Unterschieden gerecht zu werden, gab es in der Vergangenheit mehrere Versuche einer Klassifizierung von Bienen. Bis heute in der Forschung anerkannt und vertreten ist jene Systematisierung durch Charles Duncan Michener, die er in seinem umfassenden Standardwerk »The Bees of the World« vorgenom-

Auch Hummeln mit ihrem dichten Haarpelz zählen zu der großen Familie der Bienen. Im Gegensatz zu Honigbienen fliegen sie bereits bei geringen Temperaturen aus und zählen dank der Vibrationsbestäubung, bei der Pollen durch Kontraktion der Flügel regelrecht aus der Blüte herausgeschüttelt wird, zu den besonders effektiven Bestäuberinsekten.

men hat und die sich im Wesentlichen an den unterschiedlichen Mundwerkzeugen der Bienen orientiert. Hiernach lassen sich die *Apiformes* (Bienen) in sieben Familien einteilen, von denen sechs in Mitteleuropa beheimatet sind.

DIE SIEBEN BIENENFAMILIEN NACH CHARLES D. MICHENER

Familie *Stenotritidae*: *Stenotritidae* ist die kleinste der insgesamt sieben Bienenfamilien. Lediglich 21 verschiedene Arten der schnell fliegenden, meist behaarten Biene verteilen sich auf zwei Gattungen. Die Familie nimmt auch dahingehend eine Sonderstellung ein, dass sie ausschließlich in Australien beheimatet ist.

Familie *Colletidae*: Die Unterschiede zwischen den Vertretern der *Colletidae* sind so groß, dass die einzelnen Unterfamilien auch eigenständige Familien darstellen könnten. Der überwiegende Teil der mehr als 2000 Arten umfassenden *Colletidae*-Bienen ist in Südamerika und Australien beheimatet, lediglich die Masken- *(Hylaeus)* und Seidenbienen *(Colletes)* sind auf der Nordhalbkugel zu finden. *Colletidae*-Bienen leben stets als Solitärbienen. Sie variieren in ihrer Größe zwischen 3 und 15 Millimetern.

Die Hosenbiene gehört der Familie *Melittidae* an. Die Weibchen sind gut durch ihre charakteristischen Haarbürsten an den Hinterbeinen zu erkennen. Außerdem weisen sie auffällige weiße Haarbinden an ihrem Hinterleib auf.

Familie *Andrenidae*: Die meist solitär lebenden Vertreter dieser Familie, zu der u.a. Sand-, Erd- und Zottelbienen zählen, sind bis auf Australien, Neuseeland und Madagaskar überall auf der Welt zu finden. Bemerkenswert ist die große Artenvielfalt: Allein in der zur Unterfamilie *Andreninae* gehörenden Gattung der Sandbienen *(Andrena)* sind über 1400 verschiedene Arten bekannt, von denen mindestens 120 in Deutschland beheimatet sind.

Familie *Halictidae*: *Halictidae*-Bienen fliegen abgesehen von Antarktika auf jedem Kontinent der Welt. Charakteristische Mundwerkzeuge weisen die rund 2000 Arten dieser Familie einer gemeinsamen Gruppe zu, die sich im Hinblick auf ihr Sozialverhalten alles andere als einheitlich zeigt: Viele *Halictidae*-Vertreter leben als Solitärbienen, andere gründen temporäre Zweckgemeinschaften, wieder andere zählen zu den staatenbildenden Bienen mit hochsozialer Lebensweise. Doch es gibt auch parasitär lebende Arten wie die mit einem auffälligen roten Hinterleib versehene Blutbiene: Sie dringt in die Nester anderer Bienen ein, tötet eventuell vorhandene Wächter, bricht die Brutzellen der Wirtsbiene auf, verzehrt das dort befindliche Ei und legt an dessen Stelle ein eigenes Ei ab. Die sich daraus entwickelnde Larve verzehrt den vorhandenen Proviant und verpuppt sich. Zählt die Blutbiene aufgrund ihres rot gefärbten Hinterleibs bereits zu den optisch auffälligeren Bienen, so stechen die metallisch funkelnden Körper manch anderer *Halictidae*-Vertreter noch weit mehr ins Auge. Das gilt zum Beispiel für die zur Unterfamilie der *Halictinae* zählenden *Augochloropsis metallica*, bei der Kopf, Brust und Hinterleib metallisch-grün glänzen, oder die Schmalbiene *Lasioglossum pilosum*, die durch ihren gold-schimmernden Körper auffällt.

Familie *Melittidae*: Die Familie der *Melittidae* umfasst rund 200 Arten, die alle solitär ohne Arbeitsteilung leben und nicht selten zu den Pollenspezialisten zählen, die sich bei der Nahrungssuche auf eine bestimmte Pflanzenart oder -familie beschränken. Einige Vertreter der *Melittidae* zeichnen sich dadurch aus, dass sie Pflanzenöle, sogenannte Lipide, statt Nektar für die Aufzucht ihrer Larven verwenden, die mit Pollen vermischt werden. Ein Beispiel für dieses Sammel- und Fütterverhalten ist die in Südafrika beheimatete *Rediviva emdeorum*. Die meisten Arten der *Melittidae* sind auf dem afrikanischen Kontinent zu finden, in Deutschland beheimatet sind die zur Unterfamilie der Melittinae zählenden Sägehorn- *(Melitta)*, Schenkel- *(Macropis)* und Hosenbienen *(Dasypoda)*. Die Männchen dieser Gattungen sind zumeist Einzelschläfer, finden sich aber zuweilen auch in friedlichen Schlafverbänden zusammen: So kann man mit einigem Glück mehrere Exemplare schlafend in einer Malve oder Glockenblume finden oder zusammengeknubbelt an Fruchtständen, wo sie sich mit ihren Mundwerkzeugen festbeißen.

Familie *Megachilidae*: So unterschiedlich die Lebensformen der *Megachilidae*-Bienen sein mögen – es gibt ein Merkmal, das alle Weibchen der nichtparasitären Arten teilen: Sie verfügen über ein auffälliges Haarpolster an der Unterseite des Hinterleibs. Diese Bauchbürste wird zum Sammeln von Pollen genutzt. Darüber hinaus zeichnen sich zahlreiche Vertreter dieser großen Gruppe durch ein ausgefallenes Nestbauverhalten aus: *Osmia papaveris* beispielsweise, die Mohn-Mauerbiene, gräbt mehrere, rund vier Zentimeter lange Röhren in Sandböden.

Die Pelzbiene

Mit ihren gedrungenen, zwischen 8 und 18 Millimetern langen und mit einem dichten Haarpelz versehenen Körpern weisen Pelzbienen auf den ersten Blick durchaus Ähnlichkeiten mit einigen Hummelarten auf, mit denen sie im Übrigen auch die Fähigkeit teilen, bereits in der Morgendämmerung oder zur fortgeschrittenen Abendzeit, wenn die meisten anderen Bienen ihre Schlafstätten bereits angeflogen haben, noch Pollen zu sammeln. Die Nester der Pelzbiene befinden sich an lehmverfugten Gemäuern, zuweilen in Totholz, doch vor allem an Steilwänden und Hängen aus Lehm und Löss, wo die Insekten einfache oder mehrfach verzweigte Gänge graben und dort bis zu zehn hintereinander liegende Brutzellen anlegen. Pelzbienen beeindrucken zudem durch eine überraschend hohe Flug- und Sammelgeschwindigkeit, wobei sie in ihrem Flug oft abrupte »Bremsmanöver« und rasante Drehungen vollführen.

Den Erdaushub belässt die extrem scheue und selten gewordene Biene dabei nicht rund um das gegrabene Loch, sondern verteilt diesen im Umkreis von rund einem Meter. Um die Nisthohlräume auszukleiden, fliegt sie die purpurfarbenen Blütenblätter des Klatschmohns an, beißt kleine Stücke ab und transportiert diese zu den Nestern. Da auch das Eingangsloch nach der Eiablage mit Blütenblättern und grobem Sand verschlossen wird, sind die Nester der Mohn-Mauerbiene nur sehr schwer zu entdecken. Auch die Blattschneiderbiene *(Megachile)* beißt Stücke aus Blättern zur Auskleidung der Nester aus. Im Gegensatz zur Mohn-Mauerbiene zerknüllt sie diese jedoch nicht, sondern transportiert diese ovalen oder runden Stücke zu den Nestern, die sie in Mauerspalten, Erdhöhlen, Hohlräumen von Baumstümpfen und Pfosten oder gar in hohlen Stängeln verschiedener Pflanzen anlegt. Der Flug mit den im Vergleich zur Körpergröße der Bienen oft beeindruckend großen Blattstücken ist ein sehenswertes Schauspiel, das wir auch in unseren Breitengraden genießen können, da die Blattschneiderbiene weit verbreitet und zudem häufig nahe menschliche Behausungen anzutreffen ist.

Familie *Apidae*: Mit geschätzten 14.000 Arten bildet die Familie der *Apidae* die mit Abstand größte Gruppe unter den Bienen. Wer glaubt, dass die uns so vertraute Honigbiene einen bemerkenswerten Anteil an dieser Vielfalt trägt, täuscht gewaltig: Die Honigbiene *Apis* ist weltweit mit nur neun Arten vertreten, von denen acht im asiatischen Raum beheimatet sind. Bleibt demnach nur eine einzige, in 30 Rassen zu differenzierende Honigbienenart, *Apis mellifera*, die auf der Nordhalbkugel und in Afrika beheimatet ist. Sie wird von Imkern zur Honigproduktion und zur Bestäubung von Kulturpflanzen eingesetzt. Daneben zählen die mit über 50 Arten in Europa vertretenen Hummeln ebenso zur Gruppe der *Apidae* wie stachellose Bienen, die dauerhafte Kolonien gründen und ihre Nester über mehrere Generationen bewohnen.

Blattschneiderbienen bauen ihre Nester in Baumlöchern, Mauerspalten, Erdhöhlen und anderen vorhandenen Hohlräumen oder sie graben ihre Nester selbst in markhaltigen Stängeln, Totholz oder im Boden. Die Brutzellen werden mit abgeschnittenen Blattstücken verschlossen.

Systematisierung von Bienen in Familien und Unterfamilien nach Charles D. Michener (2007)

- ORDNUNG: Hymenoptera (Hautflügler)
  - UNTERORDNUNGEN: Symphyta (Pflanzenwespen)
  - Apocrita (Taillenwespen)
    - TEILORDNUNGEN: Aculeata (Stechimmen)
      - ÜBERFAMILIE: Apoidea
        - Apiformes (Bienen)
          - Familie Stenotritidae (ca. 20 Arten)
          - Familie Colletidae (über 2000 Arten)
            - Unterfamilie Colletinae (Seidenbienenartige)
            - Unterfamilie Hylaeinae
            - Unterfamilie Diphaglossinae
            - Unterfamilie Xeromelissinae
            - Unterfamilie Euryglossinae
          - Familie Andrenidae (über 2500 Arten)
            - Unterfamilie Andreninae (Sandbienenartige)
            - Unterfamilie Alocandreninae
            - Unterfamilie Panurginae
            - Unterfamilie Oxaeinae
          - Familie Halictidae (über 500 Arten)
            - Unterfamilie Halictinae (Furchenbienenartige)
              - Halictus
              - Lasioglossum
              - Agapostemon
              - Sphecodes (Blutbienen)
            - Unterfamilie Rophitinae
            - Unterfamilie Nomiinae
            - Unterfamilie Nomioidinae
          - Familie Melittidae (ca. 200 Arten)
            - Unterfamilie Melittinae (u.a. Sägehornbiene)
            - Unterfamilie Meganomiinae
            - Unterfamilie Dasypodainae (u.a. Hosenbiene)
          - Familie Megachilidae (ca. 1000 Arten)
            - Unterfamilie Fideliinae
            - Unterfamilie Megachilinae (u.a. Blattschneiderbiene)
          - Familie Apidae (Echte Bienen – knapp 14.000 Arten)
            - Unterfamilie Xylocopinae
            - Unterfamilie Nomadinae
            - Unterfamilie Apinae
              - Anthophora (Pelzbienen)
              - Apis (Honigbienen)
                - Apis dorsata (Riesenhonigbiene)
                - Apis florea (Zwerghonigbiene)
                - Apis laboriosa (Kliffhonigbiene)
                - Apis koschevnikovi (Asiatische Rote Honigbiene)
                - Apis mellifera (Westliche Honigbiene)
                - Apis nigrocincta
                - Apis nuluensis (Asiatische Bergbiene)
              - Biastes (Kraftbienen)
              - Bombus (Hummeln)
              - Ceratina (Keulhornbienen)
              - Epeoloides (Schmuckbienen)
              - Epeolus (Filzbienen)
              - Eucera (Langhornbienen)
              - Melecta (Trauerbienen)
              - Melipona (stachellose Biene)
              - Nomada (Wespenbienen)
              - Thyreus (Fleckenbienen)
              - Xylocopa (Holzbienen)
        - Sphecidae (Grabwespen)
      - Vespoidea (Wespenartige)
        - Familie Tiphiidae (Rollwespen)
        - Familie Sapygidae (Keulenwespen)
        - Familie Mutillidae (Ameisenwespen)
        - Familie Pompilidae (Wegwespen)
        - Familie Formicidae (Ameisen)
        - Familie Vespidae (Faltenwespen)
          - Unterfamilie Vespinae (Echte Wespen)
            - Vespa (Hornissen)
            - Kurzkopfwespen (u.a. Deutsche Wespe und Gemeine Wespe)
          - Unterfamilie Polistinae (Feldwespen)
          - Unterfamilie Eumeninae (Lehmwespen)
          - Unterfamilie Masarinae (Honigwespen)
        - Familie Scoliidae (Dolchwespen)
      - Chrysidoidea
    - Terebrantia (Legimmen)

Hornissen stechen durch ihre enorme Größe hervor: Sie können zwischen 18 und 25 Millimeter lang werden, die Königin sogar bis zu 35 Millimeter. Entgegen dem Irrglauben, Hornissen seien aggressive, angriffslustige Insekten, zeigen sie sich tatsächlich friedliebend und scheu.

Im Frühjahr beginnt die junge Wespenkönigin mit dem Bau des Nestes. Ausgangsmaterial für die Wespennester ist morsches, trockenes Holz, das zu Kügelchen zerkaut wird. Die Nester sind stets nach unten hin geöffnet. (Rechte Seite)

Ein anderer Zweig – Wespen und Hornissen

Manche Tiere haben das, was man ein Imageproblem nennen könnte. Anlässe für die fehlende Sympathie des Menschen gewissen Tieren gegenüber gibt es genug: Aussehen oder Geruch, Haptik oder Verhalten. Es ist in erster Linie die Angewohnheit, sich »ungefragt« über nichtgesicherte Lebensmittel herzumachen und ggf. einen Stachel zur Abwehr einzusetzen, die der Wespe ihren schlechten Ruf eingebracht hat. Die markanten, gelb-schwarz gemusterten Insekten gelten gemeinhin als lästig und überflüssig, ihre größten Vertreter, die Hornissen, gar als gefährlich. Doch wer macht sich da eigentlich genau über unser Essen her? Teilen alle Wespen unsere Vorliebe für Zucker und Fleisch? Und was haben Bienen damit zu tun? Der Versuch einer Aufklärung – und Rehabilitation:

Bienen, Hummeln, Wespen und Hornissen teilen sich in der Systematik der Insekten die Zugehörigkeit zur Ordnung der Hautflügler (Hymenoptera) *und zur Teilordnung der Stechimmen* (Aculeata). *Die Differenzierung erfolgt auf der Ebene der Überfamilie: Während Bienen zu den* Apoidea *zählen, gehören Wespen und Hornissen ebenso wie Ameisen zur Überfamilie* Vespoidea, *die sich in zehn Familien aufteilt und rund 24.000 Arten umfasst. Im Gegensatz zu den meisten Vertretern der* Vespoidea, *die solitär leben, gründen Wespen und Hornissen Staaten mit mehreren Tausend Bewohnern. Darüber hinaus zeichnet sich ihr Leben durch klare Arbeitsteilung und intensive Brutpflege aus.*

Im Frühjahr beginnt die junge Wespenkönigin mit dem Bau des Nestes und der Gründung des Staates, bei der sie ganz auf sich allein gestellt ist. Zunächst schabt sie Fasern von morschem, trockenem Holz ab, vermischt diese mit Speichel und verwendet dann das Material zum Bau von zehn bis 20 Brutwaben, in die sie jeweils ein Ei legt und die sie mit Spermien aus der Samentasche befruchtet. Sind die Larven geschlüpft, übernimmt die Königin auch die Fütterung mit toten Insekten. So wächst eine erste Generation an Arbeiterinnen heran, die fortan für

Wespen gehören zusammen mit Bienen und Hummeln zu der Ordnung der Hautflügler. Wie bei der Honigbiene zeichnet sich auch das Leben im Staat der Echten Wespe nach dem Schlüpfen der ersten Generation durch klare Arbeitsteilung und intensive Brutpflege aus.

Die Wespenkönigin legt zunächst zehn bis 20 Brutwaben an, in die sie jeweils ein Ei legt und die sie mit Spermien aus der Samentasche befruchtet. (Rechte Seite oben)

Wespen zeichnen sich durch ihre kontrastreiche schwarz-gelbe Färbung aus, die Warnzwecken dient. (Rechte Seite unten)

die Erweiterung und Pflege des Nestes sowie die Versorgung der Larven verantwortlich ist. Die Königin verlegt ihr »Kerngeschäft« indes auf die Eiablage und Vergrößerung des Staates. So wächst im Laufe von Monaten ein Wespenstaat heran, der bis zu 10.000 Tiere, in warmen Regionen fremder Kontinente sogar 50.000 Insekten umfasst.

Während die Königin das Nest nun nicht mehr verlässt, schwärmen die Arbeiterinnen auf der Suche nach Nahrung aus. Und hier kommt es zu den ungeliebten Zusammenstößen zwischen Mensch und Wespe, wobei es lediglich zwei Arten sind, die uns das Essen streitig machen: die Deutsche Wespe (Paravespula germanica) *und die Gemeine Wespe* (Paravespula vulgaris). *Beide Arten legen ihre Nester gerne in der Erde an, wo sie vorhandene Mäuse- oder andere Tierlöcher nutzen. Doch auch menschliche Behausungen dienen diesen Wespenarten als Nistplatz, hier vor allem dunkle Hohlräume, wie sie sich etwa auf Dachböden oder an Rollladenkästen befinden. Da die Deutsche Wespe ebenso wie die Gemeine Wespe Populationen mit vielen Tausend Tieren ausbilden kann, fallen sie uns Menschen aufgrund ihrer Stückzahl zuweilen unangenehmer auf als andere Insekten.*

Um ihre Brut zu versorgen, sind die Arbeiterinnen auf der Suche nach zwei Grundstoffen: Proteine zur Fütterung der Larven und zuckerhaltige Säfte als Energielieferant für den eigenen Körper. In der freien Natur findet sie beides in Gestalt von kleinen Insekten wie Mücken oder Wanzen bzw. Blütennektar oder dem Saft reifer Früchte. Mit unseren Ess- und Trinkgewohnheiten liefern wir Menschen den Wespen jedoch ebenso einen idealen Futterplatz: Fruchtsäfte und Limonaden auf der einen Seite, Aufschnitt und andere Fleischsorten auf der anderen Seite bieten den Insekten alles, was sie suchen. Wen mag es da verwundern, dass die Tiere mit Vorliebe unsere gedeckten Tische anfliegen? Das macht sich besonders im Spätsommer bemerkbar, wenn die Populationen von Gemeiner und Deutscher Wespe ihren Höchststand erreichen und mit dem Tod der Königin zugleich die allmähliche Auflösung des Staates beginnt: Da über die Königin keine weiteren Eier im Nest ausgelegt werden, fehlen den Arbeiterinnen auch die kohlehydratreichen Speicheltropfen, die sie von den Larven während der Brutpflege als Energielieferant erhalten. Nahrungsknappheit tritt auf, sodass die Arbeiterinnen verstärkt gezwungen sind,

außerhalb des Nestes nach Energiequellen zu suchen. Zudem schwärmen geschlechtsreife Wespen aus, um einen Platz zum Überwintern zu finden. Nur ein Bruchteil von ihnen überlebt die kalten Monate und beginnt dann im Frühjahr mit dem Bau eines Nestes, das zum Grundstock für die nächste Wespenpopulation wird.

Neben Deutscher Wespe und Gemeiner Wespe gibt es eine weitere Gattung Echter Wespen, die den meisten Menschen die größte Freude bereitet, wenn sie sich erst gar nicht zeigt. Hornissen lassen sich aufgrund ihrer Größe recht einfach von anderen Mitgliedern der Familie unterscheiden: Die Arbeiterinnen erreichen eine Körpergröße zwischen 18 und 25 Millimetern, die Königin wiederum sticht mit 35 Millimeter deutlich hervor. Da natürliche Baumhöhlen als ursprüngliche Nistplätze sehr selten geworden sind, lassen sich Hornissen mittlerweile oft in Holzschuppen nieder, in Nischen an Dachböden und Balkonen oder an Hausverkleidungen aus Holz, wo sie bis zu 700 Tiere umfassende Nester bilden. Selten stößt dieses Vordringen in den menschlichen Siedlungsbereich auf die Gegenliebe der Anwohner. Die Insekten gelten als gefährlich und aggressiv, das Sprichwort »Sieben Hornissenstiche töten ein Pferd, drei einen Erwachsenen und zwei ein Kind« hält sich hartnäckig in den Köpfen vieler Menschen. Aus Sorge vor Stichen wurden Hornissennester lange Zeit vorsorglich vernichtet, wodurch sich der Bestand in vielen Regionen dramatisch reduzierte. Seit 1987 steht die einheimische Vespa crabo unter Naturschutz. Wer sich den Tieren behutsam und mit der nötigen Ruhe nähert, wird feststellen, dass Hornissen friedfertige Tiere sind und sogar scheuer als Honigbienen. Ihr Gift ist zudem nicht toxischer als das von Wespen, das Sprichwort ein seit Langem widerlegter Irrglaube.

10 Tipps zum Umgang mit Wespen und Bienen

Es ist ein Schauspiel, das sich Jahr für Jahr auf Balkonen und Terrassen, auf Wiesen und in Gärten wiederholt: Kaum ist der sonntägliche Kaffeetisch gedeckt oder der Grillteller angerichtet, nähert sich aus der Luft ungebetener Besuch. Und schon ist der Kampf zwischen Mensch und Insekt eröffnet. Was tun? Vertreiben, selbst auf die Gefahr hin, mit den Abwehrmechanismen der Tiere konfrontiert zu werden? Geduldig ertragen und mitansehen, wie sich die Wespen auf den frisch servierten Pflaumenkuchen stürzen oder mit Feuereifer über das Fleisch hermachen? Oder doch besser gleich den Rückzug in sichere Innenräume antreten?

Die Beantwortung dieser Frage hat schon mehr als eine Kaffee- oder Grillgesellschaft entzweit. Doch wenn man die folgenden Verhaltensregeln beachtet, hat man gute Chancen, dass der Konfrontationskurs durchaus in gegenseitiger Duldung münden kann.

- *Vermeiden Sie abrupte Bewegungen, denn Hektik und Stress setzen die Verteidigungsmechanismen der Tiere erst recht in Gang. Ruhe zu bewahren, ist der größte Schutz vor einem Stich, zumal der Angstschweiß des Menschen die Alarmbereitschaft und damit die Aggressivität der Tiere erhöht.*
- *Decken Sie Gläser, die süße Getränke beinhalten, ab, und trinken Sie nicht direkt aus Flaschen oder Dosen. Benutzen Sie entweder einen Strohhalm oder füllen Sie das Getränk in ein Glas um.*
- *Offen liegendes Fleisch oder Süßwaren sind eine wahre Einladung für Wespen. Decken Sie auch diese Lebensmittel ab und entsorgen Sie etwaige Reste möglichst schnell.*
- *Pusten Sie Wespen nicht weg, denn das in unserem Atem enthaltene CO_2 ist im Nest ein Alarmstoff und löst entsprechende Verhaltensmuster bei den Bienen aus.*
- *Machen Sie sich nicht selbst zu einer Blumenwiese, indem Sie bunte Kleidung und süße Parfüms oder Hautcremes benutzen. Auch wenn die Wespen den Unterschied von Nahem erkennen: Angeflogen werden Sie trotzdem!*
- *Fünf bis zehn Meter vom Essplatz entfernt können Ablenkungsfutterplätze eingerichtet werden. Als Lockmittel eignen sich reife Früchte mit einem hohen Fruchtzuckeranteil, insbesondere Weintrauben.*

Da sich Wespen gerne an süßen Getränken laben, sollte man nicht direkt aus der Dose oder Flasche trinken. Gläser sollten abgedeckt werden. Auch offenliegendes Fleisch oder Süßwaren locken Wespen an.

Folgende Doppelseite: Der Wabenbau der Honigbiene wird seit jeher als ein Wunderwerk der Natur bestaunt. Der Bauplan, das An- und Ineinanderfügen der sechseckigen Zellreihen beiderseits der Mittelwand, gewährt bei geringstem Materialaufwand das größtmögliche Fassungsvermögen und Stabilität.

- *Laufen Sie nicht barfuß über Blumen- und Kleewiesen. Hier tummeln sich besonders gerne Bienen, Hummeln und Wespen.*
- *Ernten Sie in Ihrem Garten rechtzeitig das Obst und entfernen Sie vor allem Fallobst von der Wiese. Auch hier lassen sich Wespen mit Vorliebe nieder.*
- *Bringen Sie Fliegengitter an Fenstern und Türen an. Das schützt in erster Linie vor lästigen Mücken, hält aber auch jene Bienen- und Wespenarten – insbesondere Hornissen – ab, die noch in der Abenddämmerung unterwegs sind und Lichtquellen ansteuern.*
- *Und nicht zuletzt: Halten Sie einen gebührenden Abstand von mindestens drei Metern zu Wespennestern und versperren Sie die Flugbahnen der Tiere nicht.*

»Was dem Schwarm nicht nützt, das nützt auch der einzelnen Biene nicht.«

MARC AUREL

Auf und unter den Pelz geschaut – Körper der Bienen

In Deutschland sind rund 560 Bienenarten beheimatet. Der mit Abstand größte Teil der *Apiformes* zählt zur Gruppe der Wildbienen, die im Gegensatz zur Westlichen Honigbiene, aber auch einigen anderen Arten nicht gezielt in der Landwirtschaft zur Bestäubung von Kulturpflanzen oder zur Gewinnung von Honig eingesetzt und von Imkern in eigens dafür eingerichteten Nisthöhlen gehalten werden. Die Unterschiede in der äußeren Erscheinung von Bienen sind gewaltig und beginnen schon bei der Größe: Manche Arten sind mit 3 Millimeter Länge nur schwer auszumachen, andere erreichen mit 30 Millimeter durchaus das Format von Hornissen. Und doch gibt es Grundzüge im Körperbau, die Bienen unabhängig von ihrer Art und dem Geschlecht auszeichnen.

GLIEDERUNG DES KÖRPERS

Der Kopf der Biene wird von zwei Komplex- bzw. Facettenaugen dominiert, die ein Bild der Umgebung erzeugen, das sich aus vielen Bildpunkten zusammensetzt und die Auflösung des menschlichen Auges nicht erreicht. Die Geruchswahrnehmung wiederum wird durch die Fühler gewährleistet, die paarig am Kopf entspringen und dank ihres segmentartigen Aufbaus aktiv bewegt und exakt ausgerichtet werden können.

Der Körper von Wild- wie auch Honigbienen ist mehr oder weniger eindeutig in die Segmente Kopf (Caput), Brust (Thorax) und Hinterleib (Abdomen) eingeteilt. Das kleinste Segment, der Kopf, ist Sitz für die wichtigsten Sinnesorgane und die Mundwerkzeuge. Vom Thorax, der als Bewegungszentrum der Biene bezeichnet werden kann, gehen drei Beinpaare und zwei Flügelpaare ab. Der Abdomen beherbergt die meisten inneren Organe und – zumindest bei den weiblichen Bienen – den Stachelapparat. Anstatt eines Knochenskeletts verfügen Bienen über einen dünnen, aber sehr harten Chitinpanzer, der den Körper des Insekts stützt und schützt. Nicht zuletzt ihr ökonomischer und ökologischer Nutzwert hat vor allem die Honigbiene in den vergangenen Jahrzehnten zu einem viel und intensiv erforschten Objekt gemacht. Seitdem 2006 das Erbgut der *Apis mellifera* entschlüsselt wurde und nun mit dem Genom anderer Insekten verglichen werden kann, sind weitere Erkenntnisse über die biologischen Grundlagen oder die Herkunft und Abstammung der Honigbiene hinzugekommen. Doch unabhängig vom Wissen um den genetischen Code sind Bienen ausführlich untersuchte Tiere, die mit jeder neuen wissenschaftlichen Erkenntnis an Faszination gewinnen.

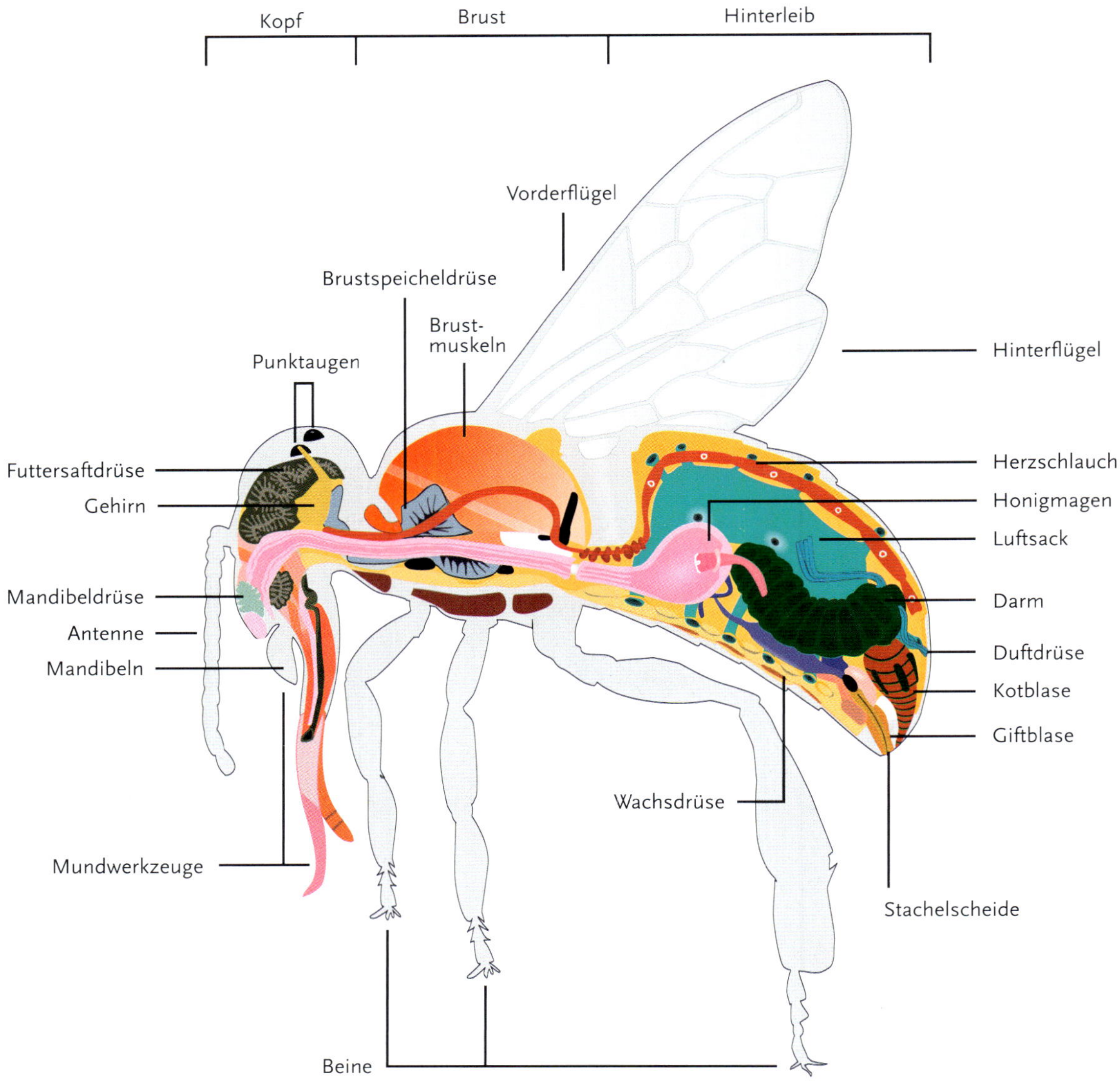

KOPF (CAPUT)

Mittig auf dem Kopf der Biene befinden sich, kaum sichtbar, drei Punktaugen, auch Ocellen genannt. Sie sind kleiner als der Kopf einer Stecknadel und verfügen über nur jeweils eine Linse, hinter der sich hunderte Sinneszellen zur Erfassung der Lichtstärke befinden, die wiederum ein Gradmesser zur Einschätzung der Tageslänge ist. Die Sinneseindrücke, die über die Punktaugen an das Gehirn weitergeleitet und dort zu Informationen verarbeitet werden, steuern vermutlich die innere Uhr von Insekten und könnten zudem als eine Art Licht-Kompass die Navigation und Orientierung der Insekten unterstützen.
Das den Kopf dominierende Sinnesorgan der Biene sind die zwei großen Facettenaugen, auch Komplexaugen genannt. Dieser Begriff trägt dem Umstand Rechnung, dass es sich hierbei nicht um ein einzelnes Auge, sondern vielmehr um einen

Sobald es um die Aufnahme von Flüssigkeiten wie Blütennektar und Wasser oder den Austausch von Futter geht, kommt der Rüssel der Biene zum Einsatz. Er wird aus den paarig angelegten Unterkiefern und Lippentastern gebildet, die eine Art Röhre bilden, in der sich die Zunge auf und ab bewegt. Das Löffelchen, eine Ausstülpung am Ende der Zunge, erleichtert dabei die Aufnahme der Flüssigkeit. (Links)

Die Facetten- bzw. Komplexaugen, hier am Beispiel einer Rasterelektronenaufnahme des Kopfbereichs einer Deutschen Wespe *(Vespula germania)*, setzen sich bei der Biene aus jeweils rund 6000 Einzelaugen zusammen, die dem Insekt ein Umgebungsbild mit mosaikartiger Grundstruktur liefern. (Rechts)

Komplex aus mehreren Tausend Einzelaugen, sogenannte Ommatidien, handelt, die alle mit einem eigenen Nervenende verbunden sind. Jedes dieser Ommatidien registriert nur jeweils einen winzigen Bildpunkt mit einer eigenen Linse, die vollkommen unbeweglich ist. Im Gehirn der Biene werden die Signale der Einzelaugen zu einem pixeligen, mosaikartigen Gesamtbild zusammengefügt. Bienen überblicken im Vergleich zum Menschen einen weitaus größeren Bildwinkel, besitzen dafür jedoch kein nennenswertes räumliches oder gegenständliches Sehvermögen. Und noch eines ist erwiesen: Bienen können Farben sehen und unterscheiden. Diese Erkenntnis ist vor allem dem österreichischen Zoologen Karl Ritter von Frisch zu verdanken, dessen wissenschaftliches Interesse insbesondere der Erforschung der Sinneswahrnehmungen von Honigbienen galt. »Bienen-Frisch« entwickelte zu Beginn des 20. Jahrhunderts ein ebenso einfaches wie gelungenes Verfahren, um die Frage nach der Farbwahrnehmung zu untersuchen: Hierfür legte er Tafeln mit unterschiedlichen Graustufen aus und platzierte zwischen diese eine blaugefärbte Tafel. Auf ihr befand sich ein Schälchen mit Zuckerwasser. Der Vorteil dieser Futterquelle: Bienen können Zuckerwasser nicht über den Geruchssinn orten, sondern orientieren sich über die visuellen Eindrücke. Sobald die Versuchsbienen gelernt hatten, dass Blau identisch ist mit einer Futterquelle, steuerten sie gezielt die blaue Tafel an, auch wenn sich hier kein Zuckerwasser befand und die Karten neu verteilt wurden. Die grauen Tafeln hingegen lösten kein Futtersuchverhalten aus. Damit war der Beweis erbracht, dass Bienen nicht, wie damals hinlänglich angenommen, farbenblind sind.

Bienen riechen mit ihren Fühlern, auch Antennen genannt. Gut sichtbar ist deren segmentartiger Aufbau: Auf den längeren Schaft folgt ein Wendeglied, dem sich 10 und bei Drohnen 11 Glieder anschließen. Im Wendeglied sitzt das Johnstonsche Organ, ein Vibrationssensor, mit dem das fliegende Insekt nicht nur die Eigengeschwindigkeit, sondern auch die Körperlage bestimmen kann.

Heute wissen wir es genauer: Während der Mensch zur Wahrnehmung von Farben über drei Arten von Zapfen-Fotorezeptoren – Blau, Grün und Rot – verfügt, haben sich bei den Bienen UV-Rezeptoren anstatt der Rot-Rezeptoren entwickelt. Die Insekten sind also rotblind, nehmen die Blütenblätter des Klatschmohns beispielsweise als dunklen Fleck wahr. Dafür vermögen sie ultraviolettes Licht zu sehen. Hintergrund dieser Fähigkeit ist: Bienen orientieren sich beim Flug am Stand der Sonne bzw. am Polarisationsmuster des Himmels, das im kurzwelligen, ultravioletten Bereich die größte Stabilität aufweist und damit der wichtigste Wegweiser für die Insekten ist. Durch das veränderte Farbspektrum, das sich durch eine grundsätzliche Verschiebung des langwelligen Bereichs in Richtung kurzwelligen Bereich auszeichnet, nehmen Bienen ihre Umwelt also anders wahr als der Mensch. Diesen Umstand wissen Blütenpflanzen durchaus für sich zu nutzen: Sie weisen Pigmente auf, die ultraviolettes Licht reflektieren, für das menschliche Auge also unsichtbar sind, von Bienen jedoch erkannt werden. Kronblätter zahlreicher Blüten beispielsweise, die für uns eine durchgängig gelbe Fläche aufweisen, offenbaren mit den Komplexaugen eines Insekts betrachtet klare Muster und Zeichnungen. Sie signalisieren zum Beispiel, dass sich hier üppige Nektarquellen befinden, oder wirken wie Markierungen, die den optimalen Landeplatz anzeigen.

Die Regeln der Farbwahrnehmung gelten jedoch nur unter einer Voraussetzung: Die maximale Fluggeschwindigkeit von bis zu 30 km/h muss deutlich gedrosselt sein, denn nur im Schleichflug unter 5 km/h nehmen Bienen Farben wahr. Fliegen sie hingegen mit normaler Geschwindigkeit, erscheint ihnen die Umwelt als grob

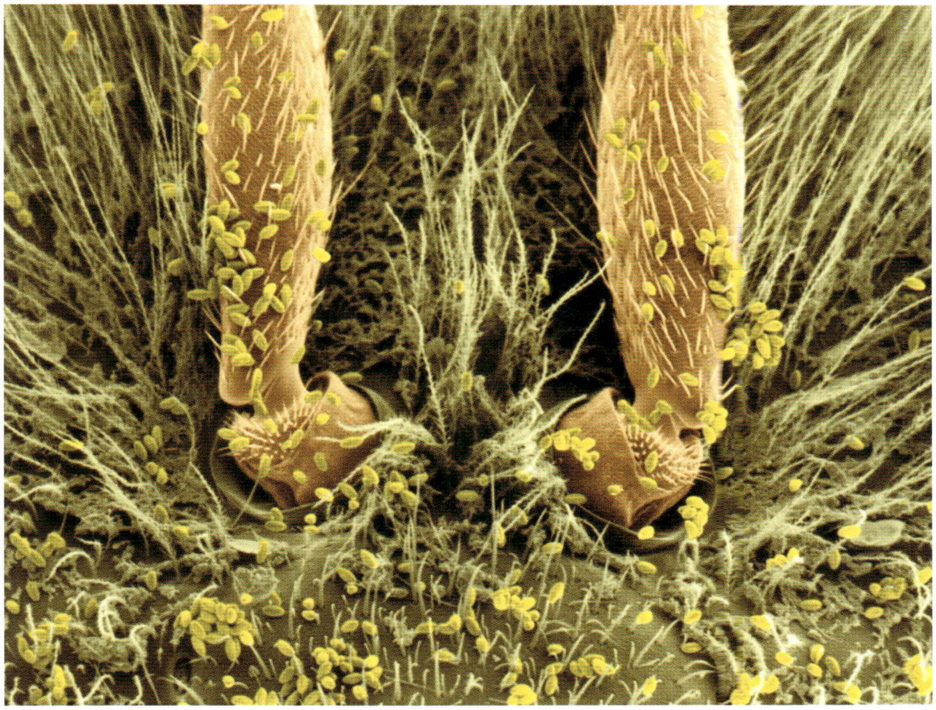

Die mit Sinnesborstenfeldern ausgestatteten Antennen sind mit einem Kugelgelgenk in der Kopfkapsel verankert.

gerastertes, schwarz-weißes Bild. Zum Ausfindigmachen und Orten von Blüten als Nahrungsquelle dient ihnen dann auch ihr ausgeprägter Geruchssinn.
Doch spätestens hier drängt sich die Frage auf, womit Bienen eigentlich riechen. Selbst bei genauem Betrachten des Insektenkopfes unter einer Lupe wird man keine Nase finden können, die als solche klar identifizierbar wäre. Dabei zeigen Untersuchungen, dass Bienen über ein deutlich sensibleres Riechorgan verfügen als der Mensch. Doch wo sitzt es? Die Antwort: Bienen riechen mit ihren Fühlern,

Bienen auf Sprengstoffsuche

Ihr hochsensibles Geruchsorgan gepaart mit einem großen Lerneifer wird Bienen möglicherweise in naher Zukunft ein Aufgabenfeld bescheren, das fernab der Bestäubung von Nutzpflanzen liegt. Die Wahrnehmung auch geringster Duftkonzentrationen hat vor einigen Jahren Forscher auf die Idee gebracht, den Einsatz von Bienen als Sprengstoffsucher zu testen. Dabei durchlaufen die Bienen zunächst einen Konditionierungsprozess, bei dem sie immer dann Zuckerwasser erhalten, wenn sie zuvor geringen Mengen an gasförmigem TNT ausgesetzt waren (s. Foto: Konditionierung im Forschungszentrum für Insektenbiotechnologie in Gießen). Nach nur drei Trainingsdurchgängen haben die Bienen die Information gespeichert: Wo Sprengstoff ist, befindet sich auch eine Futterquelle. Nun können sie, mit winzigen Sendern ausgestattet, in von Sprengstoff durchsetzten Gebieten ihrer Arbeit nachgehen. Dank ihrer Fähigkeit, auch kleinste Duftmoleküle in einem Meer von Gerüchen zu sondieren und zu identifizieren, steuern sie gezielt auch im Boden vergrabene Minen an. Die Erfolgsquote liegt bei mehr als 90 Prozent.
Die Ausbildung von Bienen zu »Antiterroreinheiten« steckt bislang noch in den Kinderschuhen. Doch alle Experimente in diese Richtung erwiesen sich bislang als sehr vielversprechend, sodass Überlegungen reifen, die »Spürnasen« oder besser »Spürantennen« auch bei der Suche nach gefährlichen Chemikalien und anderen Substanzen einzusetzen.

Der Saugrüssel der Arbeiterinnen ist deutlich länger als der von Königinnen und Drohnen. Diese anatomische Besonderheit trägt dem Umstand Rechnung, dass die Arbeiterinnen für die Nahrungsbeschaffung innerhalb des Bienenstocks zuständig sind und deshalb auch an den tiefer in Blütenkelchen liegenden Nektar gelangen müssen.

die auch als Antennen bezeichnet werden. Sie sind paarweise angelegt und identisch im Aufbau: Direkt vom Kopf geht ein beweglicher Schaft ab, dem ein sehr kurzes Wendeglied folgt. Diesem wiederum schließen sich bei den Arbeiterinnen und der Königin zehn weitere Glieder, bei Drohnen elf Glieder an, die unter dem Mikroskop klar zu definieren sind. Auf ihnen befinden sich Tausende Tasthaare und Rezeptoren, die auch auf Duftstoffe reagieren und einen entsprechenden Informationsfluss Richtung Gehirn freisetzen. Doch damit nicht genug. Mithilfe ihrer Fühler vermögen Bienen Temperaturunterschiede von weniger als 0,1 °C ebenso wahrzunehmen wie Veränderungen der Luftfeuchtigkeit oder des Kohlenstoffdioxidgehalts. Und bei der Ortung von Blütenpflanzen über Duftstoffe erhält die Biene nicht nur die Information, dass sich irgendwo im Umkreis eine Futterquelle befindet. Dank der Beweglichkeit ihrer Antennen ist sie zudem in der Lage, räumlich zu riechen, sie kann also bestimmen, aus welcher Richtung der Duft der Blütenpflanze verströmt wird und damit direkt das Zielobjekt ansteuern.

Unterhalb der Antennen, Punkt- und Facettenaugen befinden sich die Mundwerkzeuge der Biene, die sich aus Mandibeln (Oberkiefer) und Maxillen (Unterkiefer) zusammensetzen. Da Bienen ihre Nahrung auch leckend und saugend aufnehmen, wurden die Mundwerkzeuge im Verlauf der Evolution entsprechend optimiert: Die Maxillen bilden zusammen mit der Unterlippe bzw. den Lippentastern einen Saugrüssel, in dem sich eine behaarte Zunge bewegt. Mithilfe dieses Rüssels (Proboscis) werden nicht nur Blütennektar und Wasser aufgesaugt: Auch der Futteraustausch mit Stockbienen findet über dieses Mundwerkzeug statt, das bei Nicht-Gebrauch in einer Furche an der Unterseite des Bienenkopfes eingeklappt wird und somit nicht sichtbar ist.

Die kräftigen Mandibeln hingegen setzen die Insekten wie Zangen ein. Mit ihnen formen sie Wachs zum Bau von Waben und sammeln Pflanzenharze ein. Sie gebrauchen das Werkzeug aber auch, um Feinde festzuhalten, bevor sie ihren Stachel ausfahren, und um Blüten aufzuschneiden, damit sie Zugang zum begehrten Nektar finden, oder – wie die Blattschneiderbiene – Stücke aus Blättern herauszuschneiden, die zur Auskleidung des Nestes dienen.

Und schließlich ist der Kopf der Biene Sitz mehrerer Drüsen, die Sekrete zum Teil nach außen, zum Teil nach innen abgeben. Arbeiterinnen verfügen über sogenannte Futtersaftdrüsen, die paarweise im Kopf angelegt sind und eine verstärkte Aktivität in jenem Lebensabschnitt aufweisen, den die Tiere mit der Versorgung der Larven und der Königin zubringen. Dann produzieren die Drüsen ein Sekret aus Vitaminen und Mineralstoffen, Eiweißen und Fetten, das direkt in den Mund der als Ammen tätigen Bienen gelangt und von dort weitergegeben wird. Mit fortschreitendem Alter der Arbeiterinnen bilden sich die Futtersaftdrüsen zurück und vermindern ihre Aktivität. Dieser Prozess ist jedoch umkehrbar: Mangelt es im Bienenstock an Ammenbienen, werden die Drüsen über eine entsprechende Hormonausschüttung wieder zu verstärkter Abgabe von Futtersaft angeregt.

Wichtige Funktionen übernehmen zudem die oberhalb der Mandibeln sitzenden Mandibel- bzw. Oberkieferdrüsen, die zwei Tage vor dem Schlüpfen der Biene aktiv werden. Dann produzieren die Drüsen ein Sekret, mit dessen Hilfe die Bienen

Die paarig angelegten Mandibeln seitlich des ausgefahrenen Saugrüssels sind ein wichtiges Werkzeug, um Nahrung oder Baustoffe zu zerkleinern, Blüten zu öffnen oder Wachs zu formen, aber auch um Feinde festzuhalten. (Links)

Damit aus Nektar und Pollen wertvoller Honig entsteht, bedarf es verschiedener Sekrete, die Bienen in den Drüsen ihres Körpers produzieren. Die Umwandlung beginnt bereits im Honigmagen der Sammelbienen und wird dann im Bienenstock durch weitere Arbeiterinnen fortgesetzt. (Rechts)

Die Flügel der Bienen sind von Adern durchzogen, die die Flügelhaut in einzelne Zellen teilen und den muskellosen Flügeln Stabilität verleihen. (Links)

Während die Königin alleine für die Bestiftung der Zellen zuständig ist, übernehmen die gesamten Arbeiterinnen abwechselnd die Brutpflege. (Rechts)

den Wachsdeckel ablösen können, der ihre Brutzelle verschließt. Die Eigenschaft der Drüsensubstanz, Wachs weich und damit formbar zu machen, nutzen die Arbeiterinnen auch in ihrer dritten Lebenswoche, in der sie überwiegend mit dem Bau von Waben und dem Verdeckeln von Brutzellen beschäftigt sind. In dieser Zeit sondern die Bienen über Wachsdrüsen im Abdomen verstärkt Wachsplättchen ab, die zunächst dank des Mandibeldrüsensekrets geschmeidig gemacht und anschließend mit den Mundwerkzeugen bearbeitet werden können. Darüber hinaus konnte eine antiseptische Wirkung nachgewiesen werden, womit sich erklärt, warum Arbeiterinnen die Zellen mit diesem besonderen Sekret auskleiden.

Allein der Königin ist es vorbehalten, über ihre Mandibeldrüsen ein öliges Sekret zu produzieren, das als »Königinnensubstanz« bezeichnet wird. Hierbei handelt es sich um eine Pheromon-Mischung, die bei staatenbildenden Bienenarten gleich mehrere Funktionen übernimmt: Das über den Körper der Königin verteilte Pheromon wird von den Arbeiterinnen durch Betasten und Ablecken aufgenommen, im Bienenstock verteilt und sichert als gemeinsames Identifikationsmerkmal das soziale Gefüge des Volkes, zumal junge Bienen dadurch angelockt und zur Brut- und Nestpflege ermuntert werden. Darüber hinaus hemmt das Sekret die Ausbildung von Eierstöcken bei den Arbeiterinnen, die damit nicht in Konkurrenz zur Königin treten und die Ordnung durcheinanderbringen können. Auf die männlichen Bienen übt das Sekret gewissermaßen eine umgekehrte, nämlich aphrodisische Wirkung aus: Es regt den Geschlechtstrieb an. Mit zunehmendem Alter der Königin und wenn die Bienenpopulation am größten ist, verringert sich die Wirkung der »königlichen« Pheromon-Mischung, wodurch die allmähliche Auflösung des Bienenstaats eingeleitet wird.

Bei Honigbienen und Hummeln ist erwiesen, dass die Drüsen, die sich an ihren Füßen befinden, eine faszinierende Rolle bei der Nahrungssuche spielen. Landet die Biene auf einer Blüte, hinterlässt sie einen chemischen Fußabdruck. Nachfolgende Insekten erkennen diese Duftmarkierung und steuern andere Blüten an, denn die markierte Nahrungsquelle verspricht eine geringe Ausbeute, da sie gerade »geerntet« wurde. Bienen und Hummeln nehmen dabei nicht bloß die Existenz des Fußabdrucks wahr, sondern registrieren ebenso, ob er von artverwandten oder fremden Insekten stammt. Binnen einer Stunde verflüchtigt sich die Markierung – und bis dahin hat sich die Blüte wieder mit Nektar gefüllt.

BRUSTSTÜCK (THORAX)

Die von zahlreichen Muskeln durchsetzte Brust der Biene ist Sitz der Bewegungsapparate. Sie besteht aus drei Segmenten, die miteinander verwachsen und als solche nur schwer zu erkennen sind. Von jedem der Segmente geht jeweils ein Beinpaar ab, auf den zweiten und dritten Abschnitt verteilen sich zusätzlich zwei

Nach der zielsicheren Landung auf einer Blüte bricht die Biene mithilfe ihrer Mundwerkzeuge die Staubbeutel auf. Die dort befindlichen Pollen bleiben am behaarten Körper des Insekts haften und werden bei der weiteren Nahrungssuche von Blüte zu Blüte getragen.

Den gesammelten Blütenstaub legen die Arbeiterinnen in den sogenannten Körbchen ab, die sich am dritten Beinpaar befinden. Zusammen mit Speichelsekret und Nektar aus der Honigblase bilden sich kompakte Pollenhöschen, die beeindruckende Ausmaße anneh-men können.

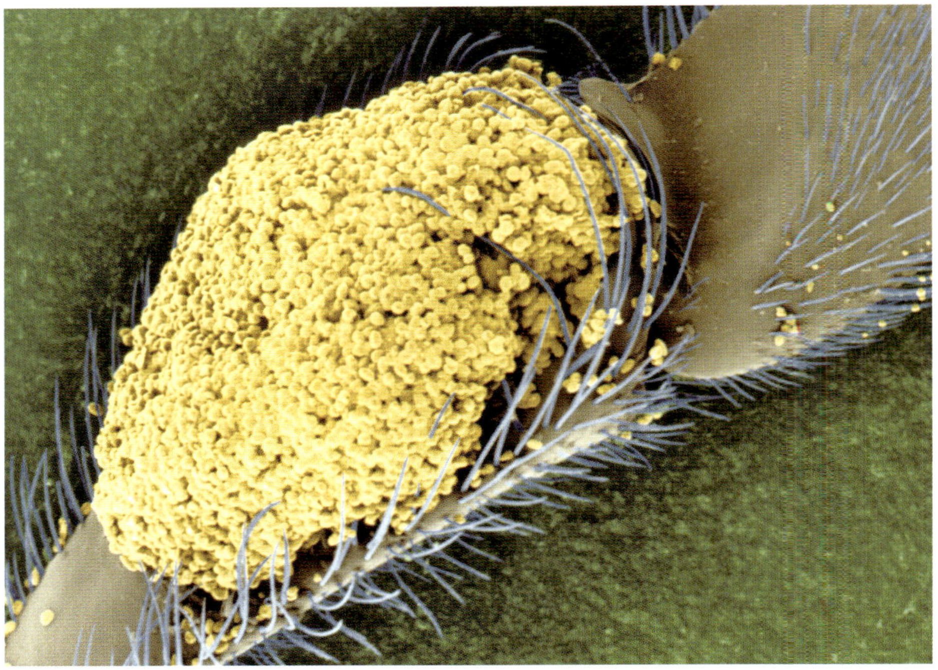

Der Hinterleib der Biene ist der Sitz der meisten inneren Organe. Bei Arbeiterinnen und Königin gliedert er sich in sechs Segmente, bei Drohnen in sieben.

durchscheinende Flügelpaare, die von Adern durchzogen sind. Diese teilen die Flügelhaut in einzelne Zellen und wirken wie Rippen, die den ansonsten muskellosen Flügeln Stabilität verleihen. Am äußeren Rand der Flügel zeichnen sich sogenannte Pterostigmata ab, schmale, eingefärbte Zellen, die – zusammen mit der Äderung der Flügel – bei der Unterscheidung einzelner Wildbienenarten von Bedeutung sind. Dass es sich tatsächlich um zwei Flügelpaare handelt, lässt sich bei ruhenden Tieren nur sehr schwer, bei fliegenden Bienen gar nicht ausmachen. Der Grund hierfür: Während des Fluges bilden Vorder- und Hinterflügel eine geschlossene Einheit. Dies geschieht mithilfe von Häkchen, die sich an der vorderen Kante des Hinterflügels befinden und sich beim Flug in der Haftfalte am Vorderflügel einhaken.

Die Beine der Bienen bestehen aus Muskeln, Sehnen und Nervenbahnen, die von einer robusten Chitinhülle umgeben sind. Sie sind weit mehr als ein Fortbewegungsmittel. So verfügt beispielsweise das erste Beinpaar zusätzlich über eine mit einem beweglichen Dorn versehene Putzscharte, die stark behaart ist und den Insekten bei der Säuberung ihrer Fühler als Bürste dient. Alle drei Beinpaare werden darüber hinaus als Werkzeuge zum Aufnehmen, Sammeln und Transportieren von Pollen genutzt.

Die typische Nahrungsaufnahme einer zu den Körbchensammlern zählenden Biene gestaltet sich in groben Zügen so: Angelockt vom Duft der Blumen setzt das Insekt zur Landung an und kriecht zielsicher zur Blüte, wo es mithilfe der Kieferwerkzeuge die Staubbeutel aufbricht, um an den eiweißhaltigen Pollen zu gelangen. Je nach Ausbeute versinkt die Biene bald darauf geradezu in einem Meer aus Pollen, das trotz seiner staubartigen Konsistenz zum Teil am behaarten Körper des Insekts haften bleibt. Mehr oder minder stark gepudert, macht sich die Biene bald darauf an die Säuberung ihres Körpers. Dazu holen die Vorder- und Mittelbeine den Pollen von Kopf und Brust und befördern ihn weiter an die mit Haarbürsten versehenen Innenseiten der Hinterbeine. Mithilfe eines Kamms streicht die Biene nun die Bürste des jeweils gegenüberliegenden Beins ab und legt daraufhin den gewonnenen Blütenstaub, der mit Nektar und Speichel befeuchtet und mithilfe der Mittelbeine festgedrückt wird, in dem außen liegenden Körbchen ab. Mit stetigem Auffüllen der Körbchen bilden sich an den Hinterbeinen sogenannte Pollenhöschen, die verglichen mit dem Umfang der Beine beeindruckende Ausmaße annehmen können und dank des farbintensiven Blütenstaubs ein nahezu leuchtendes Fluggepäck bilden.

Das Innere des Thorax wird von Muskelsträngen dominiert, die in erster Linie die Bewegung der Flügel ermöglichen: Bis zu 240 Schläge pro Sekunde (!) vollführt die Biene – eine Leistung, die nur mithilfe kräftiger Muskelpakete zu bewältigen ist. Ansonsten verlaufen hier neben Nervensträngen auch die Hauptschlagader sowie die Speiseröhre, in deren unmittelbarer Nähe sich die paarig angelegten Brustspeicheldrüsen befinden.

HINTERLEIB (ABDOMEN)

So wie der Kopf Sitz für die Sinnesorgane ist, so ist der Hinterleib der Biene der Bereich für die meisten inneren Organe. Streng genommen ist der häufig verwendete Fachbegriff Abdomen bei der Beschreibung des hinteren Körperteils falsch. Dies liegt darin begründet, dass im Laufe der Evolution das erste Segment des Hinterleibs mit dem letzten Brustsegment verwachsen ist. Die Einschnürung, die wir bei vielen Bienenarten sehr deutlich ausmachen können, trennt demnach nicht Thorax und Abdomen voneinander, sondern ist eine Einschnürung des Hinterleibes selbst, dessen hinterer Teil deshalb eigentlich als Metasoma bezeichnet werden müsste.

Von außen betrachtet gliedert sich der Hinterleib bei Arbeiterbienen und Königin in sechs Segmente bzw. Ringe, bei Drohnen in sieben. Die Beweglichkeit des Hinterleibs wird dadurch gewährleistet, dass sich diese Leibesringe jeweils aus einer Bauchplatte (Sternum) und einer Rückenplatte (Tergum) zusammensetzen, die durch elastische Zwischenhäute verbunden sind. Doch was verbirgt sich im Innern dieser muskelarmen Körperzone?

Nahe der Einschnürung liegt die Honigblase. Da der Speiseplan der Bienen mehr als den außen am Körper transportierten Blütenstaub umfasst, benötigt die Biene ein entsprechendes innen liegendes Transportorgan – diese Funktion übernimmt die Honigblase. Nimmt die Biene nun Nektar, Honigtau oder Wasser über den Schlund am Kopf auf, werden die flüssigen Substanzen über die Speiseröhre in die

Der Hinterleib der Bienen setzt sich äußerlich aus sechs und bei Drohnen aus sieben Segmenten zusammen. Der Eindruck eines Streifenmusters entsteht weniger durch Farbunterschiede der Segmente, sondern vor allem durch die Filzbinden, also Härchen, deren Farbe von Grau und Gelb bis hin zu Rot, Braun und Schwarz reicht. (Links)

Die Arbeiterinnen der Honigbiene besitzen an ihrem Unterleib Wachsdrüsen, die ausschließlich in der Phase aktiv sind, in der sie als Baubienen tätig sind, also etwa vom 12. bis 18. Tag. Zur Formung des Wachses setzen sie ihre Mundwerkzeuge ein. (Rechts)

Grundsätzlich unterscheidet man bei Bienen zwei Geschlechter: Weibchen und Männchen. Entsprechend ihrer sozialen Aufgaben sind drei sogenannte Wesen zu differenzieren: Königin (links), Arbeiterin (rechts) und Drohn (Mitte).

Honigblase befördert, sicher zum Nest transportiert und dort wieder ausgewürgt – sofern es sich um in Staaten lebende Sammelbienen handelt. Nahrung zum Selbstverbrauch hingegen gelangt über einen Ventiltrichter in den Mitteldarm, wo die Verwertung der Nährstoffe und die Verdauung stattfindet. Unverdauliche Reste landen schließlich im Dünndarm bzw. in der Kotblase. Dieser extrem dehnbare Teil des Dünndarms spielt beim Überwintern von Bienen eine entscheidende Rolle: Er ermöglicht es den Tieren, Kot monatelang zu speichern und erst außerhalb des Überwinterungsplatzes abzugeben. Auf diese Weise wird die Gefahr von Bakterienbefall deutlich reduziert.

Neben dem Verdauungsapparat sind es Luftsäcke, die als Bestandteil des Atmungssystems Bereiche des Hinterleibs ausfüllen. Wie alle anderen Insekten atmen auch Bienen, indem sie Sauerstoff über kleine Öffnungen aufnehmen, die sich paarweise an beiden Seiten des Chitinpanzers befinden. Diese Atemlöcher, die auch Stigmen genannt werden, sind durch ein System von Röhren bzw. Tracheen mit den inneren Organen verbunden. Über die weit verzweigten Tracheen gelangt Sauerstoff zu den Geweben, umgekehrt wird Kohlendioxid über dieses System aus dem Körper abtransportiert. Atmung ist bei Bienen kein aktiver Vorgang wie beim Menschen. Regulativ kann das Insekt nur eingreifen, indem es mit einem Schließmuskel zumindest die Atemöffnungen am Hinterleib verschließt oder aber den Hinterleib bewegt, wodurch Tracheen und Luftsäcke erst zusammengepresst werden – verbrauchte Luft dringt nach außen – und sich dann dank ihrer Eigenelastizität wieder ausdehnen, wodurch der Luftaustausch verstärkt wird.

Auch der Blutkreislauf von Bienen unterscheidet sich grundlegend von dem des Menschen: Zum einen vermischen sich Blut und Gewebsflüssigkeit (Lymphe) bei

Die Arbeiterinnen im Bienenstaat sind auch für die Nahrungssuche verantwortlich. Sie verlassen den Bienenstock, sammeln Pollen und Nektar ein und bringen diese zurück in den Stock, wo die Drohnen an dem System des sozialen Futteraustauschs partizipieren.

den Insekten zu einer farblosen, als Haemolymphe bezeichneten Flüssigkeit. Zum anderen verfügen Bienen über kein geschlossenes, sondern ein offenes Gefäßsystem: Im oberen Teil des Hinterleibs verläuft der Herzschlauch, dessen fünf Kammern durch Klappenventile miteineinander verbunden sind. Über seitlich liegende Öffnungen wird die im Bereich der Verdauungsorgane mit zahlreichen Nährstoffen angereicherte Haemolymphe aufgenommen, durch die Kammern nach vorn gepumpt und gelangt schließlich über eine durch den gesamten Körper führende Aorta bis in den Kopf des Insekts. Dort tritt die Körperflüssigkeit aus und strömt frei über den Bauchraum in den Hinterleib zurück, wobei sie alle Organe umspült und bis in die Beine und Flügel des Insekts gelangt.

Durch ein aus Muskulatur und Bindegewebe bestehendes Häutchen wird der obere Bereich des Hinterleibs mit dem Herzschlauch vom Hauptraum getrennt, in dem sich neben dem Verdauungsapparat auch die Geschlechtsorgane befinden. Grundsätzlich unterscheidet man bei Bienen zwei Geschlechter – Weibchen und Männchen. Die Einteilung in Arbeiterin, Königin und Drohn für sozial lebenden Arten wie die Honigbiene suggeriert zwar das Vorhandensein eines dritten Geschlechts, kennzeichnet aber vielmehr die Rollenverteilung, die in einem Bienenstock vorherrscht. Man spricht in diesem Zusammenhang von den drei Wesen: Arbeiterin und Königin sind weiblich, der Drohn ist männlich.

Weibliche Bienen entwickeln sich aus befruchteten Eiern. Bei solitär lebenden Wildbienen, die mit Abstand die größte Gruppe unter den Bienenarten ausmachen, gibt es nur eine weibliche Erscheinungsform: Alle Weibchen verfügen über ausgebildete, paarweise angelegte Eierstöcke, zwei Eileiter und eine Geschlechtsöffnung. Sie sind gewissermaßen ihre eigene Königin, kümmern sich – sofern es

sich nicht um parasitäre Arten handelt – nach der Begattung um den Nestbau und die Errichtung von Brutzellen, in die sie jeweils ein Ei legen.
Bei sozial lebenden Bienenarten verhält es sich anders: Hier ist es zunächst ausschließlich die Königin, die über voll entwickelte Geschlechtsorgane verfügt und mit der Abgabe von bis zu 1600 Eiern täglich die Voraussetzungen für den Fortbestand bzw. die Erweiterung des Bienenvolks schafft. Auch Arbeiterinnen verfügen über Eierstöcke. Solange die Königin jedoch über die Mandibeldrüse eine Pheromon-Mischung – die sogenannte Königinnensubstanz – produziert, die von allen Arbeiterinnen aufgenommen wird, sind deren Eierstöcke verkümmert und als solche funktionslos. Stirbt die Königin oder verliert die Königinnensubstanz an Wirkung, werden Arbeiterinnen binnen drei bis vier Wochen geschlechtsreif und können Eier legen, die aufgrund fehlender Begattung allerdings immer unbefruchtet sind und damit ausschließlich Drohnen hervorbringen.
Die männlichen Bienen verfügen über ein Paar Hoden, in denen Sperma produziert wird, zwei Samenleiter und einen Penis. Die Aufgabe der Drohnen ist klar und einfach definiert: Sie kümmern sich um die Befruchtung der Weibchen. Verglichen mit dem anstrengenden Arbeitsalltag der Weibchen klingt das Leben der männlichen Bienen in hochentwickelten Bienenstaaten geradezu paradiesisch: Brutfürsorge ist den Drohnen der Honigbiene ebenso fremd wie Nahrungssuche. Stattdessen partizipieren sie an dem System des sozialen Futteraustauschs. Doch Vorsicht: Mit der Geschlechtsreife wendet sich das Blatt und schon bald zahlen

Arbeiterinnen verbringen die ersten 18 Tage ihres Lebens überwiegend im Bienenstock. Dort sind sie u.a. mit dem Bau von Wabenzellen beschäftigt, die mit einem Wachsdeckel verschlossen werden, nachdem die Königin sie mit einem Ei bestiftet hat. (Links)

Nur weibliche Bienen besitzen einen Stachelapparat, der sich aus einem Organ zur Eiablage, dem sogenannten Legebohrer, entwickelt hat. (Rechts)

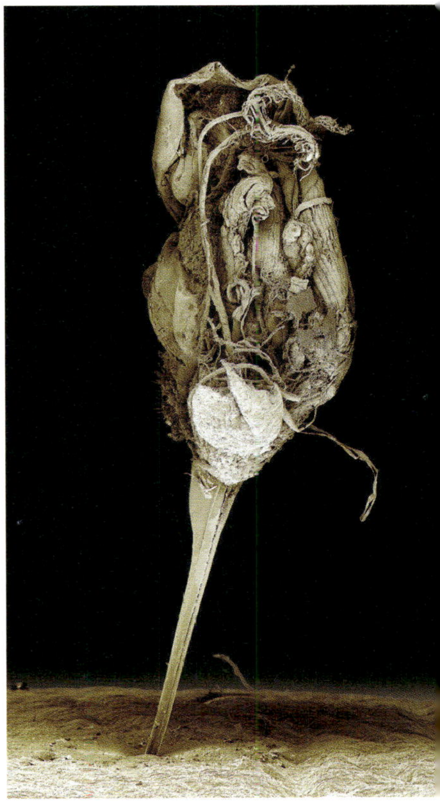

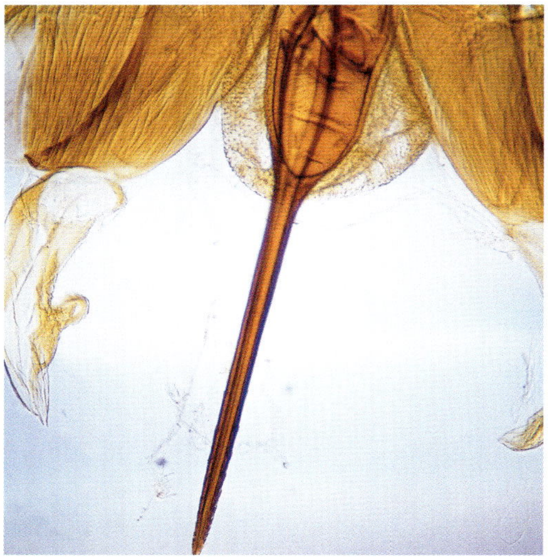

Der Stachel der Biene befindet sich am unteren Ende des Hinterleibs und ist mit einer Giftblase verbunden. Wenn sich eine Biene bedroht fühlt, nutzt sie ihn als Wehrstachel und treibt ihn in den Körper des Angreifers und injiziert ein giftiges Sekret. (Links)

Die Biene bezahlt den Stich in die Haut eines Menschen mit ihrem Leben. Der Stachel bleibt samt Stachelapparat in der elastischen Haut stecken, sodass die Biene an ihren inneren Verletzungen stirbt. (Rechts)

die Männchen einen hohen Preis für ihr »Lotterleben«. Der Ärger beginnt zu Beginn des Hochsommers. Dann werden die Männchen, indem sie von Arbeiterinnen aus dem warmen Nest befördert werden, unsanft daran erinnert, dass ihre Lebensaufgabe außerhalb des Stockes liegt. Einem bislang nicht entschlüsselten Pfad folgend, sammeln sich bis zu 20.000 Männchen an einem Drohnensammelplatz, wo sie auf Jungköniginnen warten, die sich von mehreren Drohnen begatten lassen. Die eigentliche Paarung findet im Flug statt. Hierbei stülpt der Drohn seinen ansonsten innen liegenden Penis nach außen und pumpt seinen Samen in die Königin – ein Vorgang, der ihn sein Leben kostet, denn der Penis reißt ab. Der Drohn stirbt an Haemolymph-Verlust und fällt von der Jungkönigin ab. Von den rund 100 Millionen Spermien, die eine Königin während des Hochzeitsflugs insgesamt aufnimmt, gelangen etwa 6 Millionen in die Samenblase, wo sie sich mit den Spermien anderer Drohnen vermischen. Dieser Vorrat reicht für alle Lebensjahre der Königin.

Ein weiteres geschlechtsspezifisches Merkmal ist der Stachelapparat, der den Männchen gänzlich fehlt. Dies liegt darin begründet, dass sich der Stachel aus dem sogenannten Legebohrer entwickelt hat, einem Organ zur Eiablage, das bei Schlupf- und Gallwespen oder anderen zu den Legimmen zählenden Insektenarten noch heute in seiner ursprünglichen Funktion benutzt wird. Der Stachel befindet sich am unteren Ende des Hinterleibs und ist mit einer Giftblase verbunden. Im Gegensatz zu Grab- und Wegwespen, die ihre Waffe einsetzen, um ihre Beute zu lähmen, benutzen ihn die meisten Bienenarten als Wehrstachel. Und das geschieht in erster Linie, wenn sich die Tiere durch Angriffe individuell bedroht fühlen oder aber Räuber, Parasiten oder Konkurrenten der eigenen Art ins Nest einzudringen versuchen. Dann treiben die Weibchen ihren Stachel in den Körper des Angreifers und injizieren ein giftiges Sekret, das in der Giftdrüse produziert und in der Giftblase gesammelt wird. Königinnen wiederum setzen den Stachel sehr gezielt ein, um Rivalinnen, die noch nicht geschlüpft sind, in der Wabe zu töten.

Bienen können den Stachel durchaus mehrmals in ihrem Leben einsetzen. Das gilt im Übrigen auch für Honigbienen, sofern es sich bei ihrem Gegner um ein Insekt handelt. In diesem Fall versenken Honigbienen ihren Wehrstachel geschickt in die empfindlichen Häute, die sich zwischen den einzelnen Segmenten des Chitin-Außenskeletts befinden, und können ihn danach wieder herausziehen. In der dicken, elastischen Haut des Menschen hingegen bleibt der Stachel aufgrund von Widerhaken hängen. Versucht die Biene, sich zu befreien, reißt sie sich den gesamten Stachelapparat aus dem Körper und stirbt bald darauf an ihren Verletzungen.

Den Stich einer Honigbiene empfinden wir Menschen als besonders unangenehm, weil mit dem Herausreißen des Stachelapparats sämtliches in der Giftblase vorhandene Sekret in die Haut injiziert wird. Die Giftmenge ist größer und damit auch die Wirkung. Wildbienen hingegen, deren Stachel keine Widerhaken besitzen und die ihn daher problemlos wieder herausziehen können, geben bei Stichen nur einen Teil ihres Giftes ab. Doch bis es dazu kommt, muss schon einiges passieren. In aller Regel sind Wildbienen außerordentlich friedlich, verteidigen mitunter nicht einmal ihre Brut. Gegen Menschen können sie oft gar nichts ausrichten, denn nicht selten ist ihr Stachel zu schwach, um in unsere Haut einzudringen.

Mit diesem Problem werden Vertreter der rund 370 Arten umfassenden Gruppe der *Meliponini* erst gar nicht konfrontiert: Hier teilen Männchen wie Weibchen das Schicksal, stachellos zu sein. Wehrlos sind diese in tropischen und subtropischen Regionen beheimateten Bienen jedoch nicht: Sie verteidigen sich durch Bisse und die Absonderung ätzender Flüssigkeiten.

Folgende Doppelseite: Arbeiterinnen sammeln Pollen, Nektar und Honigtau,um den Ertrag bald darauf in den Bienenstock zu transportieren, wo er von anderen Bienen weiterverarbeitet wird.

Willkommener Bienenstich

Wohl jeder kennt den Blechkuchen aus Hefeteig, der mit einer süßen Vanille- oder Sahnecreme gefüllt und mit einer karamelisierten Mandelschicht bedeckt ist – Bienenstich. Kaum jemand kennt jedoch die Legende, die der Namensgebung des Kuchens zugrunde liegt und die bis in das 15. Jahrhundert zurückreicht.

1474 planen Einwohner von Linz am Rhein einen Angriff auf die verfeindete Nachbarstadt Andernach. Im Morgengrauen nähern sie sich den Stadttoren, darauf hoffend, dass sie die für ihre Feierlust bekannten Andernacher im Schlaf überrumpeln können. Und tatsächlich: Die Bewohner der linksrheinischen Gemeinde einschließlich der Torwächter sind in tiefem Schlaf versunken – bis auf zwei Bäckerjungen, die sich an den Stadtmauern herumtreiben, um an Bienenkörbe zu gelangen, die dort aufgereiht sind. Die einen behaupten, Honig sei das Objekt ihrer Begierde gewesen, andere meinen, dass die Jungen dem schlafenden Imker einen Streich spielen wollten, indem sie die Bienenkörbe verkleben und die Bienen damit am Ausschwärmen hindern wollten. Wie dem auch sei. Während sich die zwei Bäckerjungen an den Bienenkörben zu schaffen machen, bemerken sie die zum Angriff gerüsteten Linzer. Für das Alarmieren der Bevölkerung ist es zu spät. Und so greifen sich die Jungen beherzt die Bienenkörbe und schleudern sie von den Stadtmauern direkt in die dichtgedrängte Feindesschar. Tausende verschreckte Bienen setzen daraufhin ihren Stachel gegen die vermeintlichen Angreifer ein und zwingen die Linzer zum Rückzug. Andernach indes feiert seine beiden Helden mit einem großen Fest, zu dem ein besonderer Kuchen gebacken wird, der in Anlehnung an das Ereignis den Namen »Bienenstich« erhält.

»Die Biene sammelt ihren Nektar,
ohne der Blüten Schönheit, Farbe oder Duft zu stören.
So wandere auch du als schweigender Weiser.«

DHAMMAPADA, PFAD DER NATÜRLICHEN WAHRHEIT, 49

Alltag und Sozialverhalten der Bienen

Die Vielfalt, die sich unter den Tausenden Bienenarten im Hinblick auf die äußere Erscheinung zeigt, setzt sich in der Lebensweise der Insekten durchaus fort. Sei es im Umgang mit Artgenossen, beim Nestbau oder bei der Wahl des Schlafplatzes: Von Einzelgängern bis hin zu in Staaten organisierten Bienen sind alle Lebensformen zu finden, manche bevorzugen als Nistplätze leere Schneckenhäuser oder hohle Pflanzenhalme, andere graben im Erdboden ihr Nest. Einzig in der Frage der Versorgung herrscht unter den Bienen weitgehende Einigkeit: Pollen, Nektar und Wasser geben den Insekten alles, was sie zum Überleben benötigen.

ERNÄHRUNG

Bienen sind Vegetarier und damit weder an unserem Grillfleisch noch an der Wurstplatte interessiert. Sie ernähren sich von Pollen, süßen Pflanzensäften, Honigtau oder in seltenen Fällen von Pflanzenölen

Bienen sind Vegetarier. Dieses Merkmal verbindet Wildbienen und Nutzbienen miteinander und grenzt sie zugleich deutlich von der Gemeinen Wespe und der Deutschen Wespe ab, die sich im Spätsommer auch gerne über Wurstplatten und Grillfleisch hermachen. Alle Bienen ernähren sich von Pollen und süßen Pflanzensäften, mitunter auch von Honigtau. Nur einige wenige Arten wie die in Europa beheimatete Schenkelbiene ergänzen ihren Nahrungsplan zudem um besondere Pflanzenöle. Doch welche Blütenpflanzen angesteuert werden, ob sie einer oder mehrerer botanischer Familien angehören – das liegt ganz im Ermessen oder Geschmack der einzelnen Arten. Und auch beim Transport von Pollen haben die Insekten je nach anatomischen Besonderheiten ganz eigene Methoden entwickelt, um die eiweißhaltige Nahrung sicher in den Bienenstock zu bringen.

▸▸ SPEISEPLAN

Bienen lieben Blütennektar. Die Insekten nehmen das kohlenhydratreiche, wässrige Drüsensekret der Blütenpflanzen mithilfe ihres Saugrüssels auf. Ist der Rüssel nicht lang genug, wissen sich insbesondere einige Hummelarten durchaus zu helfen: Sie stoßen ihre Mundwerkzeuge in die Blüten- oder Kronröhren und gelangen so an den begehrten Nektar. Insekten nutzen Blütennektar in erster Linie als

Pollengeneralist oder Pollenspezialist?

Es ist eine interessante Beobachtung, dass Bienen in der Auswahl der Blüten, die dem Pollenerwerb dienen, weitaus wählerischer sind als in der Auswahl ihres Nektarlieferanten. Dieses Verhalten führte in der Vergangenheit zu einer Differenzierung der Bienen in oligolektische bzw. polylektische Arten.

Oligolektische Bienen zeichnen sich dadurch aus, dass sie ausschließlich Pollen einer Pflanzenart bzw. derer nahen Verwandten sammeln, auch wenn sich andere Pollenquellen im Umfeld befinden. Etwa 30 Prozent der nestbauenden Bienenarten in Deutschland gehören zu diesen »Pollenspezialisten« und tragen nicht selten entsprechende Namen wie Glockenblumen-Mauerbiene oder Heidekraut-Seidenbiene. Ganz anders hingegen das Verhalten von sogenannten Pollengeneralisten. Diese polylektischen Arten fliegen ihre Nahrungsquellen zwar nicht nach dem Zufallsprinzip an, sind aber bei Weitem nicht so wählerisch wie ihre oligolektischen Verwandten. Staatenbildende Bienenarten wie die Honigbiene oder zahlreiche Hummelarten sind dazu prädestiniert, als Pollengeneralisten zu sammeln. Sie sind darauf angewiesen, auch nach Beendigung der Blühdauer einer bestimmten Pflanze auf eine andere umsteigen zu können – ein Verhalten, das beim kommerziellen Einsatz der Bienen als Bestäuber entscheidend ist, denn nur so ist gewährleistet, dass sie beispielsweise nach der Mandelblüte auch Kirsch- und Apfelblüten ansteuern.

Energielieferant, weswegen sie den größten Teil auch direkt verschlucken, um ihn vor allem als Kraftstoff für ihre Flüge zu verbrauchen. Ein kleinerer Teil wandert für den Transport in den Vorderdarm, auch Kropf oder Honigblase genannt, und wird im Nest wieder hervorgewürgt.

Honigbienen weichen zuweilen auf ein anderes kohlehydratreiches Produkt aus: Honigtau. Dabei handelt es sich um ein Ausscheidungsprodukt verschiedener Insekten wie Blatt- oder Schildläuse, die dem Saft der Pflanzen einen Teil ihrer Nährstoffe entziehen und umwandeln. Honigtau ist im Übrigen die Grundlage für den von Blütenhonigen klar abgrenzbaren Waldhonig.

Im Gegensatz zum Nektar, der von den sammelnden Bienen auch selbst verwertet wird, ist der Pollen fast ausschließlich den Larven vorbehalten, die dadurch mit wertvollen Proteinen, Kohlehydraten und Fetten, aber auch Vitaminen, Mineralien und Spurenelementen versorgt werden. Pollen weisen einen ölhaltigen, harzigen Überzug auf, der von den Bienen zu sogenanntem Pollenbalsam verarbeitet wird und zur Desinfektion von Brutzellen eingesetzt wird. Pollenbalsam ist auch Bestandteil des Propolis.

Manche Blütenpflanzen bilden keinen Nektar aus, sondern produzieren fette Öle, die von einigen wenigen Bienenarten bevorzugt werden. Lange Zeit glaubte man, dass der Verbreitungsraum ölproduzierender Pflanzen auf Südamerika und den südlichen Teil Afrikas beschränkt ist. Mit dem Gewöhnlichen Gilbweiderich ist jedoch auch in unseren Breitengraden eine Pflanzenart vertreten, deren Lipide in erster Linie von der Schenkelbiene *(Macropis labiata)* gesammelt, mit Blütenpollen vermischt und als Brutnahrung eingesetzt werden.

Während langrüsselige Hummelarten wie die Acker- oder Gartenhummel problemlos auch den Nektar der Blüten mit langen Kronröhren aufnehmen können, wenden kurzrüsselige Arten wie die Dunkle Erdhummel den Trick des Nektarraubs an, bei dem Teile der Blüte aufgebissen werden. (Rechte Seite oben)

Wespen verfügen im Gegensatz zu Honigbienen mit ihren leckend-saugenden Mundwerkzeugen über beißend-kauende Mundwerkzeuge. Sie sind kürzer, sodass die Wespe bei ihrer vegetarischen Nahrungssuche auf Blütenstände mit leicht erreichbarem Nektar angewiesen ist. (Rechte Seite unten)

Blatt- und Schildläuse sowie andere pflanzensaftsaugende Insekten scheiden mit Honigtau ein zucker- und aminosäurehältiges Sekret aus, das nicht nur von Ameisen, sondern auch von Bienen als Nahrungsquelle genutzt und zu Honig umgewandelt wird. Dieser im Handel als Tannen- oder Waldhonig angebotene Honig sticht vor allem durch seine dunkle Farbe und seinen würzigen Geschmack hervor. (Links)

Die von Blüten gesammelten und in den Bienenstock eingetragenen Pollen werden – nach Sorten sortiert – von den Arbeiterinnen in die Vorratszellen gestampft, mit einer dünnen Schicht Honig bedeckt und verschlossen. (Rechts)

▸▸ POLLENSAMMELMETHODEN

Beine, Bauch, Kropf – dies sind die drei Regionen, die den Bienen zum Transport von Pollen zur Verfügung stehen. Ausschlaggebend für die Wahl des Transportorgans sind anatomische Feinheiten wie die Ausbildung einer Haarbürste am Unterleib oder behaarte Einkerbungen an den Hinterbeinen.

1. Beine: Zahlreiche Bienenarten befördern den gewonnenen Blütenstaub an unterschiedlichen Beingliedern ihrer Hinterbeine. Die bekannteste Gruppe ist die der Körbchensammler. Die Vorrichtung zum Eintragen des Pollens zeigt sich an der äußeren, konkav geformten Seite der Schiene, die mit langen, nach innen gebogenen Randborsten bestückt ist. Sie wird als Körbchen bezeichnet und wächst mit zunehmender Ansammlung von Blütenstaub zu einem sogenannten Pollenhöschen heran. Nicht nur Hummeln und die rund 370 Arten umfassende Gruppe der Stachellosen Bienen *(Meliponini)* zählen zu den Körbchensammlern, sondern auch alle honigliefernden Bienenarten *(Apis)* inklusive der in unseren Breitengraden vertretenen *Apis mellifera*.

Neben dieser klar zu definierenden Gruppe gibt es unzählige weitere Bienenarten, die den Blütenstaub zwar an den Hinterbeinen transportieren, aber nicht wie Honigbienen über ein Körbchen als Pollensammelapparat verfügen. Differenzierungen in dieser Gruppe werden anhand der Beschaffenheit und Lage der Haarbürste vorgenommen. Die durch ihre dichte Behaarung an Hummeln erinnernde Pelzbiene zum Beispiel befördert den Pollen an den Schienen ihrer Beine (»Schienensammler«), während die weiblichen Sandbienen eine dichte Haarlocke am Schenkelkopf nutzen, die sie zu den »Schenkelsammlern« macht.

2. Bauch: Viele Bienen befördern den gesammelten Pollen nicht an ihren Beinen, sondern an der Unterseite ihres Hinterleibs, wo sich lange, borstige und schräg nach hinten verlaufende Haare befinden. Sie dienen dem Sammeln und Eintragen des Blütenstaubs. »Bauchsammler«, zu denen unter anderem die heimischen Wollbienen, Harzbienen, Mauerbienen, Mörtelbienen, aber auch Blattschneider- und Steinbienen gehören, lassen sich dabei beobachten, wie sie ihren Hinterleib innerhalb der Blüte auf und ab bewegen. Dieser Vorgang beschleunigt das Abfegen des Pollens.

3. Kropf: Fast alle Bienenarten befördern den Pollen am und nicht in ihrem Körper. Ausnahmen bilden die kaum behaarten Maskenbienen *(Hylaeus)*, aber auch Holzbienen *(Xylocopa)* und Keulhornbienen *(Ceratina)*. Sie verschlucken den Pollen, transportieren ihn zusammen mit Nektar in ihrem Kropf und würgen ihn später wieder aus.

Oligolektische Bienen zeichnen sich dadurch aus, dass sie ausschließlich Pollen einer Pflanzenart sammeln, auch wenn sich andere Pollenquellen im Umfeld befinden. Diese »Pollenspezialisten« tragen nicht selten entsprechende Namen wie die Efeu-Seidenbiene. (Links)

Zahlreiche Bienenarten sind Körbchensammler. Das Körbchen, also der Sammelapparat für den Blütenstaub, befindet sich an den Außenseiten des dritten Beinpaars. Indem die Biene Pollen aus ihrem Haarkleid abstreift und im Bereich des Körbchens zu Pollenpaketen verklebt, entstehen die sogenannten Pollenhöschen. (Rechts)

FREMD- ODER EIGENVERSORGUNG?

Wildbienen und Honigbienen sind in ihrer Leidenschaft für Pollen und Nektar als Nahrungsgrundlage vereint. Doch wer sorgt für volle Bienenmägen? In diesem Punkt unterscheiden sich die Bienenarten durchaus.

Erwachsene Wildbienen leben nach dem Prinzip der Eigenverantwortlichkeit. Männchen wie Weibchen sind selbst dafür zuständig, dass sie ausreichend Nektar und auch Pollen aufnehmen. Die Weibchen müssen, sofern sie nicht zu den parasitischen Arten zählen, zusätzlichen Proviant zur Versorgung ihrer Brut sammeln und anlegen.

Ein ganz anderes Bild bietet sich bei unserer hochentwickelten heimischen Honigbiene. Die Verantwortung für die Versorgung aller Bewohner des Bienenstocks liegt bei den Arbeiterinnen. Sie sammeln nicht nur für die Larven und die Königin, sondern auch für alle im Staat lebenden Drohnen, die aufgrund anatomischer Gegebenheiten nicht selbst Vorräte sammeln und anlegen können.

SCHLAFEN

Harz- und Wollbienen, aber auch Kegel-, Filz- und Wespenbienen schließen sich zuweilen zu Schlafgemeinschaften zusammen. Dabei suchen die Insekten nah beieinander liegende Pflanzenhalme auf, in die sie sich mit ihren Mandibeln verbeißen. (Linke Seite oben)

Weitaus bequemer als Pflanzenhalme muten Blüten als Schlafplatz an. Malven oder Glockenblumen werden dabei durchaus als Sammelschlafplatz gleich mehrerer Wildbienen genutzt. (Linke Seite unten)

Bienen schlafen. Das scheint selbstverständlich, doch wer sich des Nachts einem Bienenstock nähert, kann es hören: Auch nach dem Einsetzen der Dunkelheit geht es hier betriebsam zu, das Volk scheint nie zu ruhen. Heute wissen wir: Honigbienen benötigen nur ein Drittel der Schlafmenge eines Menschen. Sie verteilen ihren Schlaf auf mehrere Etappen, holen mangelnden Schlaf durch tiefere und längere Ruhephasen nach und reagieren auf Schlafentzug mit Verständigungsproblemen: Unausgeschlafene Honigbienen weisen ihren Artgenossen beim Schwänzeltanz einen falschen Weg zur Futterquelle, scheinen unkonzentriert.

Doch wie sieht es mit den Schlafplätzen der Bienen aus? Bei der Westlichen Honigbiene lässt sich die Frage leicht beantworten: Sie ruhen, nach Berufsgruppen getrennt, in leeren Zellen des Brutbereichs oder am Rand des Bienenstocks. Wildbienen hingegen zeigen sich im Hinblick auf ihre Vorliebe für Schlafplätze sehr

Mitunter verraten Namen wie Sandbiene schon etwas über die Vorliebe für bestimmte Nistplätze. (Links)

Wespenbienen beißen sich mithilfe ihrer Mandibeln an Grashalmen fest, um in horizontaler Position zu schlafen. (Mitte)

Die Frühlings-Pelzbiene gräbt verzweigte Röhren mit bis zu zehn Zentimetern tief liegenden Brutzellen. (Rechts)

vielfältig und ideenreich. Grundsätzlich gilt: Die Weibchen nestbauender Arten, die fast 70 Prozent der Bienenfauna ausmachen, verbringen ihre Nächte im selbst errichteten Nest. Männchen dieser Arten sowie parasitische Bienen bzw. Kuckucksbienen, die keine eigenen Nester bauen, müssen hingegen auf andere Schlafplätze ausweichen. Mitunter sind es dünne Zweige oder Grashalme, in die sich die Insekten dank ihrer Mandibeln festbeißen, um kopfüber, nach unten gestreckt, gekrümmt oder gar in erstarrter horizontaler Position den Schlaf einzuläuten. Dieses Ruheverhalten an Halmen und Ästen ist zum Beispiel bei den artenreichen Wespenbienen *(Nomada)*, aber auch bei Kegelbienen *(Coelioxys)* und Filzbienen *(Epeolus)* zu beobachten. Besonders schön anzusehen sind Schlafgemeinschaften, wie man sie mit Glück an Fruchtständen verschiedener Pflanzenarten oder aber in Blüten vorfinden kann. Beliebte Sammelschlafplätze sind zum Beispiel die Blüten der Malve und Glockenblume. Letztere wird, wie der Name

Schwer vorstellbar, dass es sich in dieser Position gut schlafen lässt, doch nicht wenige Bienen bevorzugen diese Schlafhaltung, bei der sie sich mit den Mundwerkzeugen festbeißen und den Rest des Körpers während der Schlafphase einfach »hängen« lassen.

schon vermuten lässt, gerne von männlichen Glockenblumen-Scherenbienen *(Osmia rapunculi)* aufgesucht, aber durchaus auch von anderen Arten, die sich mit mehreren Exemplaren zu einem dicht gedrängten Schlafverband zusammenfinden. Interessanterweise ist diese Gruppenbildung nicht zwangsweise auf eine Art beschränkt, sondern kann zwei oder mehr Arten umfassen.

Ein Großteil der Wildbienen, zumindest deren weibliche Vertreter, bevorzugt als Schlafplatz jedoch das eigene Nest. Wo dieses errichtet wird, hängt ganz von der Spezialisierung der jeweiligen Bienenart ab, wobei Kriterien wie Bodenbeschaffenheit oder die umliegende Vegetation ausschlaggebend sind. Mitunter verraten Namen wie Sandbiene, Mauerbiene oder Kliffhonigbiene schon etwas über die Vorliebe für bestimmte Nistplätze.

Die Eichengallwespe platziert mithilfe ihres Legebohrers Eier im Gewebe eines Eichenblattes, woraufhin Eichengallen entstehen. Die sich hier entwickelnde junge Wespe verlässt zwischen Dezember und Februar die Galle und hinterlässt ein Bohrloch, das wiederum von anderen Bienenarten zur Eiablage gewählt wird.

Fast Dreiviertel aller weiblichen Wildbienen legen ihre Nester im Erdboden an. Meist sind es vegetationsarme, trockene Böden aus Sand, Löss oder Lehm mit nicht allzu verdichtetem Material, die von den Insekten bevorzugt werden. Manche Gattungen wählen für ihre Brutstätten ebene Flächen, andere schwach geneigte Hänge und Böschungen, wieder andere errichten ihre Nistgänge an Steilwänden oder benutzen bereits vorhandene Hohlräume im Mauerwerk von Gebäuden. Die unterschiedliche Vorgehensweise – aktiver Nestbau oder Nutzung bereits bestehender Gänge – zeigt sich zum Beispiel bei der Frühlings-Pelzbiene *(Anthophora plumipes)* und der Garten-Wollbiene *(Anthidium manicatum)*. Erstere gräbt verzweigte Röhren mit bis zu zehn Zentimeter tief liegenden Brutzellen, wobei sich unter besonderen Umständen Ansammlungen, sogenannte Aggregationen, von 100 Nestern und mehr in direkter Nachbarschaft befinden. Die Weibchen der solitär lebenden Garten-Wollbiene bedient sich dann später dieser bereits gegrabenen Nester, sofern sie verlassen sind.
Auch Bienenarten, die morsches und totes Holz zum Standort für ihrer Nester machen, überlassen die Vorarbeit oftmals anderen Insekten, in aller Regel Käfer oder Holzwespen. Ausnahmen bilden zum Beispiel verschiedene Arten von Holzbienen *(Xylocopa)*, die ursprünglich in den warmen Gebieten der Tropen und Subtropen beheimatet sind, mittlerweile aber auch mit drei Arten im deutschsprachigen Raum zu finden sind. Dank ihrer kräftigen Oberkiefer sind die knubbeligen, mit schwarzen Haaren und schwarzen Flügeln versehenen Insekten selbst in der Lage, Gänge in mürbes Holz zu nagen und dort ihre Nester anzulegen. Diese Fähigkeit bringt ihnen nicht unbedingt die Sympathie des Menschen entgegen, der die Entstehung von Bohrlöchern in den Holzverkleidungen seines Hauses mit Unwillen verfolgt und nicht selten mit dem Einsatz von Gift beantwortet.

Vorgebohrte Bohrgänge im Längsholz werden von zahlreichen Wildbienenarten gerne zur langfristigen Besiedlung angenommen, denn nur wenige Arten wie die Holzbiene sind in der Lage, die Bohrgänge selbstständig anzulegen. (Links)

Kleine Hohlräume im Mauerwerk, wie sie oftmals im Bereich des Mörtels zu finden sind, bieten nicht nur der Mauer- und Mörtelbiene einen idealen Nist- und Schlafplatz. (Rechts)

Auch markhaltige oder hohle Stängel werden von einigen wenigen Bienenarten als Nistplatz genutzt. Keulhornbienen *(Ceratina)* beispielsweise nagen in die Stängel von Rosen, Brombeeren oder Königskerzen Hohlräume für die Brutzellen, die aufgrund der Gegebenheiten im Stängel linienförmig angelegt sind. Auch einzelne Arten der Mauerbiene *(Osmia)* sind hier zu finden, wobei der bevorzugte Niststandort – der Name lässt es bereits vermuten – Hohlräume oder Ritzen im Mauerwerk sind.

Die wohl ungewöhnlichsten Nistplätze sind indes Schneckenhäuser, die von einigen Mauerbienenarten zur Pollen- und Eiablage genutzt werden, sowie Pflanzengallen. Letztere bilden sich beispielsweise an Eichenblättern, nachdem die Eichengallwespe *(Cynips quercusfolii)* mithilfe ihres Legebohrers ein Ei im Gewebe des Blattes platziert hat. Die sich hier entwickelnde junge Wespe verlässt zwischen Dezember und Februar die Galle und hinterlässt ein Bohrloch, das wiederum von Maskenbienen und anderen Arten zur Eiablage genutzt wird.

Wer wachsam und mit geschärftem Blick durch die Welt geht, kann sich von der Vielfalt der Wildbienennist- und schlafplätze überzeugen – einer Vielfalt, die sich nicht auf die Schlafgewohnheiten der Insekten beschränkt, sondern ebenso im Hinblick auf ihr Sozialverhalten anzutreffen ist.

SOZIALVERHALTEN

Es ist ein weit verbreiteter Irrtum, dass sich die Lebensweise der uns vertrauten Honigbiene auf die Zehntausenden anderen Bienenarten übertragen lässt. Das Gegenteil ist der Fall. *Apis mellifera* stellt mit ihrer arbeitsteiligen, staatenbildenden Lebensweise die große Ausnahme dar. Die meisten Bienen führen ein Einsiedlerdasein. Doch Gemeinschaftsbienen mit Populationen von bis zu 100.000 Tieren auf der einen und Solitärbienen auf der anderen Seite sind lediglich die zwei Außenpositionen eines Sozialverhaltens, das faktisch mehrere Entwicklungsstufen aufweist. Die Zuordnungen in diese Kategorien lassen sich nicht immer exakt vornehmen und doch vermitteln sie einen Eindruck davon, welchen Umgang Vertreter einzelner Bienengattungen mit ihren Artgenossen pflegen.

▸▸ AUF SICH SELBST GESTELLT – SOLITÄRBIENEN

Solitär lebende Bienen stellen mit Abstand die größte Gruppe unter den Wildbienen dar. Ihr Einsiedlerdasein bedeutet nicht, dass sie jeglichen Kontakt untereinander meiden würden. Männliche Solitärbienen schließen sich durchaus zu Schlafverbänden zusammen und teilen sich eine Blüte oder einen Fruchtstand als Schlafplatz. Solitäre Bienen zeichnen sich vielmehr dadurch aus, dass die Weibchen ihre Nester alleine errichten und auch bei der Versorgung ihrer Brut auf sich selbst angewiesen sind. Typische Vertreter solitär lebender Wildbienen sind Maskenbienen *(Hylaeus)* und Seidenbienen *(Colletes)* aus der Familie der *Colletidae*, Blattschneider- und Mörtelbienen *(Megachile)* sowie Mauerbienen *(Osmia)*, aber auch Sandbienen, die allein in Deutschland mit knapp 120 Arten vertreten sind.
Der Lebenszyklus einer typischen Solitärbiene verläuft in Grundzügen in etwas so: Zwischen März und Ende Juni schlüpfen mit einem kurzen zeitlichen Vor-

Solitärbienen wie die Mauerbiene leben allein und bauen ihr eigenes kleines Nest. Für jede Eizelle legt die Mauerbiene eine geeignete Brutzelle an, die sie durch senkrechte Wände aus Lehm und Speichel gegen andere Brutzellen abgrenzt. (Links)

Die Weibchen der solitären Mörtelbiene bauen je ein eigenes Nest aus Lehm und Steinchen, das an Felsen oder Hauswänden angeheftet wird. Dieses enthält in der Regel fünf bis zehn Brutkammern, in denen sich die Larven entwickeln. (Rechts)

Nachdem die Biene ausreichend Pollen in die Brutzelle eingetragen hat, erfolgt die Eiablage. Danach wird die Brutzelle mit einem Deckel aus Naturmaterialien verschlossen, der bei Linienbauten zugleich den Boden für die nächste Brutzelle bildet. (Rechts)

Die Larven ernähren sich nach dem Schlüpfen wochenlang vom Pollen, bevor sie als Vorpuppe in eine mehrmonatige Ruhephase übergehen. (Links)

sprung zunächst die Männchen, die sich auf die Suche nach den bald folgenden fruchtbaren Weibchen machen. Nach dem Begattungsakt begibt sich das Weibchen sofort an die aufwendige Brutvorsorge. Im Alleingang richtet sie einen Nistplatz ein, wobei sie mitunter auf bereits vorhandene Hohlräume zurückgreift. Der Bauvorgang folgt bei Solitärbienen einem strikten Plan: Erst wenn eine Brutzelle vollständig errichtet, mit Larvenproviant in Form von Pollen und Nektar aufgefüllt und mit einem Ei versehen ist, verschließt die Biene die Zelle und beginnt mit dem Bau der nächsten. Wenn alle Brutzellen fertig und aufgefüllt sind, verlässt die Biene das Nest ohne weitere Fürsorge. Bald darauf stirbt das Weibchen. Aus den Eiern schlüpfen Larven, die sich von dem bereitgestellten Proviant ernähren, einspinnen und überwintern. Erst im darauffolgenden Frühjahr erfolgt die Verpuppung und eine neue Generation junger Solitärbienen erwacht zum Leben.

Nach dem Begattungsakt – hier am Beispiel von Mauerbienen – macht sich das Weibchen sofort an die aufwendige Brutvorsorge. (Rechte Seite oben)

Solitäre Bienen wie die Blattschneiderbiene zeichnen sich dadurch aus, dass die Weibchen ihre Nester allein errichten und auch bei der Versorgung ihrer Brut auf sich selbst angewiesen sind. (Rechte Seite unten)

▸▸ LEBEN IN DER WOHNGEMEINSCHAFT – KOMMUNALE BIENEN

Eine Vorstufe zum sozialen Verband findet sich unter anderem bei einigen Vertretern aus der Familie der *Andrenidae*, so zum Beispiel bei der Sporn-Zottelbiene *(Panurgus calcaratus)* oder einigen Sandbienenarten. Diese kommunalen Bienen zeigen in ihrem Sozialverhalten große Ähnlichkeiten mit Solitärbienen – alle Weibchen sind fruchtbar, alle erledigen die Brutvorsorge im Alleingang. Allerdings werden die Brutzellen in einem gemeinsamen Nest angelegt, das sich zwei oder mehrere Weibchen einer Generation teilen. Einer der Vorteile dieser Wohngemeinschaft, in der die Bienen fast immer einen gemeinsamen Eingang benutzen, ansonsten aber ihren eigenen, autarken Bereich bewohnen, zeigt sich im Fall einer Bedrohung durch artfremde Eindringlinge: Im Nest anwesende Bienen verteidigen dann nicht nur ihre eigene Brut, sondern auch automatisch die ihrer Mitbewohnerinnen.

▸▸ GEMEINSCHAFTLICHES LEBEN MIT ARBEITSTEILUNG – SOZIALE BIENEN

Bei allen sozialen Bienenarten, die Staaten bilden, unterscheiden wir eine auf dem Prinzip der Arbeitsteilung beruhende Differenzierung in drei Wesen: Es gibt eine – optisch meist hervorstechende – Königin und viele Arbeiterinnen, die sich um die Brut kümmern, Nahrung beschaffen und den Nestausbau und -schutz übernehmen. Aus unbefruchteten Eiern entstehen später wiederum männliche Drohnen, die sich weder an der Nahrungssuche noch am Nestausbau beteiligen.

Doch auch dieses Gemeinschaftsleben kennt durchaus unterschiedliche Entwicklungsstufen. So sprechen wir beispielsweise von primitiv-eusozialen Gemeinschaften (eu = griech.: gut, wohl), wenn die eigentliche Nestgründung samt Eiablage und Proviantansammlung von einem einzelnen Weibchen durchgeführt wird. Mit dem Schlüpfen der ersten Tochtergeneration wird jedoch diese an Solitärbienen erinnernde Lebensweise durch arbeitsteiliges Gemeinschaftsleben mit engen Bindungen abgelöst, wobei in aller Regel kein Futteraustausch zwischen den erwachsenen Bienen stattfindet. Die Lebensdauer der primitiv-eusozialen Staaten ist meist auf die Zeit von Frühjahr bis Herbst beschränkt, denn mit dem Ausschwärmen geschlechtsreifer Männchen und Weibchen zerfällt die alte Ordnung, und alle Bienen der Gemeinschaft – abgesehen von den befruchteten Jungköniginnen – sterben. Die wichtigsten Repräsentanten dieser primitiv-eusozialen Lebensweise sind Hummeln.

Den höchsten Grad in der Entwicklung ihres Sozialverhaltens haben unbestritten die Honigbienen erreicht. Ihre hoch-eusoziale Lebensweise ist die Grundlage für das Bestehen von Kolonien, die in ihrer Komplexität und Organisationsweise eine unendliche Faszination ausüben.

Die bekanntesten Vertreter der primitiv-eusozialen Lebensweise sind Hummeln. Bei der Nestgründung, dem Sammeln von Proviant und der Versorgung der Brut ist das Weibchen komplett auf sich alleine gestellt. (Rechts)

Mit dem Schlüpfen der ersten Tochtergeneration entsteht eine arbeitsteilige Lebensgemeinschaft, deren Lebensdauer auf ein Jahr begrenzt ist. (Links)

Die Düsterbiene zählt zu den Brutschmarotzern. Die Weibchen suchen meist die Nester der Löcherbiene auf und legen ihre Eier in dem dort vorhandenen Futterbrei ab. Die Larve der Düsterbiene schlüpft vor der Wirtslarve, tötet sie und ernährt sich von dem Pollen-Nektar-Vorrat.

UNGEBETENE GÄSTE – PARASITISCHE BIENEN

Ob Solitärbienen, kommunale oder soziale Bienen – alle diese Bienen verbindet ein wesentliches Merkmal: Die Weibchen legen eigene Nester samt Proviant für ihre Brut an, unabhängig davon, ob sie dies im Alleingang oder gemeinschaftlich tun oder ob sie dafür bereits angelegte Hohlräume nutzen. Dieses Verhalten trifft bei Weitem nicht auf alle Weibchen zu. Im Gegenteil: Je nach Region macht der Anteil parasitischer Bienen, die auch als Kuckucksbienen bezeichnet werden, bis zu 25 Prozent aus. Sie sind in allen Bienenfamilien zu finden, oft schmarotzen sie bei verwandten Arten. Das zeigt sich zum Beispiel bei Trauerbienen *(Melecta)*, die bei Pelzbienen *(Anthopora)* schmarotzen. Beide Gattungen zählen zur Familie der *Apidae*. Im Frühjahr, wenn die Pelzbienen ihre Nester an lehmigen Steilwänden, vegetationsarmen Bodenstellen oder in Totholz angelegt haben und die Eiablage erfolgt ist, suchen die Trauerbienen nach einem geeigneten Moment, um in die Nester einzudringen und in bereits verschlossene Brutzellen ihre eigenen Eier abzulegen. Die Larve frisst nach dem Schlüpfen zunächst das Wirtsei, bedient sich dann der angelegten Vorräte und überwintert auch in der Brutzelle. Ganz offensichtlich weiß die Pelzbiene um die Gefahr, die von außen in Gestalt von Kuckucksbienen droht, denn nicht selten finden sich im Eingangsbereich der Nester Brutzellen, die mit nur wenig Proviant angereichert sind und in denen keine Eiablage erfolgt ist. Selbst wenn die parasitische Biene hier ihre Eier ablegt, wird die Brut der Wirtin dadurch nicht gefährdet – ein cleveres Täuschungsmanöver.

Die Weibchen parasitischer Arten haben trotz aller Unterschiede im Hinblick auf Form und Farbgebung ein gemeinsames Merkmal. Sie verfügen im Gegensatz zu ihren solitär, kommunal oder sozial lebenden Verwandten über keine Sammelvorrichtungen und haben meist ein nur sehr spärliches Haarkleid. Die Gründe dafür liegen auf der Hand: Da sie keinerlei Brutvorsorge betreiben, also auch keinen Proviant sammeln müssen, sind diese anatomischen Voraussetzungen entsprechend zurückgebildet.

Honig entsteht, indem Bienen den Nektar von Blütenpflanzen mit körpereigenen Stoffen anreichern und in Waben speichern. Wichtig ist hierbei, dass die Biene dem Nektar ihren Speichel und damit Enzyme hinzufügt. Im Bienenstock findet die Reduzierung des Wassergehalts statt, wodurch der Honig eingedickt wird.

Am Ende des fünften und letzten Larvenstadiums verpuppt sich die Hornissenlarve und verschließt zugleich die Zelle mit einem dichten Geflecht aus Fäden. (Unten)

Die Hornissen und die Bienen

Am Werke kann den Meister man erkennen.
Ein paar Honigwaben waren herrenlos; Hornissen
hatten sie an sich gerissen,
doch auch die Bienen wollten sie ihr eigen nennen.
Vor eine Wespe kam der Streit, die sollt' ihn schlichten;
allein es ward ihr schwer, nach Fug und Recht zu richten.
Die Zeugen sagten, daß sie um die Wabe her
geflügeltes Getier, das braun und länglich wär'
und summte, oft bemerkt. Das sprach wohl für die Bienen;
jedoch was half's, da die Kennzeichen ungefähr
auch den Hornissen günstig schienen?
Die Wespe wußte nun erst recht nicht hin und her,
und sie beschloß – die Sache wirklich aufzuklären –,
der Ameisen Meinung anzuhören.
Umsonst! Denn alles blieb, wie's war.
»Auf diese Art wird's nimmer klar!«
sprach eine Biene, eine weise.
»Sechs Monde schleppt sich schon der Streit im alten Gleise,
und wir sind weiter um kein Haar.
Will sich der Richter nicht beeilen,
verdirbt der Honig mittlerweilen.
Am Ende frißt der Bär ihn gar!
Erproben wir jetzt drum ohn' Advokatenpfiffe
und ohne Krimskrams der Juristenkniffe
nur durch die Arbeit unsre Kraft!
Dann wird sich's zeigen, wer von uns den süßen Saft
in schöne Zellen weiß zu legen.«
Durch der Hornissen Weig'rung war
gar bald ihr Unrecht sonnenklar.
Der Bienen Schar gewann den Streit von Rechtes wegen.
O würde jeder Streit doch nur auf diese Art
entschieden und, wie man im Morgenlande richtet,
nach dem Buchstaben nicht, nein, nach Vernunft geschlichtet!
Was würd' an Kosten dann gespart,
statt daß mit endlosen Prozessen
man jetzt uns zur Verzweiflung treibt!
Wozu? Die Auster wird vom Richter aufgegessen,
während uns die Schale bleibt.

JEAN DE LA FONTAINE: FABELN

Knapp 70 Hummelarten sind auf dem europäischen Kontinent beheimatet, doch neueste Studien zeigen, dass ein Viertel dieser Arten vom Aussterben bedroht ist. Nahrungsmangel aufgrund intensiver Landwirtschaft, Klimawandel und der Einsatz von Chemikalien machen den pelzigen Bestäubern ebenso zu schaffen wie den Honigbienen.

Sympathische Brummer – Hummeln

Die Sympathie des Menschen den Tieren gegenüber scheint zuweilen ungerecht verteilt. Das zeigt sich auch im Vergleich von Wespen und Hummeln. Während Erstere gemeinhin mit den Attributen »lästig«, »aggressiv«, »unnütz« versehen werden, treibt der Anblick von Hummeln nicht selten ein wohlwollendes Lächeln in das Gesicht des Betrachters. Vielleicht liegt es an dem überaus friedfertigen Wesen dieser Tiere, vielleicht an ihrer knubbeligen, pelzigen Erscheinung oder aber an dem tiefen, sonoren Brummton, den sie von sich geben. Tatsache ist: Hummeln kennt jeder, Hummeln mag (fast) jeder.
Aller Sympathie zum Trotz ist es um die Artenvielfalt von Bombus, so der wissenschaftliche Name, nicht gut bestellt – und das fällt bei weniger als 300 weltweit vertretenen Arten schwer ins Gewicht. Alpenhummeln (Bombus alpinus) und Berghummeln (Bombus mesomelas) gelten in Deutschland bereits als ausgestorben, Samthummeln (Bombus confusus), Deichhummel (Bombus distinguendus), Mooshummeln (Bombus muscorum) und Obsthummel (Bombus pomorum) sind in ihren Beständen stark gefährdet und werden auf der Roten Liste bedrohter Tierarten geführt. Der Populationsrückgang insbesondere langrüsseliger Hummelarten ist deshalb besorgniserregend, da sie als Bestäuberinsekten unschätzbaren Dienst leisten. Das liegt nicht zuletzt an ihrer robusten Art: Hummeln bevorzugen zwar gemäßigte Klimazonen, sind aber bei der Pollen- und Nektarsuche alles andere als zimperlich. Niedrige Temperaturen, auf die Honigbienen empfindsam reagieren, hindern Hummeln ebenso wenig am Verlassen des Nestes wie extreme Luftbedingungen: So sind Bombus-Arten selbst auf dem Mount Everest in Höhen von über 5500 Metern bei der Arbeit zu beobachten.
Hummeln sind, sofern es sich nicht um parasitische Kuckuckshummeln handelt, soziale Insekten mit Staatenverband. Die Voraussetzung zur Gründung eines Staates wird im Herbst mit der Begattung von Jungköniginnen eingeleitet, die sich bald darauf ins Erdreich eingraben oder unter Moose und Graslagen kriechen und dort überwintern. Sofern sie die kalte Jahreszeit überleben, kommen sie zwischen Anfang März und Ende April wieder ans Tageslicht, gehen direkt auf Nahrungssuche und erkunden dabei bereits geeignete Nistplätze. Manche Arten halten Ausschau nach vorhandenen Hohlräumen unter der Erde – zum Beispiel Maus- oder Maulwurfsgänge, die nach Bedarf erweitert werden –, andere errichten ihr Nest überirdisch in Moospolstern und Grasbüscheln, Felsspalten und Löchern im Mauerwerk. Ist ein geeigneter Standort gefunden, legt das auf sich allein gestellte Hummelweibchen innerhalb des Nestes einen sogenannten Honigtopf an. Hierbei handelt es sich um zwei Zentimeter große, oben geöffnete Behälter, die mit Blütennektar als Larvenproviant gefüllt sind. Pollen und Nektar, die mit Drüsensekreten zu »Bienenbrot« fermentiert werden, bilden wiederum die Unterlage für einen Wachsring, in den mehrere Eier gelegt

werden. Rund drei Wochen nach der Eiablage schlüpft die erste Generation weiblicher Arbeiterinnen, die aufgrund einer Pheromonabsonderung der Königin alle unfruchtbar sind. Ab jetzt gleicht das Leben der Hummeln dem der Honigbienen: Die Arbeiterinnen sind mit Zellenbau, Nahrungssuche, Brutversorgung sowie Klimatisierung und Verteidigung des Baus beschäftigt. Die Königin hat ihren solitären Status verloren, wird von einem Hofstaat versorgt und kümmert sich fortan um die Eiproduktion und die Erhaltung des Staates, der auf bis zu 1000 Tiere anwachsen kann. Frühestens im Hochsommer schlüpfen geschlechtsreife Hummeln, zunächst Männchen aus unbefruchteten Eiern, dann begattungsfähige Weibchen. Wenn sie das Nest dauerhaft verlassen, beginnt der Untergang des Hummelstaats. Es mangelt an Arbeiterinnen und die Königin selbst gibt nicht mehr genug Pheromone ab, um die verbliebenen Arbeiterinnen an der Ablage eigener Eier zu hindern. Dadurch zerbricht die alte, auf einer klaren Aufgabenteilung bestehende Ordnung. Die Weibchen konkurrieren fortan untereinander in dem Bestreben, möglichst viele eigene Nachkommen zu produzieren. Von diesem Kampf bleibt auch die Königin nicht verschont: Sie wird von Arbeiterinnen aus dem Nest verstoßen oder getötet. Auch die unbefruchteten Weibchen sterben, wie die Drohnen, noch vor Einbruch des Winters. Allein die befruchteten Jungköniginnen haben eine Chance, das kommende Frühjahr zu erleben und einen neuen, einjährigen Hummelstaat zu gründen.

Die Hummel gehört zu den staatenbildenden Insekten. Je nach Art bilden neben der Königin zwischen 50 und maximal 1000 Bewohner den einjährigen Hummelstaat. Die Mehrzahl der Tiere sind Arbeiterinnen, daneben besteht das Volk aus Drohnen und Jungköniginnen.

Die Honigbiene

»Der Weiser rief darauf den Rest der Untertanen,
Um sie zur Eintracht zu ermahnen.
›Der Unterschied in eurer Pflicht
Erzeugt‹, sprach er, ›den Vorzug nicht.
Nur die dem Staat am treusten dienen,
Dies sind allein die bessern Bienen.‹«

CHRISTIAN FÜRCHTEGOTT GELLERT: DIE BIENEN
AUS: FABELN UND ERZÄHLUNGEN

Die neun Honigbienenarten der Welt

Unter all den Bienengattungen der Welt bilden die der Honigbienen, lat. *Apis*, eine recht kleine Gruppe. Lediglich neun Arten weltweit zählt sie der allgemeinen Auffassung nach, doch gibt es Meinungen, dass beispielsweise die Kliffhonigbiene nur eine Unterart der Riesenhonigbiene sei. Von neun Arten ausgehend, sind allein acht ausschließlich auf dem asiatischen Kontinent beheimatet. Einzig *Apis mellifera*, die Westliche Honigbiene, also unsere »Hausbiene«, ist auch in Afrika ansässig und konnte bis in gemäßigte Klimazonen vordringen. Bemerkenswert ist, dass diese wenigen Arten weltweit eine so wichtige Rolle für die Ökosysteme einnehmen: Obwohl sie mit anderen staatenbildenden Insekten wie Termiten und Ameisen gerade einmal zwei Prozent der bekannten 900.000 Insektenarten ausmachen, sind die Honigbienen beispielsweise in Europa für die Bestäubung von rund 80 Prozent aller Blütenpflanzen, die durch Insekten bestäubt werden, verantwortlich.

WAS ZEICHNET DIE HONIGBIENE AUS?

Die abgerundeten, hexagonalen Zellen der Bienenwabe gelten als die am besten untersuchten Strukturen der Natur. Sie zeichnen sich trotz ihres weichen, zerbrechlichen Materials durch eine außerordentliche Stabilität bei ungeheurer Leichtigkeit aus, sodass ihr Aufbau zunehmend als Vorbild technischer Materialien dient.

Ihren Namen haben die Honigbienen nicht deshalb erhalten, weil ihnen Honig als Nahrung bzw. Energielieferant dient – das haben sie mit allen Bienen gemein –, sondern weil sie große Mengen an Honigvorräten anlegen. Weit mehr als sie in der Regel verbrauchen, sodass der Mensch einen Teil davon ernten kann.

Allen Honigbienenarten sind einige wesentliche Eigenschaften und Merkmale gemeinsam: Sie bilden Staaten und bauen aus einer oder mehreren Waben ihre Nester, deren einzelne sechseckige Zellen als Brutzellen und als Honig- und Pollenlager dienen. Sie leben in selbstorganisierten Kolonien, verwenden vielschichtige Arbeitsteilungs- und Kommunikationssysteme und sie sind in der Lage, sich

Der Mythos von der Killerbiene

*Ihre Geschichte klingt wie die eines Science-Fiction-Horrorfilms: 26 Bienenschwärme der Ostafrikanischen Hochlandbiene (*Apis mellifera scutellata*) brechen wegen der Unachtsamkeit eines Mitarbeiters 1956 aus einem brasilianischen Versuchslabor aus. Sie paaren sich mit den eingebürgerten europäischen Honigbienen und so entsteht die afrikanisierte, amerikanische Honigbiene. Unaufhaltsam dringt diese Biene, die im tropischen und subtropischen Klima bestens in freier Wildbahn überleben kann, nach Mittelamerika und in den Süden der USA vor. Im Jahr 2014 ist sie in San Francisco angelangt. Soweit stimmt die Geschichte.*

Was ansonsten in aller Welt über die Killerbiene beziehungsweise »the assasin«, den Attentäter, wie sie in Brasilien genannt wird, geschrieben, berichtet und in Hollywoodfilmen »dokumentiert« wird, gehört eher ins Reich der Mythen. Äußerst aggressiv und stechlustig sei sie, ein erbarmungsloser Killer, der allenthalben Todesopfer zurücklassen würde.

Es stimmt, dass Apis mellifera scutellata *und mit ihr auch die afrikanisierte Honigbiene eine andere Verteidigungsstrategie verfolgt als die europäischen Rassen. Durch ihren ostafrikanischen Lebensraum an eine wesentlich höhere Prädatorenmenge angepasst, reagieren die Insekten bereits bei Annäherung an das Nest, greifen dann in Schwärmen an und verfolgen den Feind über weite Strecken hinweg. Doch zum einen zeigt sich darin ein Notwehr-, nicht ein Killerinstinkt, zum anderen ist die Biene deutlich kleiner, die Stärke ihres Giftes um 30 Prozent geringer als die der europäischen Rassen. Rund eintausend Stiche sind nötig, um einen gesunden erwachsenen Menschen zu töten. Und die Biene greift nicht etwa im freien Feld an, selbst dann nicht, wenn sie gerade schwärmt. Sie ist allein bei der Nestverteidigung stechfreudig.*

Was die Imker Süd- und Mittelamerikas aber längst für die »Killerbienen« eingenommen hat, sind die enormen Honigerträge, die Resistenz der Insekten sowohl gegenüber der Varroamilbe als auch gegenüber der Amerikanische Faulbrut, die hervorragende Bestäubungsleistung und die allgemeine Entwicklungsfreudigkeit der Völker. Die Arbeit mit den Bienen erforderte eine Umstellung der Arbeitskleidung und der Arbeitsweise, doch die Mühe lohnte sich: Statt 20 Kilogramm Honig mit den europäischen Honigbienen liegen die Ernteerträge mit der »Killerbiene« bei etwa 60 Kilogramm Honig pro Jahr und Volk.

zu einem Großteil von ihrer Umwelt unabhängig zu machen, indem sie etwa die Baustoffe ihrer Nester selbst produzieren oder fähig sind, die Temperatur innerhalb der Kolonie zu regulieren. Bei den Westlichen Honigbienen bedeutet das beispielsweise, dass es im Winter mancherorts einen Unterschied zwischen der Außentemperatur und der Kerntemperatur innerhalb des Stockes von 60 °C gibt, den die Insekten allein mit ihren Körpern und dem Honig als Energielieferanten erzeugen. Außerdem bilden die Honigbienen eusoziale Gemeinschaften, haben eine Königin, die ausschließlich Eier legt, und eine Arbeiterinnenkaste, die alle anderen Arbeiten erledigt. Und sie zeigen alle Voraussetzungen eines sogenannten Superorganismus, dessen Grundelemente nicht wie bei einem Organismus Zellen und Gewebe sind, sondern einzelne, miteinander kooperierende Individuen, die in ihrer Gesamtheit Wirbeltieren und sogar Säugetieren ähneln.

Aber natürlich gibt es zahlreiche Unterschiede zwischen den verschiedenen Arten, in körperlicher Hinsicht ebenso wie in Bezug auf Lebensraum und Lebensweise. Die Körpergröße ist hier ganz entscheidend, die Färbungen des Körpers und der Haare und – als eines der wesentlichen Unterscheidungsmerkmale der Arten – die Genitalorgane der Königinnen und Drohnen. Grob lassen sich auch die freibrütenden Honigbienen, die an Ästen oder im Busch nisten, von den Höhlenbrütern, die ihre Kolonie in einer schützenden Höhle ansiedeln, unterscheiden.

DIE RIESENHONIGBIENE, *APIS DORSATA*

In Süd- und Westindien gehören die gewaltigen Banyanbäume zu den wichtigsten Nistbäumen der Riesenhonigbiene. Weil sie und andere wichtige Nistplätze in Südostasien immer häufiger großflächig abgeholzt werden, weicht *Apis dorsata* beim Bauen ihrer Nester zunehmend auf das Balkenwerk menschlicher Gebäude aus und wird damit ganz allmählich zum Kulturfolger.

Bis zu zwei Meter breit können ihre spektakulären Nester, die nur aus einer einzigen frei an einem dicken Baumast hängenden Wabe bestehen, werden. Und an solch einem Baum hängt nicht nur eines der halbmondförmigen bis dreieckigen *Apis-dorsata*-Nester, es können Dutzende sein. Bis zu 100.000 Bienen bilden eine Kolonie, schnell kommen an einem der sogenannten »Bienenbäume« also mehrere Millionen Individuen zusammen. Warum die Riesenhonigbienen – zwischen

Auf einem Banyanbaum im südwestindischen Bundesstaat Bangalore wurden im Jahr 2005 insgesamt 625 Bienennester gezählt. Der Baum ist umgeben von Eurkalyptusbäumen, deren Blüten den Insekten eine exzellente Futterquelle bieten.
Jedes Jahr kehrt ein Großteil der Bienenvölker im Zuge ihrer Wanderung zu ihrem Baum zurück, was Forscher des Institute for Natural Resources Conservation, Education, Research and Training (INCERT) dazu bewog, den Bienenbaum für das UNESCO-Naturerbeprogramm vorzuschlagen. Und auch die Einwohner der benachbarten Dörfer erkannten seinen Wert: Sie stellten die Honigernte an diesem Baum ein, als bekannt wurde, dass durch sie die Zahl der Nester stetig dezimiert wurde.

Pakistan und Vietnam, in Indien und auf den indonesischen Inseln beheimatet – in Gruppen siedeln, ist noch ungeklärt. Auch ist nicht klar, warum manche Bäume in Scharen besiedelt werden und andere, völlig gleich erscheinende Bäume, gar nicht. Fest steht, dass die einzelnen Völker gänzlich unabhängig voneinander leben und keinerlei Nutzen daraus ziehen, dass in ihrer unmittelbaren Nähe ein anderes Volk ihrer Art lebt. So verteidigen sie nicht etwa gemeinsam ihre Nester vor Feinden, sondern verharren ungerührt, solange nicht das eigene Volk bedroht ist. Fest steht auch, dass die Riesenhonigbienen Wanderbienen sind: Sie haben Winter- und Sommerquartiere und je nach Lebensraum wandern sie zwei- bis viermal im Jahr. Das erfordert ein wesentlich längeres Leben als bei anderen Bienenarten: In den Sommern vor allem in höheren Lagen (bis maximal 2000 Meter) anzutreffen, verlassen die Bienen beispielsweise bei Abklingen des Monsuns ihre Wabe. Die Königin hat schon vor einer Weile die Eiablage eingestellt, die Bienen bereiten sich auf die Wanderung vor, die Brut ist meist geschlüpft und neue wird nicht mehr herangezogen. Die Wanderung kann bis zu 200 Kilometer weit sein und bis zu sechs Wochen dauern, denn spätestens nach fünf Kilometern müssen die Bienen ruhen und frischen Nektar und Pollen suchen. Sind sie am Ziel ihrer Wanderung angekommen, müssen neue Nester gebaut, Honigvorräte angelegt und die neue Brut betreut werden – erst dann hat eine Bienengeneration ihre Pflicht erfüllt und die nächste übernimmt deren Aufgaben. Die Riesenhonigbiene wird also in

In einem dichten Vorhang hängt ein Großteil der *Apis-dorsata*-Arbeiterinnen über der Wabe, um sie nach außen zu schützen. Ammen- und Baubienen, die Königin und ihr Hofstaat verrichten ihr Tagewerk unter diesem Vorhang. Sammelbienen dagegen können ihn durchschreiten, um Pollen, Nektar und Wasser einzutragen. Ihre Kommunikationstänze aber führen die Riesenhonigbienen außen auf den vertikal hängenden Leibern ihrer Schwestern aus, wo sie andere Sammlerinnen über einträgliche Nahrungsquellen informieren. Dabei nutzen sie, wie die Westliche Honigbiene, die Schwerkraft sowie den Stand der Sonne, um die Lage der Futterquelle in Bezug zum Nest zu setzen und mithin die Lage anzugeben.

der Regel mehrere Monate alt – im Vergleich dazu wird unsere »Hausbiene« im Sommer nur etwa 42 Tage, im Winter sechs bis sieben Monate alt.

Kennt man die Westliche Honigbiene in ihren Bienenbeuten, so bietet die frei brütende Riesenhonigbiene in ihrer ganzen Lebensweise einen spektakulären Kontrast dazu. Die riesige Wabe wird an eine breite waagerechte Fläche angebaut und besteht aus einem Vorratsspeicher und einem Brutbereich, die sich durch ihre Zellentiefe deutlich voneinander unterscheiden. Die gleich großen, aber sehr viel tieferen Honigzellen nehmen bei großen Völkern bis zu 50 Kilogramm Honig auf, in sehr viel flacheren Zellen wird die Brut herangezogen. Auf der senkrecht hängenden Wabe selbst sind etwa zehn Prozent des Bienenvolks mit der Brut- und Zellenpflege, mit dem Beheizen oder Kühlen der Wabe und mit der Honig- und Pollenverarbeitung beschäftigt. Ein ebenso kleiner Teil sammelt Blütenpollen und Nektar. Die übrigen Bienen aber hängen dicht an dicht neben- und übereinander, halten sich an den anderen Bienen fest und bilden so einen dichten Schutzmantel um die Wabe. Ihr Hinterleib ist dabei frei beweglich, der Kopf fast gänzlich unter den Hinterlieb der darüberhängenden Biene geschoben, die Flügel leicht ausgebreitet. Gegen Regen, der an ihren Leibern und Flügeln abläuft wie an Dachziegeln, bilden sie so einen ebenso wirksamen Schutz wie gegen kleinere Feinde.

(K)ein Bienenfreund – der Blaubartspint

Eine ganze Familie tropischer Vögel, wie der Böhmspint, der Smaragd- und der Regenbogenspint, die sogenannten Bienenfresser (Meropidae), *hat sich die Biene als Hauptnahrungsmittel ausgesucht. Zu ihnen gehört auch der Blaubartspint* (Nyctyornis athertoni), *der eine besondere Taktik entwickelt hat, die Riesenhonigbiene erst von ihrem Nest wegzulocken und sie dann zu vertilgen. Der hübsche grasgrüne Vogel mit hellblauer Kehle streift im Flug den Mantel aus Bienen, der das Nest schützt. Sogleich löst sich von diesem eine ganze Reihe an Bienen, verfolgt den Blaubartspint und versucht, ihn zu stechen. Doch der pickt die einzelnen Insekten aus seinem Gefieder, knipst mit seinem Schnabel den Giftstachel ab und verspeist die Biene anschließend.*

Kommt beispielsweise eine Wespe in die Nähe des Stockes, so schnellen die Hinterleiber der Bienen in die Höhe und es entstehen sensationelle Wellenbewegungen, die den Angreifer verscheuchen und verwirren sollen. Größere Feinde greift *Apis dorsata* in Mengen an, sticht sofort zu und gilt daher – besonders bei den einheimischen Honigjägern – als aggressivste Biene überhaupt.
Ihren Namen tragen die Riesenhonigbienen übrigens, weil sie im Vergleich zu anderen Bienenarten gigantisch sind: Bis zu 25 Millimeter, also so groß wie eine europäische Hornisse, können die Arbeiterinnen werden, die Königin und Drohnen sind nur unwesentlich größer. Ihre äußere Gestalt zeichnet sie durch einen dunklen Kopf mit dunklen Haaren, einen bernsteinfarbenen Leib und rauchig getönte Flügel aus.

DIE RIESENBERGBIENE, *APIS LABORIOSA*

Noch größer und an noch spektakulärerem Ort siedelnd als die Riesenhonigbiene, hat man die Riesenbergbiene, *Apis laboriosa*, lange Zeit für eine Unterart von *Apis dorsata* gehalten. Trotz aller Gemeinsamkeiten (beispielsweise in den Geschlechtsorganen) tendiert die Wissenschaft aber heute dazu, sie als eigene Art anzusehen und die beiden Arten stattdessen zur Untergattung *Megapis*, also den »Riesen-Honigbienen«, zusammenzufassen. Die Riesenbergbiene siedelt hauptsächlich in den Himalayaregionen von Nepal und Buthan, in Höhen zwischen 1500 Metern im Winter und bis zu 3500 Metern im Sommer. Sie ist um etwa zehn Prozent größer als *Apis dorsata*, mit einem schwarz gefärbten Körper, aber bernsteinfarbenen Haaren, die etwa 0,4 Millimeter lang und damit fast dreimal länger als die der Riesenhonigbiene sind. Ein wärmender Pelz also in dem rauen Gebirgsklima.
Die Nester gleichen denen der Riesenhonigbiene, hängen aber an Felswänden. Ansonsten ist ihre (sommerliche) Lebensweise recht ähnlich: Die Völker siedeln in Gruppen zusammen, aber ohne Austausch untereinander, die Waben sind etwas größer, aber genauso aufgebaut. Auch die Verteidigungsstrategie ist dieselbe wie

Die Lebensbedingungen von *Apis laboriosa* sind extrem. In bis zu 3500 Metern Höhe fallen die Nachttemperaturen in der Regel unter den Gefrierpunkt. Auch die Nahrung im Gebirge ist recht einseitig, sind es doch vor allem die giftigen Blüten des Rhododendron, die den Insekten als Trachtquelle dienen. Stellt dieses Gift für die Bienen kein Problem dar, so erntet man in den Himalayaregionen den Honig nicht zuletzt wegen seiner halluzinogenen Wirkung. (Links)

Eine eiweiß- und kohlenhydratreiche Kost: Auf den Märkten Asiens werden die Nester der Zwerghonigbiene mitsamt Honig und Bienenbrut zum Verzehr angeboten. (Rechts)

bei *Apis dorsata*. Im Winter (Dezember und Januar) hingegen wandern die Riesenfelsenbienen ins bewaldete Tal hinab, sammeln sich dort – ohne eine Wabe zu bauen – zu Wintertrauben, die sie nicht beheizen, und verharren dort, bis sie ab Februar wieder zu ihren angestammten Felswänden zurückkehren.

Dass man sie heute als eigene Art bezeichnet, liegt einerseits an den körperlichen Unterschieden wie Farbe und Größe zu *Apis dorsata*, andererseits aber auch an genetischen Unterschieden und an Differenzen ihrer Verhaltensweisen. So unterscheiden sich die Kommunikationstänze von *Apis dorsata* und *Apis laboriosa* deutlich voneinander, die Alarmpheromone stimmen nicht überein (bzw. bei der Riesenbergbiene fehlt dies im Stachelapparat und wird durch ein Mandibulardrüsensekret ersetzt) und auch die Hochzeitsflüge der Königinnen finden zu anderen Uhrzeiten statt, sie begatten sich also zu unterschiedlichen Zeiten – eines der wesentlichen Kennzeichen für eine eigenständige Art.

DIE ZWERGHONIGBIENE, *APIS FLOREA*

Nicht größer als eine Stubenfliege, also etwa neun bis zehn Millimeter groß, ist die asiatische Zwerghonigbiene und auch ihre frei bebrütete Wabe erreicht kaum je einen Durchmesser von 30 Zentimetern. Die meist in dichtem Buschwerk an einem Ast »aufgehängte« Wabe, die auch häufig in Dörfern und Großstädten zu finden ist, besteht aus einem wulstigen Honigspeicher, dessen tiefe Zellen sich um den gesamten Ast herumbilden, und einer senkrecht in einem gleichförmigen Halb-

Zusammen mit den Zwergbuschbienen, *Apis andreniformis*, wird die Zwerghonigbiene, *Apis florea*, inzwischen der gemeinsamen Untergattung *Micrapis*, den Zwerg-Honigbienen, zugeordnet. Zusammen mit den beiden Riesen-Honigbienen, *Apis dorsata* und *Apis laboriosa*, zählen sie zu den frei brütenden Honigbienen.

oval hängenden Brutwabe. Im Unterschied zu allen anderen Honigbienenarten besitzt der Wulst des Honigraums keine Mittelwand, die Waben werden strahlenförmig um den Ast herumgebaut. Wie bei den Riesenhonigbienen umhüllt die Mehrheit der nur 15.000–20.000 Individuen eines Volkes die gesamte Wabe mit einem dichten Schutzmantel, ein kleinerer Teil fliegt zur Pollen- und Nektarsuche aus und betreibt Nest- und Brutpflege.

Was die Biene an Größe entbehrt, macht sie an anderer Stelle wieder wett. Zum einen ist sie zu einer unglaublichen Anpassung an extreme Wetterbedingungen fähig. So findet man sie nicht nur in den südasiatischen Tieflandgebieten unterhalb von 500 Metern zwischen Nordindien und den indonesischen Inseln, sondern auch rund um den Persischen Golf und seit wenigen Jahrzehnten sogar im östlichen Afrika, wo sie sommerlichen Tagestemperaturen von teilweise 50 °C und winterlichen Nachttemperaturen um den Gefrierpunkt sowie extremer Trockenheit standhalten kann. Sie hat darüber hinaus ein sehr ansprechendes, auffälliges Äußeres: Ihr schwarzer Kopf und Thorax sind von einem leichten Silberpelz umgeben, was einen schönen Kontrast zum kräftig orange-schwarzen Hinterleib mit silberweißen Filzbinden bildet. Der kaum ein Millimeter lange Stachel ist nicht sehr wirksam gegen größere Feinde, auf die die Zwerghonigbiene zunächst auch kaum reagiert. So kann der Mensch ein *Florea*-Nest an seinem Ast herumtragen, ohne gestochen zu werden. Fühlt sich die Zwerghonigbiene bedroht, gibt sie ihr Nest lieber auf und siedelt an einem anderen Ort – was ihr den Namen Nomadenbiene eingebracht hat –, als

Die Zwerghonigbiene wandert periodisch zwischen dem tropischen Flachland und nahen Mittelgebirgen, die Tiere verlassen dazu ihre Nester und errichten in beachtlicher Geschwindigkeit neue.

es zu verteidigen. (Es mag aber auch daran liegen, dass man bei der Zwerghonigbiene bislang kein Alarmpheromon feststellen konnte. Ihre vermeintliche Sanftmut ist also vielleicht nur das Fehlen einer wirksamen Gefahrenkommunikation gegen einen übermächtigen Feind.) Da der Hauptfeind der Zwerghonigbiene in der Tat der Mensch ist, für den ihr Stich nicht einmal die Auswirkung eines Mückenstichs hat und der die kleinen Wachswaben inklusive Brut und Honig auf den Märkten Asiens zum Verzehr anbietet, muss sie recht oft ein neues Nest bauen.

Gegen kleinere, nicht fliegende Feinde aber, wie Ameisen, hat die Zwerghonigbiene eine interessante Verteidigungsstrategie entwickelt: Den Ast, um den ihre Wabe gebaut wird, streicht sie rechts und links komplett mit Propolis ein und hält dieses stets weich. In dem weichen Kittharz bleiben die Angreifer kleben und können so weder zum Nest vordringen noch den Rückzug antreten.

DIE ZWERGBUSCHBIENE, *APIS ANDRENIFORMIS*

Sie ist die kleinste aller *Apis*-Arten, gerade einmal acht bis neun Millimeter groß und wie ihre nächste Verwandte, die Zwerghonigbiene, in Südostasien und Borneo beheimatet, siedelt aber nicht am Persischen Golf oder gar in Afrika. Das Leben von

Die Tänze der Zwerghonigbienen

Honigbienen verständigen sich unter anderem mittels Tänzen über ihre Trachtquellen. Westliche und Östliche Honigbienen und die Riesenhonigbienen tun dies auf der senkrecht hängenden Wabe, die höhlenbewohnenden Bienen im Dunkeln, indem sie die Richtung und die grobe Entfernung des Bienenstocks zur Trachtquelle angeben. Anders verhalten sich die Zwerghonigbienen: Obwohl auch Tänze in der Vertikalen beobachtet wurden, tanzen sie in der Regel horizontal auf dem Honigwulst ihrer Wabe, die Sonne zur Orientierung nutzend und die Flugrichtung zur Trachtquelle immer im Blick.

Anders als ihre nächste Verwandte *Apis florea* (oben) ist die Zwergbuschbiene, *Apis andreniformis*, fast durchgehend schwarz, mit schwarzen Haaren und mit manchmal helleren, gelblichen Filzbinden am Hinterleib. Damit ist sie die dunkelste aller Honigbienenarten. (Links)

Apis andreniformis nistet im dichten, dunklen Blattwerk, das nur noch von etwa 25–30 Prozent des Tageslichts durchdrungen ist. Das Nest ist in der Regel nicht größer als 10 Zentimeter und obwohl die Zwergbuschbiene deutlich aggressiver als die Zwerghonigbiene ist, kann sie gegen die menschlichen Honigjäger wenig ausrichten, die die Nester vom Baum pflücken und mitsamt Brut und Honig auf den Märkten anbieten. Für die beiden Zwergbienenarten bedeutet das mittlerweile eine wirkliche Bedrohung, denn durch den Verzehr der Bienenbrut in Kombination mit der Zerstörung des Lebensraum beider Bienenarten schwinden die Populationen zunehmend. Aber auch für den Menschen stellt dies eine Bedrohung dar: In Südostasien ist die Landwirtschaft auf die Bestäubung durch die Zwerghonigbienen angewiesen. (Rechts)

Apis andreniformis ist weniger gut dokumentiert als das der anderen Honigbienenarten, doch einige Unterscheidungsmerkmale treten deutlich zu Tage – insbesondere in Bezug zu ihrer nächsten Verwandten, der Zwerghonigbiene. Abgesehen von auffallenden und bereits äußerlich sichtbaren körperlichen Unterschieden, errichten beide Zwergbienenarten zwar ihre Wabe in dichtem Gebüsch, doch die ebenfalls wulstigen Honigbereiche bei der Zwergbuschbiene verfügen über eine Mittelwand und sind stets horizontal ausgerichtet. Anders als *Apis florea* konnte bei der Zwergbuschbiene dasselbe Alarmpheromon wie bei *Apis dorsata* und *Apis cerana* nachgewiesen werden – sie verströmt es bei vermeintlicher Gefahr, greift dann gerne in Massen an und verlässt anschließend ihr Nest, um ein neues Heim zu gründen. Bevor die Zwergbuschbienen schwärmen, gibt die Königin ein lautes Tröten von sich, das bislang nur bei der Östlichen und der Westlichen Honigbiene bekannt war. Die Arbeiterinnen stellen daraufhin ihre Tätigkeit ein und ein Teil verlässt mit der Königin das Nest, bevor dort eine junge Königin schlüpft. Wie alle frei brütenden Honigbienenarten bilden die Arbeiterinnen einen Schutzvorhang um die Wabe und wie *Apis dorsata* verteidigt *Apis andreniformis* ihr Nest durch Wellenbewegungen der Abdomen. Ein Umstand, der bei *Apis florea* nicht auftritt.

DIE ÖSTLICHE HONIGBIENE, *APIS CERANA*

Apis cerana gilt als das östliche Gegenstück, sozusagen die asiatische Schwester unserer Westlichen Hausbiene, mit der sie eine ganze Reihe von Ähnlichkeiten aufweist – beispielsweise auch in den Genitalorganen. Und in der Tat können sich Königinnen von *Apis mellifera* und *Apis cerana* prinzipiell mit den Drohnen der jeweils anderen Art paaren und die Königin legt sogar befruchtete Eier – es entwickeln sich daraus aber nie erwachsene Nachkommen.

Man geht heute davon aus, dass sich die Ausdifferenzierung der beiden Arten vor etwa drei Millionen Jahren vollzogen hat, nachdem sich das Phänomen des Höhlenbrütens durchgesetzt hatte. Die Östliche Honigbiene ist in Indien, Südostasien, Borneo, Sri Lanka, China und Japan (dort allerdings nur auf den südlichen Inseln Honshū, Shikoku und Kyūshū, nicht aber weiter im Norden) beheimatet.

Räumlich und zeitlich also eine geraume Weile getrennt, haben sich bei zahlreichen erhaltenen Gemeinsamkeiten auch einige auffällige Unterschiede entwickelt. Eine selbst für den Laien sehr deutlich sichtbare Veränderung ist eine vierte filzige Haarbinde am Hinterleib von *Apis cerana*, während *Apis mellifera* nur drei besitzt. Beide Arten verfügen über einen breiten Pelz auf dem ersten Segment des Hinterleibs, der aber nicht zu diesen Filzbinden hinzugezählt wird.

Die Östliche Honigbiene hat einige wirksame Verteidigungsstrategien entwickelt. So treibt ihr berühmtes Zischen, das dem einer Schlange ähnelt, sogar ausgewachsene Bären in die Flucht.

Eine ganze Reihe anderer körperlicher Unterschiede lassen sich verzeichnen, doch wesentlich auffälliger sind andere, verhaltenstechnische wie biologische Divergenzen. Am interessantesten dürfte dabei das Verteidigungsverhalten der Östlichen Honigbiene sein. Ihr Alarmpheromon ist nicht sonderlich stark und das Gift des

Bear and Bees.

Seit dem 19. Jahrhundert ist auch im asiatischen Raum bei der *Cerana*-Imkerei die Magazinbeute mit beweglichen Wabenrahmen etabliert.

Stachels nicht besonders wirksam, sodass bei Gefahr hiermit nicht viel zu gewinnen ist. Massenattacken wie bei *Apis mellifera*, aber auch *Apis andreniformis* und *Apis dorsata* sind bei ihr nicht zu erwarten, stattdessen wandert sie bei Gefahr für den gesamten Bienenstock eher komplett ab.

Aber gegen einzelne Feinde weiß sie sich durchaus zu verteidigen: Geradezu berühmt sind die Zischlaute von *Apis cerana*, die bei Erschütterung oder durch einen Luftzug ausgelöst werden können. Durch schnelles Schwirren der Flügel, von Biene zu Biene weitergegeben, entsteht dieser Laut, der dem einer Schlange ähnelt. Ob dieser Laut tatsächlich als Mimikry zu verstehen ist, ist nicht geklärt – seine Wirksamkeit aber schon. Mit Versuchen wollten Wissenschaftler des Zoologischen Instituts der TH Darmstadt 1974 prüfen, inwieweit sich Honigräuber von diesem Zischlaut beeinflussen lassen. Dafür wurde Bären, die darauf dressiert wurden, unter einem Kasten nach Honigwaben zu suchen, das Bienenzischen per Tonband vorgespielt: Sie reagierten teilweise mit heftigem Erschrecken und Fortbleiben vom Honig. Auch ein Pandabär, dem das Zischen in seiner Schlafbox vorgespielt wurde, floh erschreckt ins Freigehege. Das Zischen hat also durchaus abschreckende Wirkung auf Feinde.

Gegen räuberische Wespen oder die für Bienen sehr gefährliche Asiatische Riesenhornisse ist diese Verteidigungsstrategie aber recht nutzlos, weshalb sie noch eine andere Waffe »ersonnen« hat: Hitze.

Bedroht eine Riesenhornisse ein *Cerana*-Nest, so lassen sich die Bienen erstarrt am Flugloch nieder. Ohne anzugreifen warten sie regungslos ab, bis der Feind sich ermüdet ebenfalls niederlässt. In diesem Moment stürzen sich die Bienen gemeinsam auf die Hornisse, umgeben sie komplett mit ihren Körpern und heizen das Innere dieses Bienenknäuels durch Muskelzittern auf 45 °C auf. Die Hornisse stirbt den Hitzetod, die Bienen, die kurzzeitige Erwärmungen bis 50 °C ertragen können, gehen unversehrt aus der Schlacht hervor. Dagegen ist die Westliche

Die Waben von *Apis cerana* sind klein, darüber hinaus neigen die Honigbienen bei Gefahr zum Verlassen ihres Nestes. Das macht die *Cerana*-Imkerei mühsam und obwohl die Westliche Honigbiene in Asien mit weit mehr Feinden und Parasiten zu kämpfen hat als die Östliche, lässt sich eine Trendwende in der asiatischen Imkerei feststellen. *Apis mellifera* vertreibt die heimische Honigbiene immer stärker aus der professionellen Imkerei des Kontinents, weil ihre Honigerträge deutlich höher ausfallen. In Indien ist das Verhältnis von *Cerana*- zu *Mellifera*-Völkern noch nahezu ausgeglichen, in China stehen 70 Prozent *Mellifera*- nur noch 30 Prozent *Cerana*-Völkern gegenüber.

Honigbiene, die nicht ursprünglich in den Gebieten von *Apis cerana* heimisch war und erst durch die Kolonialisierung in allen Ländern der Welt verbreitet wurde, gegen die Asiatische Riesenhornisse fast machtlos. Gegen europäische Hornissen kann *Apis mellifera* ihren Stachel im Flug einsetzen, eine Taktik, die bei der Riesenhornisse nicht greift – und so werden ganze *Mellifera*-Völker in Asien durch Hornissenangriffe geplündert und zerstört.

Noch einen weiteren Feind haben *Apis cerana* und *Apis mellifera* gemeinsam, gegen den erstere sich machtvoll zur Wehr setzt, während letztere fast völlig hilflos gegen ihn ist: die Varroamilbe. Der Parasit wurde erst 1967 nach Europa eingeschleppt und seitdem kämpfen europäische Imker gegen den Schaden, den er anrichtet.

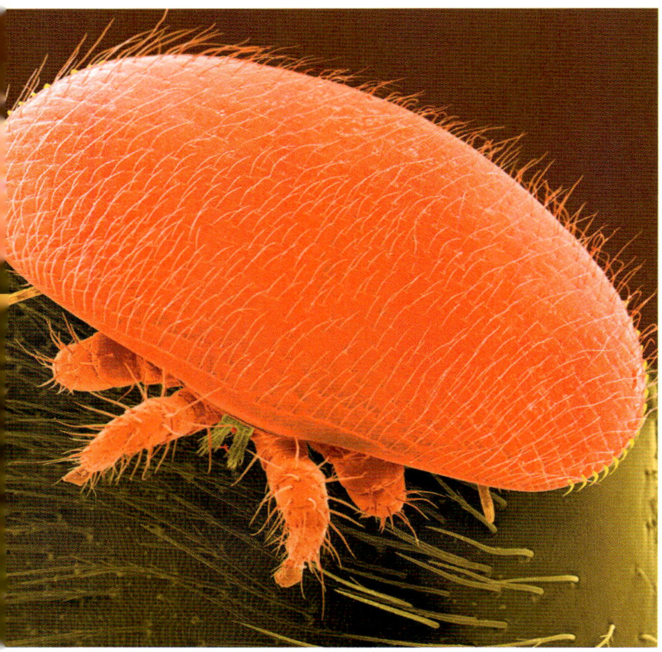

Varroa destructor ist ein in Asien weit verbreiteter Parasit, der *Apis cerana* jedoch kaum Schwierigkeiten bereitet. Mit der ersten Einfuhr der Westlichen Honigbiene nach Asien aber ging auch die Varroamilbe auf die fremde Bienenart über, die dem Parasiten hilflos ausgeliefert war. Nach Europa wurde die Milbe erstmals 1967 eingeschleppt, in Deutschland ist sie seit 1977 nachgewiesen. (Links)

Hornissen stellen für die Östliche Honigbiene keine wirkliche Gefahr dar. (Rechts)

Apis cerana, mit dem Parasiten seit jeher vertraut, entledigt sich der Milbe, die sich zwischen ihre Bauchschuppen oder auf den Rückenschild setzt und die Brut befällt, vor allem durch gegenseitige Körperpflege. Eine Biene, die merkt, dass sie von einer Varroamilbe befallen ist, versucht zunächst, ihr die Beine ab- oder den Rückenpanzer durchzubeißen. Gelingt das nicht oder ist die Milbe nicht erreichbar, führt sie einen heftigen Tanz auf, um ihren Schwestern zu zeigen, dass sie Hilfe braucht. Während mehrere Arbeiterinnen ihren Körper daraufhin nach der Milbe absuchen, lässt sich das befallene Insekt mit gespreizten Beinen und Flügeln völlig regungslos putzen. Bei *Apis mellifera*, die den Schädling hierzulande erst seit 50 Jahren kennt, wurde dieses Putzverhalten bislang nur vereinzelt beobachtet – obwohl sie sonst wesentlich reinlicher ist als *Apis cerana*, die Unrat teilweise auf dem Nestboden liegenlässt und damit wiederum Schädlingen wie der Wachsmotte Nahrung und Nistplätze bietet.

Eine systematische Imkerei ist bei der Östlichen Honigbiene wie bei der Westlichen bereits für Jahrhunderte belegt – unter anderem in China und Japan – und ist dort vermutlich kaum jünger als die Imkerei in Ägypten und Anatolien. Verwendete man dort als Beuten ausgehöhlte Baumstämme, Tongefäße oder Körbe, so hat sich seit dem 19. Jahrhundert auch im asiatischen Raum bei der *Cerana*-Imkerei die Magazinbeute mit beweglichen Wabenrahmen etabliert. Doch unterscheidet sie sich dadurch, dass die Waben viel kleiner sind und die Beuten nicht stark vergrößert werden können. Die Östliche Honigbiene mit ihren »nur« 10.000–20.000 Individuen füllt, anders als die Westliche Honigbiene, vergrößerte Räume nicht mit immer mehr Honig aus, hat keinen so ausgeprägten Vorratsdrang wie *Apis mellifera*, und wandert eher ab, als in zu großen Räumen zu leben. Überhaupt ist dieser Wandertrieb das größte Problem mit *Apis cerana*, zu viele Störungen am Nest duldet die Biene nicht. Daher setzt sich in Asien mehr und mehr der zusätzliche Einsatz von *Mellifera*-Völkern in der Imkerei durch, ohne dass man ganz auf die *Cerana*-Völker verzichtet: Diese nämlich fliegen schon bei geringeren Temperaturen aus, also auch in den früheren Morgenstunden und an kühlen Tagen – ein eindeutiger Vorteil gegenüber ihrer westlichen Schwester.

DIE ROTE HONIGBIENE, ASIATISCHE BERGBIENE UND *APIS NIGROCINCTA*

Alle drei Arten zählen zu den höhlenbewohnenden Honigbienen, alle drei Arten sind auf wenigen Inseln Südostasiens beheimatet und alle drei Arten können von Varroamilben – die den Westlichen Honigbienen schwer zu schaffen machen – infiziert werden. Und sie haben eine weitere Gemeinsamkeit: Alle drei Bienenarten wurden lange Zeit als Unterarten der Östlichen Honigbiene angesehen. Erst durch direkte äußere Vergleiche beispielsweise der Genitalorgane der Königinnen und Drohnen sowie die Beobachtung, dass die Drohnen der verschiedenen Bienenvölker zu unterschiedlichen Zeiten ausfliegen, dass also der Hochzeits- und Begattungsflug der Königinnen zu unterschiedlichen Zeiten stattfindet, machte sie als eigene Spezies erkennbar. Sie sind – weil sehr spezialisiert und in wenigen Gebieten der Welt beheimatet – noch recht wenig untersucht.

▸▸ ROTE HONIGBIENE *(APIS KOSCHEVNIKOVI)*

Die Rote Honigbiene tritt hauptsächlich in den Regenwäldern auf Borneo, auf der malaiischen Halbinsel, Java, Sumatra und vereinzelt in Südthailand auf. Ihr prägnantes rot-braunes Kleid, das wie *Apis cerana* eine vierte Filzbinde am letzten Hinterleibring aufweist, hat ihr ihren Namen eingebracht. Außerdem macht es sie leichter erkennbar, zumal die goldbraune Bauchseite und die Unterschenkel noch einmal hervorstechen. Auch ihre gräulich eingefärbten Flügel, die es sonst nur bei der Riesenhonigbiene gibt, sind markant. Die Rote Honigbiene siedelt wild in Baumhöhlen und baut dort mehrere Waben, sie kann aber auch imkerlich gehalten werden – allerdings nicht wie die Westliche Honigbiene in erweiterbaren Bienenstöcken. Sind die Räume zu groß, verlässt die Rote Honigbiene den Bienenstock, während große, leere Bienenstöcke die Westliche Honigbiene nur dazu animieren, noch größere Honigvorräte anzulegen.

ASIATISCHE BERGBIENE *(APIS NULUENSIS)*

Auch *Apis nuluensis* ist in Borneo und auf dem malaiischen Festland zu Hause, bevorzugt dort aber nicht die Regenwälder, sondern die Bergwälder bis zu einer Höhe von etwa 3500 Metern. Ob die Bergbiene eine eigenständige Art oder eine Unterart von *Apis cerana* ist, ist nach wie vor umstritten, jüngste Untersuchungen rücken sie aber wieder stärker in Richtung einer eigenen Art. Durch die Wahl ihres Lebensraums hat sich die Bergbiene stark spezialisiert, sie hat sich eigene Trachtpflanzen gesichert, die nicht von den anderen asiatischen Honigbienen in Anspruch genommen wird. Gleichzeitig benötigt sie aber, anders als die frei brütenden Honigbienen etwa, die Möglichkeit, ihre Brut vor der Kälte der höheren Gebirgslagen zu schützen – was sie wie *Apis cerana* und vor allem *Apis mellifera* perfekt beherrscht. Wie die Rote Honigbiene baut auch die Bergbiene mehrere Waben in einer Nisthöhle und zeichnet sich durch eine vierte Filzbinde am letzten Hinterleibsring aus, ist aber wesentlich dunkler und brauner als die Rote Honigbiene.

APIS NIGROCINCTA

Auf wenige Inseln Indonesiens (Sulawesi und Sangir-Inseln) und der Philippinen (vor allem Mindanao) beschränkt, gehört sie ebenso zu den mit mehreren Waben in Höhlen brütenden asiatischen Honigbienen. Von ihrer nächsten Verwandten, der Östlichen Honigbiene, unterscheidet sie sich durch eine helle Stirnplatte, sie ist deutlich größer als *Apis cerana* und die Zellen der Drohnenbrut werden nicht mit Wachs verschlossen. Darüber hinaus siedelt *Apis nigrocincta* in deutlich größeren Kolonien – also mit mehr als 20.000 Individuen.

Ein Unterscheidungsmerkmal für Honigbienenarten und -rassen – der Cubitalindex

Die Flügel von Honigbienen sind von feinen Adern durchzogen, die sie in kleinere von Adern umschlossene Segmente unterteilen. Das Muster, das durch diese Segmentunterteilung entsteht, ist bei den Arten und den unterschiedlichen Rassen relativ spezifisch, weshalb die Verhältniswerte einzelner Abschnitte zueinander Rückschlüsse auf die Art bzw. auf eine Honigbienenrasse geben können. Diesen Quotienten nennt man Cubitalindex. Man ist mit seiner Hilfe in der Lage, Bienenrassen zu bestimmen und den Kreuzungsgrad zweier Rassen bei Honigbienen zu benennen.

Äußerlich unterscheidet sich *Apis mellifera* von ihrer östlichen Schwester in der Regel durch ihre Größe. Doch auch kleine tropische *Mellifera*-Arten lassen sich anhand ihrer Flügelsegmente von *Cerana*-Arten eindeutig unterscheiden.

DIE WESTLICHE HONIGBIENE, *APIS MELLIFERA*

Auch die Urahnen der Westlichen Honigbiene stammen aus Asien, also aus tropischen bis subtropischen Gebieten. Es ist daher eine ganz besondere Leistung für die Insekten, dass sie in gemäßigte Klimazonen vordringen konnten. Heute auf dem gesamten afrikanischen Kontinent (die trockenen Wüsten einmal ausgenommen) und in Europa bis beinahe an den Polarkreis ansässig, in Bergregionen ebenso wie an der Küste heimisch, nach Nord- und Südamerika, Asien und Australien eingeführt und dort sogar mittlerweile wild lebend ist die Westliche Honigbiene geradezu ein Wunder der Anpassungsfähigkeit an ihre Umwelt und an das Klima. Entsprechend kann man bei den *Apis-mellifera*-Rassen – es gibt weltweit wenigstens 25 verschiedene – große Unterschiede erkennen, was ihre Lebensweise und auch ihr Aussehen betrifft. Viele dieser Eigenschaften hat man jahrzehntelang für

In warmen Gefilden ist die Westliche Honigbiene mittlerweile sogar gelegentlich fähig, außerhalb von Höhlen zu nisten. Auch dann aber errichtet sie – anders als die frei brütenden Honigbienen – Nester aus mehreren Waben. (Links)

Die Westlichen Honigbiene ist heute auf allen Kontinenten außer der Antarktis vertreten. Nach vorherrschender Meinung ist sie nach Europa im Laufe von Jahrmillionen vorgedrungen, auf dem amerikanischen und australischen Kontinent wurde sie vom Menschen eingeführt. (Rechts)

Merkmale anderer Bienenarten, zum Beispiel von *Apis cerana*, angesehen, heute weiß man, dass auch Rassen der Westlichen Honigbiene, die in den Tropen und Subtropen vorkommen (und die man damals noch für eigene Arten gehalten hatte), diese Eigenschaften besitzen.

Dazu zählt unter anderem die Körpergröße: *Mellifera*-Rassen aus tropischen und subtropischen Gebieten sind wesentlich kleiner als die der gemäßigten nördlichen Gefilde. Ein Phänomen, das man ebenso bei anderen in einem großen Gebiet verbreiteten Bienenarten erkennen kann: Bienen, die in kältere Regionen vordrangen und dort den Winter überstehen mussten, sind generell größer als ihre tropischen Artgenossen. Auch innerhalb der *Cerana*-Art lässt sich diese Erscheinung leicht beobachten.

Ein wichtiges Kriterium ist darüber hinaus die Schwarmfreudigkeit einer Bienenrasse: In wärmeren Gefilden sind die Bienen generell schwarmfreudiger als jene in gemäßigten Zonen, vermehren sich also deutlich häufiger. Letztere könnten in kleinen Völkern nicht existieren, weil sie den Winter nicht überstehen würden: aus Mangel an Nahrungsvorräten und Mangel an Wärme. Auch Wanderschwärme würden in kühlen Regionen wenig Sinn ergeben, denn die Bienenvölker könnten nicht mehr ausreichend Vorräte zum Überwintern anlegen. *Apis-mellifera*-Rassen, ursprünglich nur in Afrika, Europa und dem Nahen Osten anzutreffen und von dort rasch in die gemäßigten Klimazonen vordringend, mussten sich also »sesshaft machen« und größere Vorräte einlagern, um existieren zu können. Eine Überlebenstaktik, die das Klima diktiert und die auch bei anderen Lebewesen zu beobachten ist.

In unsere Breiten gelangte die Honigbiene nach dem letzten Glazial, das sie nur in den südlichsten Zipfeln Europas erleben konnte. Nördlich der Alpen war es die Dunkle Europäische Biene, *Apis mellifera mellifera*, die sich bis zum 60. Breitengrad ausbreitete. Südlich der Alpen dominierten *Apis mellifera iberica*, die Iberische Biene, *Apis mellifera carnica*, vor allem in Österreich, und *Apis mellifera ligustica*, die in Italien heimische Bienenrasse. Trotz der Vermischung der Rassen untereinander und zahlreicher Einflüsse anderer *Mellifera*-Rassen, die aus anderen Regionen Europas und Afrika eingeführt sind, sind es vor allem die *Carnica*-, die *Ligustica*- und die *Buckfast*-Biene (eine Kreuzung aus italienischer und Dunkler Europäischer Biene), die in Mittel-, West- und Osteuropa heute noch am häufigsten vertreten sind.

Was *Apis mellifera* unter allen anderen Bienen für den Menschen so besonders auszeichnet, ist ihre Vorratshaltung: Gibt man ihr im Sommer mehr Raum, Vorräte anzulegen, so nutzt sie diese Gelegenheit weit über die Maße, die für sie notwendig sind, aus. Zudem wandert sie – mit sehr wenigen Ausnahmen (bei Nahrungsmangel in den Tropen oder wenn der Stock zerstört wird) – nicht komplett ab, sondern verbleibt mit einem Teil der Bienen in ihrem Stock, der jahraus, jahrein weiter bewirtschaftet wird.

Apis mellifera ist die Biene, die in unserem Kulturkreis bislang die einzige Rolle spielte. Sie ist Vorbild für Gedichte und Lieder, für eines der weltweit bekanntesten Kinderbücher – die Biene Maja von Waldemar Bonsel –, ihr Staat und ihr Wesen waren Symbol für Ideologien, ihr Fleiß und ihre Tüchtigkeit sind noch heute sprichwörtliche Vorbilder unserer Gesellschaft. Um sie soll es daher auf den folgenden Seiten in erster Linie gehen.

Namensverwirrungen

Carl von Linné (1707–1778), schwedischer Naturforscher, Erfinder der biologischen Nomenklatur und Entdecker und Systematiker zahlreicher Lebewesen, gab der Westlichen Honigbiene als erstes ihren lateinischen Namen Apis mellifera, *was so viel bedeutet wie »honigtragende Biene«. Bei der Benennung einer weiteren Honigbienenart, die in Wahrheit nur eine Unterrasse war, vergab er den Namen* Apis mellifica, *»honigerzeugende Biene«. Auch wenn der zweite Name der eigentlich richtige ist, denn die Biene erzeugt den Honig aus Blütennektar oder Honigtau, hatte sich der erste Name bereits so eingeprägt, dass er sich schließlich ganz durchsetzen konnte. Nur in einigen älteren Publikationen trifft man noch immer auf den Namen* Apis mellifica.

Jahrzehntelang wurde die Dunkle Biene in Deutschland geradezu aggressiv durch Verdrängungszucht dezimiert. Nun aber erkennt man auch hierzulande nicht nur ihren Wert als europäisches Natur- und Kulturgut, sondern auch wieder als Nutztier. Die Dichte der Dunklen Biene nimmt nun wieder langsam zu – noch aber gilt sie in ihrem gesamten Verbreitungsgebiet als stark gefährdet.

Die Dunkle Europäische Biene – ein Kurzporträt

Groß, breit, mit einem dunklen, fast schwarzen Körper, sehr schmalen Filzbinden und einem langen, dunkelbernsteinfarbenen Pelz zeigt sich die Dunkle Europäische Biene, Apis mellifera mellifera, *in Deutschland und dem übrigen Mitteleuropa selbst aufmerksamen Beobachtern kaum noch. Sie ist vom Aussterben bedroht, nur noch wenige Populationen finden sich vor allem in Norwegen, Dänemark, Schweden, Irland, England und in Schottland. Auf der dänischen Insel Læsø wird sie per Gesetz geschützt. Dabei ist die Dunkle Biene mit ihren zahlreichen regionalen Varietäten – im Volksmund auch Nordbiene, Landbiene oder Schwarze Biene genannt – die einzige Honigbiene, die es nach der letzten Kaltzeit schaffte, über die Alpen und Pyrenäen in den rauen Norden zu gelangen, eisige Winter nahe dem Polarkreis und dem Uralgebirge zu überstehen. Sie ist unsere einzige heimische Honigbiene, stark dezimiert vor allem durch undurchdachte Verdrängungszucht, indem Imker jahrzehntelang vor allem südliche Bienenrassen wie Carnica und Ligustica nach Nord- und Mitteleuropa einführten. Das ist einerseits darauf zurückzuführen, dass die Nordbiene viel Pollen sammelt, der Honigprofit für den Imker also etwas geringer ausfällt, vor allem aber auf Gerüchte, die Nordbiene sei besonders stechlustig, während die südlichen Rassen viel sanftmütiger seien – ein Gerücht, das sich trotz aller Gegenbeweise stetig hält.*

Doch das allmähliche Verschwinden der Dunklen Biene ruft zum Glück Naturschützer auf den Plan, die nicht nur um die Biodiversität fürchten und die nordische Honigbiene deshalb schützen wollen, sondern auch für ihren Charakter eine Lanze brechen. Zunehmend setzen sich nun wieder Imker mit der Dunklen Biene auseinander, bürgen für ihre Sanftmut und sind von ihrer außerordentlichen Flugkraft und ihrem enormen Fleiß ebenso begeistert wie von der hohen Langlebigkeit der Einzelbiene wie der Königin, ihrer Vitalität und Anspruchslosigkeit, der geringen Schwarmneigung, die dem Imker viel Arbeit erspart, sowie von ihrem Gleichmut gegenüber großer Winterkälte. Vor allem letzterem ist es zu verdanken, dass man manchmal ein seltenes Phänomen beobachten kann: einen Bienenschwarm, der keine natürliche Nisthöhle gefunden hat, aber auch nicht von einem Imker eingefangen wurde und daher seine Waben unter freiem Himmel an Ästen oder in nur leicht geschützten Nischen anbringt.

Die Dunkle Europäische Biene, auf der Roten Liste der gefährdeten Nutztierrassen aufgeführt, wurde zusammen mit dem Leutstettener Pferd zu den gefährdeten Nutztierrassen des Jahres 2004 gewählt.

Von allen Rassen der Westlichen Honigbiene wäre die Dunkle Europäische Biene als einzige in der Lage, auch im Winter in natürlichen Höhlen Nordeuropas zu überleben. Allein die Varroamilbe macht das Eingreifen eines Imkers nötig.

Die Carnica – der Honiggarant

In keinem anderen europäischen Land ist die Carnica auch nur annähernd so stark verbreitet wie in Deutschland. Neben den Honigerträgen und der vermeintlichen Sanftmut lieben es die Deutschen vor allem, das typische »Vorspiel« der Insekten zu beobachten, wenn sich nämlich die jungen Flugbienen in Scharen vor dem Bienenstock einfliegen.

Sanftmut und eine fleißige Nektarsammlerin, dazu die Fähigkeit, sich mit heißen Sommern und kalten Wintern zu arrangieren – diese Eigenschaften haben Apis mellifera carnica, *auch Kärntner oder Krainer Biene genannt, bei den deutschen Imkern den beliebtesten Platz unter allen Bienenrassen eingebracht, die Dunkle Europäische Biene aber leider fast völlig aus dem Land vertrieben.*

Doch auch die Carnica war nicht immer so beliebt, neigte sie doch in früheren Zeiten, als sie ausschließlich südöstlich der Alpen in Österreich und auf dem Balkan vorkam, zu starker Vermehrung durch einen ausgeprägten Schwarmtrieb. Heute ist das anders: Durch eine starke Auswahlzucht hat man eine sanfte, fleißige, aber sehr viel schwarmträgere Biene (obwohl immer noch schwarmfreudiger als die Dunkle Nordbiene) gezüchtet. Von der Nordbiene unterscheidet sie sich rein äußerlich stark: ein viel schmalerer und etwas kleinerer Körper ist von einem hellbraunen, leicht gräulichen Pelz umgeben, die Filzbinden sind breit und ebenfalls braungrau, sodass die Carnica ein helles, »freundlicheres« Aussehen hat – vielleicht auch dies ein Grund, warum sie als sanftmütiger gilt. Öffnet man den Bienenstock, so kann man ein ruhiges Verharren auf der Wabe ohne besondere Verteidigungsambitionen beobachten: In dem Moment ein Vorteil für den Imker, andererseits auch oft von Nachteil, denn die Wächterbienen der Carnica lassen teilweise auch Feinde, wie beispielsweise Wespen, in den Stock, die im Nachhinein einen beträchtlichen Schaden anrichten können.

»Denn in ihrer Verfassung ist geradezu die Revolution vorgesehen und es heißt dort: ›Geht nach drei, bisweilen erst nach fünf Jahren die Fruchtbarkeit einer Königin zu Ende, so erbrütet das Volk rechtzeitig eine junge und beseitigt die alte‹. Nur ein einziges Moment könnte allenfalls der Auffassung zuhilfe kommen, dass der Bienenstaat ein durch und durch monarchischer sei, nämlich die bekannte Tatsache, dass die Königin der Bienen von Drohnen umschwärmt wird. Ein Übelstand, der aber durch den wahren Bienenfleiß, den das Volk entfaltet, wieder reichlich wettgemacht wird, ja es soll dort vorkommen, dass die Drohnen von den Arbeitsbienen unbarmherzig zum Flugloch hinausgetrieben oder gar vertilgt werden.«

KARL KRAUS: IN DIESER GROSSEN ZEIT?
AUFSÄTZE 1914–1925, MONARCHIE UND REPUBLIK

Von Königinnen, Jungfrauen und Faulpelzen – die Bienenkolonie

Der Bienenstaat dient seit Jahrhunderten als Vorbild aller möglichen Ideologien. Royalisten konnten damit ebenso ihr Staatsmodell verteidigen wie Demokraten das ihre, und auch die Bewohner einer Bienenkolonie standen schnell für einen bestimmten Menschentypus, abhängig jeweils von der politischen und moralischen Gesinnung des Betrachters. Doch jenseits aller Vermenschlichung der Bienen haben die einzelnen Mitglieder ihre eigene Bestimmung, ihren ganz speziellen Nutzen im Bienenvolk – niemand kann ohne den anderen überleben. Das kann dem Menschen durchaus zum Vorbild dienen, wenn auch die Struktur des Staates für die Bienen selbst jenseits jeder Ideologie gesehen werden muss. Dort dienen die Form des Bienenvolks und damit seine Mitglieder dem Aufbau des Superorganismus, seinem Erhalt und damit dem Erhalt der Art.

Ihrer Körpergröße entsprechend ist die Brutzelle der Bienenkönigin deutlich größer als die von Arbeiterinnen und Drohnen. Als kleiner Napf wird sie an die Wabe angebaut.

Pheromone sind eines der wichtigsten Kommunikationsmittel innerhalb des Bienenstocks.
Das Pheromon beispielsweise, das die Königin produziert, ist essenziell für die Funktion und das Überleben der Kolonie. Wird eine Königin aus einem Bienenstock entfernt, ohne dass junge Brut zur Nachzucht einer Herrscherin vorhanden ist, führt dies unweigerlich zum Niedergang der Kolonie: Die Arbeiter stellen ihre Tätigkeiten ein; die Kolonie ist desorganisiert, schmutzig, anfällig für Krankheiten und Räuber. Sie entvölkert sich rasch und stirbt aus.

In Gelée Royale eingebettet entwickelt sich in der sogenannten Weiselzelle aus dem befruchteten Ei innerhalb von 16 Tagen eine junge Königin.

DIE KÖNIGIN

Der Blick in einen Bienenstock verrät die Herrscherin sofort: Stets umgeben von einer Schar von Arbeiterinnen, ihrem Hofstaat, ist sie mit 20–25 Millimetern deutlich größer als die Arbeiterinnen, in erster Linie durch den sehr langen, spitzen Hinterleib. Der wird zu einem Großteil von ihren paarigen Eierstöcken, insgesamt 360 Eischläuchen und der großen Samenblase ausgefüllt. Vor allem durch letztere wird die Königin – sobald die Samenblase gefüllt ist – zum einzigen fruchtbaren Weibchen eines Volkes. Sechs bis neun Tage, nachdem sie geschlüpft ist, verlässt eine noch jungfräuliche Königin zum ersten Mal ihr Volk und begibt sich auf Hochzeitsflug, von dem sie begattet wiederkehrt. Es ist ihr einziger Ausflug für mindestens ein Jahr. Der Spermienvorrat reicht für ihr gesamtes Leben, das drei bis fünf Jahre dauern wird, und erst, wenn im nächsten Jahr eine neue Königin im Stock geboren wird, verlässt die alte gegebenenfalls mit einem Teil ihrer Untertanen das Nest und gründet einen neuen Staat.
Nach dem Hochzeitsflug wird die Königin ihre Tage damit verbringen, Eier zu legen, rund 200.000 pro Jahr, und von ihrem Hofstaat gefüttert, geputzt und umsorgt zu werden. Dabei gibt sie ständig eine Substanz ab, die vom Hofstaat abgeleckt wird und durch das gegenseitige Füttern (Trophallaxis) innerhalb des Volkes von Biene zu Biene weitergegeben wird. Dieses Königinnenpheromon – aus verschiedenen Substanzen in der Mandibeldrüse gemischt – zeigt allen Bienen im Stock an, dass eine fruchtbare Königin anwesend ist. Versiegt es oder wird es zu schwach, wird automatisch eine neue Königin herangezogen. Solange es jedoch vorhanden ist, dient es dem Zusammenhalt der Kolonie: Stets werden neue Arbeiterinnen herangezogen und die Arbeitstätigkeit wird stimuliert: Reinigung, Bauen, Bewachung, Nahrungssuche und Brutpflege – alles hängt vom Vorhandensein der Königinnensubstanz ab.
In früheren Zeiten glaubte man übrigens, die Königin sei ein König, weshalb er auch der Weisel genannt wurde. Der Name hat sich erhalten, die Königin wird noch immer Weisel genannt, die Wiege, in der sie großgezogen wird, Weiselzelle.

DROHNEN

Sie sind beinahe so groß wie die Königin, haben auf ihrem Kopf riesige Facettenaugen, die das Dreipunktauge fast umschließen und einen knubbeligen, runden, behaarten Körper. Ihre Flügel überragen den Körper und sie haben prinzipiell eine Lebenserwartung von vier bis acht Wochen – sofern sie keine Königin begatten. Aus unbefruchteten Eiern entstanden – die Biologie spricht hier von Parthenogenese/Jungfernzeugung –, also ohne väterliches Erbgut und auch nur mit dem halben Chromosomensatz der Königin ausgestattet, haben sie nur einen Lebenszweck: die Begattung von Königinnen. Allerdings nicht innerhalb des Stockes die eigene neue, noch jungfräuliche Königin, sondern nur während der Hochzeitsflüge – die Gefahr des Inzests ist auf diese Weise beinahe gebannt. Innerhalb des Bienenstocks leben Drohnen und eine Jungkönigin nebeneinander her, ohne Notiz vom anderen Geschlecht zu nehmen. Wie ihnen das gelingt, obwohl das Königinnenpheromon, das während des Hochzeitsflugs die Drohnen in Scharen anlockt, im Bienenstock stets vorhanden ist, ist bislang weitgehend ungeklärt. Eine Erklärung hierfür könnte sein, dass sich die Zusammensetzung des Pheromons im Laufe des königlichens Lebens stets leicht ändert – möglicherweise auch während des Hochzeitsflugs.

Während der Mensch Drohnen insbesondere anhand der riesigen Facettenaugen, dem großen, leicht plump wirkenden Körper und dem dichten Pelz erkennt, identifizieren die Arbeiterinnen ihre männlichen Artgenossen vermutlich anhand eigener Drohnenpheromone. Aller Wahrscheinlickeit nach verändern sich diese im Laufe des Alters: Untersuchungen zeigten, dass ältere Drohnen im Spätsommer zuerst aus dem Stock gejagt werden. Jüngere Drohnen werden dagegen noch bis zum Erreichen ihrer Geschlechtsreife – 8–12 Tage nach dem Schlupf – gefüttert, danach werden auch sie aggressiv von den Arbeiterinnen vertrieben.

Ohne Stachel, ohne Pollenhöschen, ohne geeignete Mundwerkzeuge zum Nektarsammeln und ohne Wachsdrüsen ist der Drohn weder in der Lage, sich an der Arbeit im Bienenstock zu beteiligen, noch sich selbst zu ernähren. Das macht den schlechten Ruf des Drohn beim Menschen aus: Er kann nicht arbeiten, hilft nicht beim Bau des Nestes, muss gefüttert werden. Er gilt als taten- wie nutzloser Höfling der Königin, als Faulpelz. Und weil er seine einzige Berechtigung – aus der Sicht der Bienen – zur Paarungszeit hat, wenn er jungfräuliche Königinnen begattet und dazu täglich zwischen Mittag und spätem Nachmittag zur Brautsuche ausfliegt, muss er, wenn er keine Partnerin findet und bei der Paarung ohnehin sein Leben lässt, im Spätsommer den Bienenstock räumen. Die rund 2000 bis 10.000 Drohnen im Stock werden dann nicht mehr gefüttert, heimkehrende Drohnen nicht mehr in den Stock eingelassen, im Stock verbliebene herausgedrängt, notfalls mit Bissen und Stichen. Zu Beginn des Herbstes sind im Bienenstock keine Drohnen mehr zu finden, sie sind verhungert oder nachts erfroren.

ARBEITERINNEN

Rund 60.000 von ihnen bevölkern im Sommer eine Bienenkolonie, immerhin noch rund 15.000–20.000 Arbeiterinnen drängen sich im winterlichen Bienenstock eng aneinander, um die kalte Jahreszeit zu überstehen. Während sich Königin und Drohnen um den geschlechtlichen Fortbestand des Bienenvolks kümmern, erledigen die Arbeitsbienen alle übrigen Arbeiten, in einem perfekt organisierten Ablauf

Auf Leben und Tod – der Hochzeitsflug der Königin

Für den einen bedeutet er ewiges Leben, für die anderen einen frühzeitigen Tod, der Hochzeitsflug der Königin. Dem Superorganismus Bien sichert er in der Regel ewiges Leben: Denn nur wenn die junge Königin, die mit einem kleinen Teil der Arbeitsbienen die alte Kolonie bewirtschaftet, befruchtet wird und das noch kleine Volk durch Nachkommen vergrößert, sein Bestehen sichert und stabilisiert, sodass im nächsten Jahr wiederum Tochterkolonien entstehen können, ist die Vermehrung des Superorganismus und der Bestand der Art gesichert. Für die Drohnen aber, die sich mit der Königin vereinen – es sind pro Königin in der Regel acht bis 14 Drohnen – bedeutet die Paarung den sofortigen Tod.

Der Akt der Paarung von Bienenkönigin und Drohnen ist noch immer ein relatives Mysterium: Beobachtungen gibt es dazu kaum. Aber es gibt Beobachtungen des Verhaltens von Königin, Drohnen und Arbeiterinnen vor, während und nach der Paarung, die viele Erkenntnisse offengelegt haben.

Was passiert während des Hochzeitsflugs?

Im Bienenstock wurde eine neue Königin geboren, woraufhin die alte mit etwa 70 Prozent der Arbeiterinnen das Nest verlässt. Die junge Königin könnte nun lediglich haploide Eier legen – also solche, aus denen nur Drohnen entstünden. Sie muss befruchtet werden. Während die Drohnen des eigenen Volkes und die fremder Stöcke zu dieser Jahreszeit (Mai bis Ende August)

Wie finden rund 20.000 Drohnen vieler verschiedener Bienenvölker einen Sammelplatz, an dem sie auf Königinnen treffen, um sie zu begatten?
Noch hat die Wissenschaft dieses Rätsel nicht entschlüsselt. Forscher überlegen, ob besondere, nur für Bienen wahrnehmbare optische Reize ebenso wie spezielle Pheromone bei der Auswahl einer Landschaft zum Drohnensammelplatz eine Rolle spielen könnten.
Gesichert ist aber, dass die Drohnensammelplätze häufig über viele Jahre hinweg angeflogen werden. Wie sich dieses Wissen über Generationen weitervererbt, ist bislang ebenfalls ein Geheimnis der Natur.

Vor einem sommerlichen Bienenstock ist immer etwas los: Doch wer die Stöcke regelmäßig beobachtet, erkennt, wann im Bienenvolk etwas Außergewöhnliches geschieht – wie beispielsweise der Hochzeitsflug der Königin. (Links)

Sobald die junge Königin begattet in ihren Stock heimkommt, kehrt dort Ruhe und Organisation ein. Die Königin beginnt einen Tag später mit der Eiablage. (Rechts)

täglich zwischen Mittag und spätem Nachmittag ausfliegen, sich häufig, aber nicht zwingend an Drohnensammelplätzen treffen und dort friedlich untereinander herumbrausen und nach begattungsfähigen Weibchen Ausschau halten, verlässt die jungfräuliche Königin am sechsten bis neunten Tag nach ihrer Geburt das Nest – zur selben Tageszeit wie die Drohnen. Zeitgleich lässt sich beobachten, dass eine beachtliche Menge von Arbeiterinnen zunächst vor dem Flugloch schwirrt; sobald die Königin mit einem kleinen Begleittrupp den Stock verlässt, folgen die Bienen ihrer Königin. Man geht heute davon aus, dass die Arbeiterinnen eine Art Ablenkmanöver für mögliche Feinde – wie etwa den Bienenwolf, eine Wespenart, oder Vögel – sind, damit die Königin ihnen nicht zum Opfer fällt und der Bestand der Kolonie somit gefährdet wäre.

Durch das Königinnenpheromon, das im Stock zum Zusammenhalt der Gemeinschaft von Biene zu Biene verfüttert wird, werden im Freien die Drohnen angelockt.

Im Gegensatz zu anderen Hautflüglern wie Hummeln findet die Paarung hoch oben in der Luft statt: Der erste Drohn, der die Königin erreicht, greift sie mit seinen Beinen, vereint sich mit ihr, stülpt seinen Endophallus aus und ist anschließend völlig gelähmt. Durch Hinterleibskontraktionen gelangt die Königin an das Sperma – wodurch gleichzeitig der Hinterleib des Drohns aufplatzt, sodass er augenblicklich stirbt. Der Endophallus bleibt im Hinterleib der Königin stecken. Während eines einzigen oder einiger weniger Flüge wird die Königin noch von bis zu elf weiteren Drohnen begattet, die jeweils den Endophallus des Vorgängers aus ihrem Hinterleib entfernen. Den letzten bringt sie als Begattungszeichen mit zurück in ihren Stock, wo ihn die Arbeiterinnen aus ihrem Abdomen ziehen.

Die Samenblase der Königin ist nun gefüllt mit rund sechs Millionen Spermien, die für den Rest ihres Lebens zur Befruchtung von Arbeiterinnen- und Königinneneiern ausreichen werden.

aus Arbeitsteilung, in dem die einzelnen Bienen dennoch keine Spezialisten sind. Sie sind Generalisten, die jeweils alle Arbeiten des Bienenstocks beherrschen, jede Aufgabe je nach Lebensalter erfüllen, aber auch lernfähig sind, sich den Gegebenheiten anpassen und im Zweifel neue Herausforderungen bestehen oder zu alten Aufgaben zurückkehren, je nach Notwendigkeit. Dass sie dabei auch noch individuell ihren Körper den Erfordernissen anpassen und bereits zurückgebildete Drüsen wieder aktiveren können, ist nahezu ein Wunder der Anpassungsfähigkeit. Und dazu haben die sommerlichen Bienen in der Regel 25–40 Tage Zeit, bevor sie sterben.

Die Entwicklungsphasen einer Arbeitsbiene erscheinen auf den ersten Blick recht gleichförmig zu verlaufen, doch gibt es eindeutig individuelle Abweichungen – durch die Fähigkeiten einer einzelnen Biene oder die Gegebenheiten des Stockes bestimmt. Die früher verbreitete Annahme, jede einzelne Arbeiterin sei der anderen völlig gleich, hat man heute zugunsten der Erkenntnis aufgegeben, dass es auch bei den Honigbienen Unterschiede im Wesen jeder einzelnen gibt.

Alle Arbeiterinnen sind weibliche Bienen mit rückgebildeten Geschlechtsorganen, die – solange der Königinnenduftstoff wirkt – völlig unfruchtbar sind. Stirbt die Königin aber ohne Nachkommen und ohne Aussicht darauf, dass doch noch eine Königin herangezogen werden kann, entwickeln sich auch die Eierstöcke der Arbeiterinnen wieder. Sie können aber nur unbefruchtete Drohneneier legen, sodass über kurz oder lang das Volk ausstirbt.

Andere Organe der Honigbiene verändern sich im Laufe ihres Lebens und mit den damit einhergehenden Arbeitsanforderungen: Die Futtersaftdrüsen beispielsweise, die zum Füttern der Larven notwendig sind, gehen zurück und stattdessen entwickeln sich Wachsdrüsen, bis auch diese nicht mehr vonnöten sind. Was die Honigbiene dagegen vom ersten Tag an besitzt und nicht mehr verliert, sind die ausgebildeten Sammelwerkzeuge (Körbchen zum Pollensammeln, lange Rüssel zum Nektarsammeln), die in ihren späteren Lebenstagen benötigt werden.

Erste Ausflüge oder wie man sein Zuhause wiederfindet

Beobachtet man junge Bienen dabei, wie sie die ersten Male das Nest verlassen, so fällt auf, dass sie den Bienenstock zunächst nicht aus den Augen lassen. Sie prägen sich in dieser Zeit den Bienenstock und die nähere Umgebung exakt ein, um ihren Stock später stets wiederzufinden.

Dabei hat man festgestellt, dass Muster auf den Beuten den Bienen die Orientierung erleichtern und dass gerade die in früheren Zeiten reich bemalten Bienenbeuten exzellente Richtungsweiser waren. Doch die Bienen merken sich die Bilder nicht im Detail, sondern die Muster, die sich für sie daraus ergeben.

Weil die Bienen sich aber auch die nahe Umgebung einprägen und in ihrem Gehirn die Lage des Nestes in der Umwelt speichern, haben selbst sehr erfahrene Sammelbienen Schwierigkeiten, das Nest wiederzufinden, sobald man es nach dem ersten Ausfliegen des Tages umstellt. Geschieht das Umstellen des Nestes dagegen vor dem ersten Ausfliegen am Tag, so orientieren sich die Bienen kurz neu und finden anschließend den neuen Neststandort problemlos wieder.

Obwohl die Arbeiterinnen im Großen und Ganzen einem gleich verlaufenden Lebenslauf folgen, haben Forscher der Universität Illinois herausgefunden, dass Honigbienen über unterschiedliche Charaktereigenschaften verfügen, die sie für manche Aufgaben geeigneter bzw. ungeeigneter machen.
So haben sie bewiesen, dass ein kleiner Teil der Arbeiterinnen auffallend mutig und neugierig ist: Diese Bienen sind geradezu darauf erpicht, neue Nahrungsquellen oder beim Schwärmen ein neues Zuhause zu finden, während der Großteil des Volkes (ca. 95 Prozent) nur im Notfall zu Erkundungsflügen in unbekannte Gefilde aufbricht. Diese Abenteuerlust liegt – so Analysen der amerikanischen Wissenschaftler – in genetischen Unterschieden begründet.

Die Biene beginnt ihre Karriere als Hausbiene. Ihre Aufgaben sind in Haupttätigkeiten, die alle Bienen durchführen, und Nebentätigkeiten, die jeweils nur ein Teil der Tiere erledigt und die je nach Jahreszeiten unterschiedlich lange dauern, unterteilt.
Zu den Haupttätigkeiten zählen in den ersten zehn Lebenstagen zunächst das Zellenputzen, dann das Pflegen und Nähren der Larven. Schließlich unternimmt die Biene erste Orientierungsflüge, kehrt aber nach wenigen Minuten ins Nest zurück. Zwischen dem 10. und 20. Lebenstag bilden sich die Wachsdrüsen der Bienen aus. Mithilfe ihrer Wachsdrüsen produziert sie täglich acht hauchdünne weiße Wachsplättchen, die für den Wabenbau verwendet werden. Die Biene wird nun Architektin und Bauarbeiterin, baut mit Wachs und verkittet den Bau mit Propolis. Sie nimmt Sammelbienen den Nektar ab, verarbeitet ihn zu Honig und lagert ihn zur Reifung ein, nimmt Pollen entgegen und stampft ihn mit ihren Kieferwerkzeugen in die Vorratszellen oder entsorgt Unrat aus dem Stock. Ab dem 20. Lebenstag bis zu ihrem Lebensende schließlich wird sie Sammelbiene, sucht Nektar, Honigtau, Pollen, Wasser und Kittharz und wird zur Spürbiene beim Ausschwärmen.

Die Brutpflege ist eine der ersten Aufgaben, die eine junge Arbeiterin verrichten muss. (Linke Seite oben)

Aus acht Drüsen am Hinterleib schwitzt die Biene, wenn die Zeit des Bauens für sie begonnen hat, hauchdünne Wachsplättchen aus, aus denen nach und nach die Zellen einer Wabe errichtet werden. (Linke Seite unten)

Zu den Nebentätigkeiten bzw. Arbeiten, die vom Lebensalter unabhängig sind, zählen der Wächterdienst am Flugloch und der Dienst für die Königin (beides in der 2. Lebensphase) sowie der Heizerdienst für die Brut und im Wabenbau und die Energieversorgung solcher Heizerbienen (altersunabhängig).
Doch dieser Lebenslauf ist nicht starr – immer wieder orientieren sich die Bienen im Stock, laufen über die Waben und »packen dort mit an«, wo sie gerade gebraucht werden. Versuche an Völkern ergaben, dass sie dafür sogar bereits verkümmerte Organe reaktivieren können: Nimmt man einem Volk beispielsweise alle Jungbienen, so aktivieren einige der älteren ihre Futtersaftdrüsen, um die Brut zu ernähren.

Das Fächeln vor dem Flugloch dient der Wärme- und Feuchtigkeitsregulation im Innern des Bienenstocks. Es sind in der Regel Sammelbienen, die diese Tätigkeit verrichten.

Folgende Doppelseite:
Ab dem 20. Lebenstag wird die Biene zur Sammlerin und sucht Nektar, Honigtau, Pollen, Wasser und Kittharz.

So sieht das Leben der Arbeiterin im Sommer aus. Ab dem Herbst hat sie andere Aufgaben: Die Winterbienen müssen erst im Spätwinter die anstrengende Brutpflege und Ammentätigkeit übernehmen; sobald es kälter wird, können sie auch keinen Nektar mehr eintragen. Es gibt keine Drohnen mehr, die gefüttert werden müssen, und die Wabe muss vorerst nicht mehr ausgebaut werden. Die Bienen legen sich durch den Verzehr von Pollen eine dicke Fett-Eiweiß-Schicht zu, sammeln sich nun dicht um ihre Königin und bilden die sogenannte Wintertraube. Indem sie ihre Flügel auskoppeln und mit der Brustmuskulatur zittern, halten sie eine überlebenswichtige Temperatur von ca. 10 °C in der Traube. Dabei findet ein stetiger Wechsel innerhalb der Schichten der Wintertraube statt: Die auf der äußeren Schicht sitzenden Insekten wechseln regelmäßig ins Innere, um sich zu wärmen. Als Energiequelle dient auch zu der Zeit der Honig. Winterbienen können sechs bis sieben Monate alt werden.

IN DEN KINDERSTUBEN

Das Schlüpfen einer jungen Arbeiterin ist mühsam: Zunächst muss sie den Wachsdeckel ihrer Brutzelle abnagen, um anschließend aus der engen Behausung herauszukriechen. (Links)

Neue Königinnen werden unter anderem herangezogen, wenn es im Bienenstock zu eng wird. Arbeiterinnen errichten dann die typischen großen Weiselzellen, die die alte Königin anschließend bestiftet. (Rechts)

Drei Arten von Brutzellen gibt es im Bienenstock, deren Anzahl der Häufigkeit der verschiedenen Bewohner entspricht: 1. die Arbeiterinnenzellen, die genauso groß wie die Vorratszellen für Honig und Pollen sind, sich aber im unteren Bereich des Nestes befinden (zumal in der vom Imker betriebenen Magazinbeute), 2. die Drohnenzellen, die etwas größer als die Arbeiterinnenzellen sind, aber dennoch die typische Sechseckform haben, und 3. die Weiselzelle oder Weiselwiege, eine zäpfchenartig vergrößerte Zelle, die meist am unteren Rand der Wabe aufgehängt wird.

Mit dem Bau der Zellen geben die Arbeitsbienen vor, mit welchem Ei die Königin jede Zelle bestiften (wie die Eiablage genannt wird) soll. Führt der Hofstaat die Königin zu einer freien Zelle (die zuvor von einer Jungbiene geputzt wurde), untersucht die Königin diese mit den Fühlern, bevor sie ihren Hinterleib tief in die Zelle steckt und je nach Zellengröße ein befruchtetes Ei für eine Arbeiterin oder Jungkönigin oder ein unbefruchtetes für einen Drohn legt. Alles Weitere ist nun Aufgabe der Arbeiterinnen – sie müssen durch die richtige Ernährung für eine gesunde Entwicklung vom Ei zur Biene sorgen, und darüber hinaus durch eine spezielle Ernährung die Königinnen von den Arbeiterinnen scheiden. Denn erst die Ernährung macht hier den Unterschied. In den ersten drei Tagen werden alle Eier gleichermaßen mit Gelée Royale, einem Sekret, das die Honigbiene durch das Fressen von Unmengen an Pollen in ihrer Futtersaftdrüse produzieren kann, gefüttert. Nach drei Tagen entwickeln sich in allen Zellen aus den Eiern Larven und während die Königinnenlarven weiterhin ausschließlich Gelée Royale als Futter bekommen, werden Arbeiterinnen und Drohnen zunehmend auch mit dem sogenannten stärkenden Bienenbrot (einer Mischung aus Honig und Pollen) genährt. Erst ab dieser Zeit entwickeln sich die weiblichen Eier unterschiedlich, zuvor hätte aus jedem befruchteten Ei auch eine Königin gezogen werden können. (Ein Umstand, der eintritt, sobald eine Königin gestorben und kein Königinnennachwuchs besteht. Dann werden Arbeiterinnenzellen der ersten drei Tage zu Weiselwiegen ausgebaut und die Arbeiterinnen nun zu Königinnen herangezogen.) Die Larven in ihren Zellen werden zunächst immer größer, liegen rund in ihren Zellen (Rundmadenstadium), dann strecken sie sich (Streckmadenstadium), woraufhin die Ammenbienen die Zellen mit einem Wachsdeckel verschließen: die der Arbeiterinnenzellen sind flach, die der Drohnen rund nach oben gewölbt. Es ist der zehnte Tag, wenn sich die Königinnen mit einem Seidenfaden, den sie selbst bilden, zu verpuppen beginnen. Die Arbeiterinnen folgen zwei Tage später, die Drohne schließlich am 14. Tag. Während der Verpuppungsphase bedürfen die Bienen keiner Pflege mehr, sie schlüpfen, sobald sie voll entwickelt sind, indem die Deckel von den Zellen genagt werden: Die Königinnen nach 16, die Arbeiterinnen nach 21 und die Drohnen nach 24 Tagen.

Die erste geschlüpfte Königin wird in der Regel – unmittelbar nachdem sie aus der Zelle gekrochen ist – ihre Rivalinnen durch einen gezielten Stich mit dem Giftstachel in die bis dahin noch geschlossenen Wiegen töten.

Querschnitt des Brutnests: Noch kleine Rundmaden schwimmen in Gelée Royale.

»Wir werden nur geboren, um eine Biene im Bienenkorb zu sein, um eine Sekunde lang unsere kleine Kraft mit den anderen Kräften zu vereinigen, wir können die Notwendigkeit unseres Lebens nicht anders erklären, als dass die Natur noch eines Arbeiters bedurft hat, um ihr Werk zu fördern. Jede andere Erklärung ist hochmütig und falsch. Unsere eigenen Existenzen dienen nur zur Vorbereitung des allgemeinen Lebens der Zukunft. Es ist kein Glück denkbar, wenn wir es nicht im gemeinschaftlichen Glück der ewigen, gemeinsamen Arbeit suchen.«

EMILE ZOLA: ARBEIT

Arbeit und Fürsorge – das Leben in der Bienenkolonie

Es ist das Leben der Zukunft, auf welches das gesamte Streben der Bienen ausgerichtet ist. Durch ihr gemeinsames Wirken als ein Superorganismus, der sich alljährlich ein oder mehrfach reproduziert, sichern sie auf Dauer den Erhalt ihrer Art. Nichts wird aus Eigennutz getan, keine Arbeit ist überflüssig, alles im Lebenszyklus und Arbeitsrhythmus einer Bienenkolonie verfolgt den Plan des Bewahrens. Ein ganz natürlicher Plan, den auch andere Lebewesen inklusive des Menschen verfolgen. Doch kein Lebewesen hat wohl in diesem Bestreben so stark gelernt, seine Umwelt zu kontrollieren und sie sich nutzbar zu machen wie die Honigbiene: ein Lebewesen, das sich selbst verwaltet, das seine eigenen Baustoffe und Nahrungsmittel herstellt, Medizin produziert, dem wirksame Mechanismen gegen Feinde zur Verfügung stehen, das komplizierte Formen der Kommunikation entwickelt hat und die Temperatur seiner Behausungen perfekt reguliert.

Das Leben einer einzelnen Honigbiene – ob Königin, Arbeiterin oder Drohn – beginnt als Ei. Das Leben des Biens, wie ein Bienenvolk als Gesamtorganismus auch genannt wird, beginnt als Schwarm, der die alte Kolonie verlässt, um eine neue zu gründen.

DER KREISLAUF DES JAHRES

Zu Beginn des Winters hat sich die Bienenkolonie stark verkleinert, 15.000–20.000 Bienen haben sich zur Wintertraube zusammengedrängt und halten in deren Kern eine kontinuierliche Temperatur von mindestens 10 °C, die bei Bedarf auf 34 °C

Die Larven in ihren Zellen werden zunächst immer größer und liegen rund in ihren Zellen (Rundmadenstadium).

erhöht wird. Die Königin hatte schon Ende Oktober/Anfang November aufgehört, Eier zu legen, die robusten Winterbienen haben die sommerlichen Arbeiterinnen verdrängt und das Alltagsleben ist beinahe zum Erliegen gekommen. Sobald aber die Tage wieder länger werden, beginnt der Kreislauf des Jahres von Neuem: Die Königin legt zunächst nur sehr wenige Eier, die sich bis zum Beginn des Frühlings entwickeln werden, doch je wärmer es wird, desto stärker wird die Legeaktivität der Königin. Sobald das Thermometer auf 10 °C angestiegen ist, verlassen die Bienen der Reihe nach den Stock zu einem Reinigungsflug. Das hochentwickelte Sauberkeitsbedürfnis der Insekten hat es ihnen nicht erlaubt, im Winter ihren Darm im Stock zu entleeren – nun nutzen sie den ersten wärmeren Tag, um dies im Freien ein paar Meter vom Stock entfernt zu tun. Anschließend beginnt der Alltag: Während die Königin Arbeiterinnen- und Drohneneier legt, fliegen die Arbeiterinnen aus, um zunächst eiweißreichen Pollen zu sammeln. Sobald vorhanden, werden die Sammelbienen auch Nektar mitbringen. Beides wird den entsprechenden Stockbienen übergeben, die die Pollen in Zellen legen und dort als Vorrat feststampfen. Den Nektar und Honigtau aber übernehmen die Stockbienen in ihren Honigmagen, in dem er mit Enzymen und Fermenten angereichert wird. Immer wieder ausgewürgt und neu geschluckt bzw. an andere Bienen weitergegeben, bewirken die Enzyme und Fermente eine Veränderung der verschiedenen Zucker des Nektars. Gleichzeitig wird dem Nektar Wasser entzogen und so entwickelt sich aus dem Nektar oder Honigtau Honig, der schließlich zum Reifen im Honigbereich der Wabe gelagert wird, wo er noch weiteres Wasser verliert.

Am Ende des Frühlings hat das Volk seine eigentliche Größe erreicht, je nach Stockgröße können bis zu 60.000 Individuen darin leben. Es ist die Zeit, in der die tatsächliche Vermehrung des Volkes beginnt: Denn nicht die Eiablage gilt als die eigentliche Fortpflanzung der Honigbiene. Es ist vielmehr die Bildung von Tochterkolonien, durch das sich ein Bienenvolk reproduziert. Das ergibt Sinn, wenn man ein Volk als ein Ganzes sieht, als den Superorganismus Bien, in dem die Konkurrenz und die individuelle Fortpflanzung zugunsten einer kollektiven beigelegt wird. Es wird nun langsam eng im Bienenstock. Das Königinnenpheromon, durch den Futteraustausch von Biene zu Biene gegeben, wird bei der Menge an Einzeltieren schwächer – ein Zeichen für das Volk und die alte Königin, eine neue Kolonie zu gründen. Die Arbeiterinnen reagieren darauf rechtzeitig, indem sie Weiselzellen am Rand der Wabe anlegen, sie von der Königin bestiften lassen und darin junge Königinnen heranziehen.

Bevor die neue Königin schlüpft, verlässt die alte Königin mit einem Teil ihrer Untertanen (etwa 50–70 Prozent) in einem Schwarm den Bienenstock. Nur wenige Tage sind die zurückbleibenden Bienen ohne Oberhaupt, dann wird eine neue Königin schlüpfen. Was als Nächstes passiert, hängt davon ab, ob die Bienen eine weitere Tochterkolonie in Form eines Nachschwarms bilden wollen: Wollen sie das nicht, so sucht die junge, noch unbefruchtete Königin die Wiegen ihrer königlichen Schwestern auf, tötet sie und wird kurz darauf von ihren Untertanen dazu gedrängt, ihren Hochzeitsflug abzuhalten. Soll dagegen ein weiterer Schwarm das Nest verlassen, schützen Wächterbienen die Weiselzellen vor der bereits geschlüpften Königin, woraufhin diese einen Teil des Volkes um sich sammelt, das Nest rechtzeitig verlässt und ihren Platz an die als nächstes schlüpfende Jungkönigin weitergibt. Wie die Bienen entscheiden, ob es mehr als einen Schwarm geben soll, ist bislang ungeklärt. Eine Möglichkeit besteht darin, dass so viel Arbeiterinnenbrut vorhanden ist, dass der Stock nach deren

Im Verpuppungsstadium kann man bereits die Umrisse der fertigen Biene erkennen – hier sogar schon die Facettenaugen.

Schlüpfen bereits wieder zu voll wäre. Auch weiß man nicht, wie entschieden wird, welche Bienen das Abenteuer des Schwärmens wagen werden. Zumindest ist es nicht ein bestimmtes Alter, das der ausfliegenden Königin folgt: Mit Ausnahme der ganz alten und der ganz jungen Arbeiterinnen schwärmen Bienen jeden Alters mit aus.
Spannend wird es, wenn zwei Jungköniginnen zur gleichen Zeit schlüpfen, also zur gleichen Zeit im Nest sind. Man kann dann beobachten, dass sich Wächterbienen um die beiden aggressiv aufeinander losgehenden Monarchinnen scharen und sie miteinander um die Herrschaft kämpfen lassen. Unter Einsatz ihres Stachels kämpfen die beiden, bis die stärkere die unterlegene tötet. Arbeiterinnen entfernen daraufhin die tote Biene aus dem Stock, erkennen durch Belecken der Siegerin ihre Königin an und lassen zu, dass diese nun die letzten noch lebenden Prinzessinnen in ihren Wiegen tötet.
Die Vorgänge um die junge und das Abschwärmen der alten Königin beeinträchtigen das Leben im Bienenstock nicht wesentlich. Solange eine Königin anwesend bzw. die Aussicht auf eine neue vorhanden ist, gehen die Arbeiterinnen, die im Stock bleiben werden, ihrer Arbeit nach: Die jungen Bienen putzen die Zellen und pflegen die Brut, die mittelalten Bienen bauen und flicken die Waben, lagern den Pollen ein, wandeln Nektar zu Honig um und lagern ihn ein, die alten Sammelbienen bringen Nektar, Pollen, Wasser und Harz ins Nest. Zwischendurch schlafen die Bienen auf der Wabe oder in leeren Zellen – im dunklen Stock zu unregelmäßigen Zeiten. Erst die Sammelbienen halten einen strengen Tag-Nacht-Rhythmus beim Schlafen ein, fand der deutsche Bienenforscher Jürgen Tautz mit seinem Team vom HOBOS-Bienenzentrum, Würzburg, heraus. Dies würde durch die höheren Anforderungen an das Gedächtnis der Sammelbienen nötig, liegt aber natürlich auch in den äußeren Umständen begründet. Während der gesamten Zeit findet ein reger Austausch an Informationen zwischen den Bienen statt: Honigbienen haben eine Fülle an Kommunikationsmitteln wie Tänze, Pheromone und bestimmte Handlungsweisen, die die anderen Bienen darüber informieren, wie es der Königin geht, wo die besten Trachtquellen – wo sich also Nektar-, Pollen- und Honigtauquellen befinden –, ob die Vorräte an Pollen schwinden oder dringend Wasser benötigt wird.
Sobald die Trachtquellen zu versiegen beginnen und es in der Natur weniger Blütenpflanzen gibt – also in unseren Breiten ab August –, beginnt sich das Bienenvolk auf den Winter vorzubereiten. Die Winterbienen werden geboren, danach die Eiablage zunehmend reduziert, bis sie im Oktober erneut zum Stillstand kommt. Die Honigvorräte werden so nah wie möglich an den Bereich getragen, an dem sich die Wintertraube niederlässt, denn sie liefern die Energie, den Brennstoff, um auch im Winter die lebenswichtige Stocktemperatur aufrechtzuerhalten. Solange es die Temperaturen zulassen, verlassen die Bienen zu kurzen Reinigungsflügen das Nest, ab unter 10 °C sind sie bis zum nächsten Frühjahr, wenn der Kreislauf des Jahres erneut beginnt, an ihren Stock gebunden. Die Königin nimmt an solchen Reinigungsflügen nicht teil, sie verlässt den Stock nur beim Hochzeitsflug und zur Bildung einer neuen Kolonie.

Haben die Jungbienen ihre Brutzelle aufgebrochen und sind geschlüpft, reinigen Arbeiterinnen die Zellen, befreien ihre Ränder von überflüssigem Wachs und verbauen dieses an anderer Stelle erneut. (Rechte Seite oben)

Auch eine frisch geschlüpfte Biene muss sich erst einmal ein wenig entknittern. (Rechte Seite unten)

Folgende Doppelseite:
In der Regel trägt eine Sammelbiene entweder Pollen oder Nektar in den Stock ein. Nach beidem gleichzeitig zu suchen, ist eine Seltenheit.

Eine neue Kolonie wird gegründet – der Bienenschwarm und die Architektur des Nestes

Der Anblick eines Bienenschwarms ist heute kein alltäglicher mehr, wird das Schwärmen doch vom Imker gern unterbunden – insbesondere, weil mit ihm auch ein Teil des Honigs davonfliegt. Lässt man es aber zu, so kann man bereits einige Wochen vorher die Vorbereitungen erkennen. Das erste Anzeichen sind die Weiselzellen, die die Bienen am unteren Bereich einer Wabe anlegen. Kurz bevor daraus eine Königin schlüpft, wird es im Stock unruhig: Im Zickzack, im sogenannten Schwirrlauf, laufen die Bienen über die Wabe, schubsen ihre Artgenossinnen an und animieren sie, mitzumachen. Die Bienen, die mit auf Wanderschaft gehen, füllen ihre Honigblasen randvoll mit Honig. Sie brauchen Energie und ausreichend Nahrung für einige Tage – bis ein neues passendes Nest gefunden und es bewohnbar gemacht wurde.
Es ist die alte Königin, die das Nest verlässt und ihrer Tochter 30–50 Prozent der Arbeiterinnen und einen wohl gefüllten Bienenstock hinterlässt. Sie selbst fliegt mit ihrem Gefolge in einem losen Schwarm einige Meter aus dem Nest und lässt sich dann irgendwo nieder: auf einem Ast, einen Strommast, einem Zaun – was gerade Passendes in der Nähe ist. Die Luft schwirrt zunächst von Bienen, doch das Königinnenpheromon ist so stark, dass die Arbeiterinnen ihrer Königin bald folgen und sich in einer engen Traube um sie herum gruppieren. So sitzen sie dicht an dicht, halten sich aneinander fest und warten ab.
Sie warten auf die Spürbienen, die sich, sobald sich der Schwarm gesetzt hat, losfliegen, um eine neue Behausung zu finden. Sie suchen nach Hohlräumen (in Baumstämmen etc.), die sie begehen, um einen Eindruck ihrer Größe zu gewinnen. Versuche ergaben, dass die Höhlen zwischen 25 und 100 Liter Fassungsvermögen aufweisen dürfen, ein Inhalt von 45 Litern aber als ideal gelten kann. Darüber hinaus liegt der Eingang (ein Flugloch von etwa fünf Zentimetern Größe) des idealen Nestes unbeschattet nach Süden ausgerichtet, aber windgeschützt, was den Bienen auch im Winter kurze Reinigungsausflüge ermöglicht. Der Eingang soll sich nicht zu nah am Boden befinden, um Feinden das Eindringen in den Stock zu erschweren.
Haben die Spürbienen eine ihnen als geeignet erscheinende Nisthöhle gefunden, kehren sie zum Schwarm zurück und werben (ebenso wie sie es sonst für eine neu entdeckte Trachtquelle machen) durch Tänze für sie – je enthusiastischer sie tanzen, desto idealer

Mehrere Weiselzellen in einem Bienenstock sind ein sicheres Zeichen dafür, dass ein Volk schwärmen wird. Sind die Zellen erst einmal verdeckelt, kann auch ein Imker kaum noch etwas gegen das Abwandern des Schwarmes unternehmen.

ist die Behausung. Auf diese Weise scheiden sich schnell die besseren von den schlechteren Quartieren. Die Spürbienen, deren Vorschläge ausgeschieden sind, besichtigen nun die anderen Unterkünfte, kehren heim und geben durch ihre Tänze ein Urteil ab, bis nur noch eine Möglichkeit übrig bleibt, zu der der Schwarm augenblicklich aufbricht.

Um überwintern zu können, muss das neue Bienenvolk nun effektiv arbeiten: Zunächst wird die neue Nisthöhle gereinigt und aller Unrat nach draußen geschafft. Anschließend wird mit dem Wabenbau begonnen: Die Baubienen hängen sich an die Decke und die oberen Seiten der Höhle, daran anknüpfend bilden sich senkrecht fallende Bienenketten, die untereinander vernetzt werden, dann beginnt die Wachsproduktion. Aus ihren acht Wachsdrüsen pressen die Wachsbienen das Wachs, anschließend werden die hauchdünnen Plättchen weichgekaut und am oberen Ende der Nisthöhle von den Baubienen zu Zellen bzw. Waben verbaut. Es ist eine Präzisionsarbeit, deren Funktionsweise noch nicht gänzlich entschlüsselt ist, denn die Bienen bauen gleichzeitig an beiden Seiten der vertikal hängenden Wabe und zwar so, dass die hexagonalen Enden der horizontalen Zellen von beiden Seiten nahtlos und mit nur geringen Abweichungen aneinander passen und so die höchste Stabilität aufweisen. Dabei hat man mittlerweile herausgefunden, dass die Bienen zunächst halbrunde Waben mit einem runden Umfang bauen, anschließend Heizerbienen in die Wabe hineinkriechen, das Wachs erhitzen, sodass es weich wird und es sich, weil die einzelnen Zellen so perfekt aneinander gebaut sind, automatisch zu deren Sechseckstruktur mit den hexagonalen Böden verformt. Durch diese Sechseckstruktur geht kein Raum im Bienenstock verloren und die Waben weisen trotz der zarten Wachswände eine solch hohe Stabilität auf, dass sie der menschlichen Technik immer wieder als Vorbild dienen.

Es wird im Bienenstock zeitgleich an mehreren Waben gebaut, dabei werden aber präzise Zwischenräume, die sogenannten Wabengassen, zwischen den Waben frei gelassen. Sie sind so breit, dass die Bienen später auf jeder Wabe gleichzeitig arbeiten können und zudem Bienen darüber laufen und zum Beispiel ihre Kommunikationstänze abhalten können. Auch an den Höhlenseiten werden kleine Galerien frei gelassen, die einerseits den Bienen als Durchgang von einer Wabe zur nächsten dienen, andererseits Schall und Schwingungen der Waben begünstigen und durchlassen – weitere wichtige Aspekte der Kommunikation.

Je nach ihrer Größe finden sich in einer natürlichen Nisthöhle acht bis zwölf Waben, jede mit rund 8000 Zellen bestückt, für die jeweils etwa 100 Gramm Wachs benötigt werden. Für diese 100 Gramm Wachs

schwitzen die Bienen etwa 125.000 Wachsplättchen aus, wofür sie wiederum etwa 1 Kilogramm Honig und 100 Gramm Pollen verzehren müssen.

Sobald die Waben gebaut sind, stellt sich das Leben der Bienen endgültig wieder auf Normalbetrieb ein: Es müssen schleunigst mehr Arbeitsbienen aufgezogen werden und mit ihrer Hilfe die Wintervorräte an Honig und Pollen erwirtschaftet werden – sonst hat das Volk keine Chance, den Winter zu überleben. Die Königin beginnt also, Zellen zu bestiften, und zwar jeweils im unteren Wabenbereich. Darüber legen die Arbeiterinnen einen schmalen Zellengürtel mit Pollenwa-

Können die Spürbienen keine geeignete Nisthöhle finden, beginnt der Schwarm irgendwann mit dem Bau des Nestes in freier Natur. Obwohl solche Völker stattliche freihängende Waben errichten und das gewohnte Alltagsleben beginnt, können die Insekten hierzulande nicht überleben. Zu schwierig wird es, im Winter die lebensnotwendige Temperatur innerhalb der Wintertraube aufrechtzuerhalten.

Mindestens 50 Prozent der Arbeiterinnen folgen der Königin, wenn diese den Bienenstock verlässt. Dicht gedrängt gruppieren sie sich in einer engen Traube um die Königin herum. (Links)

Der Bienenschwarm lässt sich nach kurzem Flug nieder, bis die Spürbienen eine neue Behausung gefunden haben. Dies ist der geeignete Zeitpunkt für den Imker, den Schwarm einzufangen. (Rechts)

ben an und im oberen Bereich der Wabe befinden sich die Honigvorräte. Ein kleiner schmaler Bereich steht in der Regel der Drohnenbrut zur Verfügung, seltener werden diese Zellen zwischen den Brutzellen der Arbeiterinnen errichtet.

Auch in einem imkerlich betriebenen Bienenstock gilt in etwa dieselbe Nestarchitektur, nur dass die Bienen an vorgefertigten Mittelwänden in beweglichen Wabenrähmchen ihre Zellen bauen und der Imker Brut- und Honigraum voneinander scheidet, indem er ein Gitter zwischen Brut und Honigraum legt, womit er die Königin am Betreten der oberen Stockwerke hindert. Er kann mithin den Honigraum erweitern und Honig ernten, ohne die Königin zu stören oder plötzlich Brut im Honigraum zu finden – was in der Natur durchaus vorkommen kann.

Tatsächlich aber ist es heutzutage für einen Schwarm, der nicht vom Imker eingefangen wird, gar nicht mehr so einfach, zu überleben. Denn Nisthöhlen in freier Natur sind rar geworden. Findet ein Schwarm binnen zwei Tagen keine Nisthöhle, so beginnen die Bienen an dem Ort, an dem der Schwarm sitzt, frei zu bauen. Es ist ein sehr seltenes Schauspiel, aber es kommt vor, dass man beispielsweise an einem Ast sieben oder acht Waben sieht. Die Waben werden bewirtschaftet, als handele es sich um ein geschütztes Nest – tatsächlich aber sind die Bienen nicht nur Regengüssen, sondern auch Frost und Schnee schutzlos ausgeliefert: Hier haben die Bienen keine Möglichkeit, den Winter zu überstehen. Aber selbst wenn es einen natürlichen Hohlraum findet, ist es für ein Volk mühevoll, nach dem Bau der Waben noch genügend Wintervorräte zu sammeln. Zuletzt ist es für die Tiere äußerst schwierig, sich gegen einen ihrer Hauptfeinde, die Varroamilbe, auf Dauer wirkungsvoll zu behaupten.

DIE KOMMUNIKATION DER BIENEN UND ANDERE FÄHIGKEITEN

Bereits der griechische Philosoph Aristoteles (384–322 v. Chr.) berichtete in seiner Schrift »Historia animalium« von der Fähigkeit der Bienen, ihre Schwestern scheinbar auf ergiebige Trachtquellen aufmerksam zu machen. Auch hatte er bereits das merkwürdige Zitterverhalten von heimkehrenden Bienen beobachtet, die im Stock hin und her wackeln – ohne allerdings dessen Sinn zu durchschauen. Es sollte noch mehr als zwei Jahrtausende dauern, bis der österreichische Zoologe und Verhaltensforscher Karl von Frisch (1886–1982) das Zittern als Kommunikationsform der Bienen entdeckte, die Tänze entschlüsselte und dafür 1973 den Nobelpreis für Physiologie/Medizin erhielt.

Dem Tanz der heimkehrenden Biene folgen andere Bienen mit ihren Fühlern und ahmen die Schwänzelbewegung nach. Auf diese Weise erfahren sie, wo sich die ergiebige Futterquelle in etwa befindet.

GETANZTE KOMMUNIKATION

Von einer Sprache kann bei den Bienen eigentlich nicht die Rede sein, denn ihrer Kommunikation fehlt beispielsweise die Syntax. Doch sind ihre Kommunikationsformen ausreichend, um sich über alle Belange des Volkes zu verständigen. Die erste Verständigungsform der Bienen, die der Mensch entschlüsseln konnte, waren die Tänze.

Karl von Frisch entdeckte zwei Arten von Tänzen, den Rund- und den Schwänzeltanz. Mit ersterem machen Bienen ihre Schwestern lediglich darauf aufmerksam, dass sich in der unmittelbaren Umgebung des Stockes (bis etwa 70 Meter) eine lohnende Trachtquelle befindet. Der Duft, den sie von den Blüten mit in den Stock

Bei den Bienentänzen handelt es sich um echte Kommunikation, nämlich um einen Austausch von Information. Die tanzende Biene gibt nicht nur einfach Wissen weiter; sie animiert mit ihren Tänzen die Artgenossen, ihr Verhalten zu verändern.

bringen, dient den ihnen folgenden Bienen zur Orientierung, gleichzeitig animiert der Duft die Bienen, überhaupt auf Futtersuche zu gehen.

Mit dem Schwänzeltanz dagegen, so erkannte von Frisch, gibt eine heimkehrende Biene ihren Schwestern den Ort einer Futterstelle, einer Wasser- und Harzquelle oder, wenn erforderlich, einem Bienenschwarm den Ort eines neuen Nestplatzes an. Der Tanz wird also bei Futterquellen angewandt, die weiter als 70 Meter vom Stock entfernt sind. Um ihren Schwestern den Weg zu den Blüten zu weisen, müssen die tanzenden Bienen im Dunkel des Stockes zunächst eine Richtungsanweisung geben: Die drei ihnen zur Verfügung stehenden Daten sind dabei die Position des Nestes, der sich stets verändernde Sonnenstand bzw. die Polarisationsmuster am Himmel, wenn die Sonne verdeckt ist, und die Position der Futterquelle. Obwohl bereits von Frisch bei gleicher Futterquelle Abweichungen in den Tänzen der Bienen feststellen konnte, glaubte man lange, die tanzenden Bienen würden ihren Artgenossen einen exakten Zielpunkt und eine genaue Entfernung vortanzen. Mittlerweile ist dies widerlegt: Die Tänze sind erste Richtungsangaben und sind nur in Kombination mit anderen Kommunikationsmitteln wie Düften und Flügen hilfreich.

Wie aber funktioniert der Schwänzeltanz? Die ankommende Biene tanzt auf der senkrecht hängenden Wabe, indem sie eine schnelle Zitterbewegung mit ihrem Hinterleib vollführt, die sogenannte Schwänzelbewegung, dann einen Halbkreis zum Ausgangspunkt ihrer Schwänzelbewegung macht, diese wiederholt und den Halbkreis in die andere Richtung läuft. Diesen Bewegungsablauf wiederholt sie einige Male. Die Richtung gibt sie an, indem sie die Schwänzelbewegung in demselben Winkel auf der senkrechten Wabe zur Schwerkraft tanzt, in dem sie im Freien in Bezug auf die Sonne fliegen müsste. Dabei berechnet sie den Winkel zwischen der Nest-Sonnen-Linie und der Nest-Futter-Linie, wobei sie das Weiterwandern der Sonne mit berücksichtigt. Da es im Bienenstock dunkel ist und

Der Bienentanz

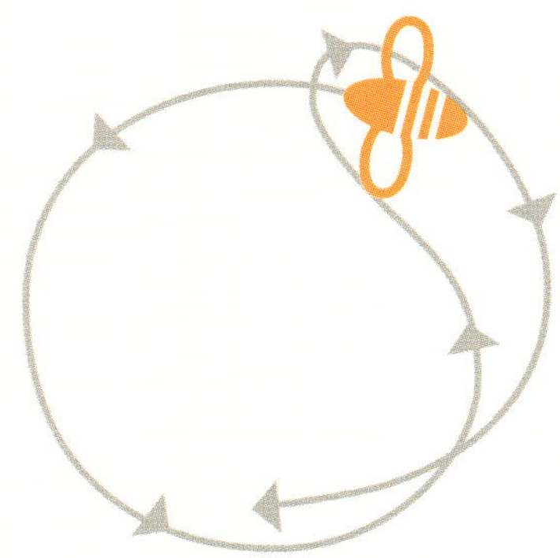

Rundtanz

Schwänzeltanz

»… doch sehr viel haben sie auch in den Wohnungen der Reichen zu tun, wo nach Fest und Mahlzeit, beim gemütlichen Schibuk und Nargilé, der Bienentanz als besonderer Reiz betrachtet wird. Unter Drehungen, Verbeugungen und eben nicht ungraziösen Bewegungen beginnt der Tanz, dessen ganzen Verlauf zu schildern mir die Schicklichkeit verbietet; es ist eine Orgie, die sich meiner Ansicht nach aus dem an derlei krankhaften Entartungen der Phantasie reichen Altertum erhalten hat. Nach kurzem Aufenthalt kehrten wir abermals durch die Stadt nach unserem Schiffe zurück, um die wohlverdiente Ruhe aufzusuchen.«

Rudolf von Habsburg: Zu Tempeln und Pyramiden

Der Bienentanz vor seiner Entdeckung

Bevor Karl von Frisch die Bienentänze entschlüsselte, verband man etwas ganz anderes mit den sogenannten Bienentänzen. Im Orient, vornehmlich in Ägypten, war der Bienentanz ein erotischer Tanz. Die ohnehin spärlich bekleidete Tänzerin gibt vor, eine Biene sei in ihre Kleidung geschlüpft. Nach und nach muss sie sich ihrer Mieder, Hosen und Tücher entledigen, um das lästige Insekt zu verscheuchen, bis ein letzter Schleier übrig bleibt. Hinter dem kann sich die Tänzerin noch eine kleine Weile verstecken, dann findet die Biene auch einen Weg darunter und der Schleier wird fallengelassen. Vor allem die Literatur des 18. und 19. Jahrhunderts, etwa die Reisebeschreibungen von Gustave Flaubert und Rudolf von Habsburg oder die Erlebnisse Friedrich Wilhelm Hackländers, griffen die erotischen Darstellungen gerne auf und schockierten damit ihre Leser bzw. befriedigten damit deren Sensationslust und Neugierde. So bei Hackländer: »›Es kamen nur einige Nationaltänze, die für europäische, namentlich für englische Begriffe nicht ganz in den Grenzen des Schicklichen und Erlaubten zu bleiben schienen, z. B. der Bienentanz.‹ ›Ei der Tausend‹, sagte der Hausherr. ›Wir wollen wissen, was der Bienentanz ist.‹«

Die Heftigkeit eines Bienentanzes deutet auf die Qualität der beworbenen Trachtquelle hin. Verspricht eine Futterquelle hohe Erträge, so tanzt die Biene heftiger als bei minderer Güte.

die anderen Sammelbienen der tanzenden Biene nicht zusehen können, tanzen sie mit. Sie folgen, die Fühler dicht am Körper der Vortänzerin, den Bewegungen und lernen so die ungefähre Richtung, in die sie fliegen müssen. Dabei interpretieren die beobachtenden Bienen die Tänze durchaus unterschiedlich. Sie lassen ihre individuellen Wahrnehmungen und Erfahrungen – von der Umwelt wie auch von der vortanzenden Artgenossin – in die Interpretation des Tanzes miteinfließen.

Auch die Entfernung des Nestes zur Futterquelle wird mit dem Schwänzeltanz übermittelt, und zwar in Form von optischen Eindrücken, die die Biene im Verlauf ihres Fluges gesammelt hat. Während des Fluges nur schwarz-weiße Muster wahrnehmend, gibt sie diese optischen Wahrnehmungen durch die Länge des Tanzes an: Schwänzelt sie immer nur kurze Zeit, so waren die wahrgenommenen optischen Eindrücke nur wenige. Je länger die Schwänzelbewegung andauert, desto mehr optische Eindrücke hat sie gewonnen. Das bedeutet also nicht, dass eine Futterquelle weiter entfernt ist, je länger die Biene schwänzelt: Sie kann auch kilometerweit durch eine karge, monotone Landschaft geflogen sein.

Unabhängig davon, ob die Biene auf Futter- und Wasserquellen oder auf eine Nisthöhle hinweist, die Heftigkeit des Tanzes deutet auf die Qualität des beworbenen Objektes hin. Verspricht eine Futterquelle hohe Erträge oder ist eine Höhle sehr gut zum Nestbau geeignet, so tanzt die Biene heftiger als bei minderer Güte. Dabei geht die Intensität nicht mit einem veränderten Schwänzeln einher, sondern die Geschwindigkeit, mit der die Biene zum Ausgangspunkt der Schwänzelbewegung zurückkehrt, wird erhöht.

Die erfahrenen Bienen helfen ihren Schwestern, die Informationen der Tänze richtig zu verstehen und weisen ihnen den Weg. Treffen die Tänzerinnen oder andere erfahrene Sammelbienen während ihrer Flüge zur Trachtquelle auf unerfahrene Sammlerinnen des eigenen Bienenvolks, so schließen sie sich zu Gruppen zusammen.

Doch nicht nur die Stockbienen erhalten Informationen, auch die ankommende tanzende Biene wird über wichtige Ereignisse informiert. Trägt sie beispielsweise Nektar ein und andere Sammelbienen reagieren nur wenig auf ihre Tänze und die Stockbienen nehmen ihr den Nektar eher langsam bis widerwillig ab, ist dies für die Sammlerin ein Signal, dass Nektar zurzeit nicht dringend benötigt wird. Sie beginnt daraufhin mit einem weiteren Tanz, dem Zittertanz, der einerseits andere Sammelbienen davon abhalten soll, weiterhin auf Nektarsuche auszufliegen, andererseits den Stockbienen zeigt, dass noch Arbeiterinnen zur Honigverarbeitung eingesetzt werden müssen. Es beginnt nun eine Neuregelung der Arbeitseinsätze im Stock, wodurch die Sammlerinnen beispielsweise eher Pollen oder Wasser eintragen oder andere Aufgaben übernehmen.

Durch die Tänze der Sammelbienen kann ein Bienenvolk rasch auf die sich verändernde Nahrungsumgebung reagieren: Neue und ergiebige Futterquellen werden aktiv beworben und angeflogen, eine erschöpfte Trachtquelle wird durch einen neuen Tanz und akustische Signale gestoppt. Das schont die Ressourcen des Volkes in nicht geringem Maße.

DIE SPRACHE DER DÜFTE

Tänze allein reichen der Biene zur Kommunikation bei Weitem nicht aus. Bereits die Tänze werden mit weiteren Faktoren kombiniert, um die Aufmerksamkeit der nachtanzenden Stockbienen zu gewinnen. Zunächst sind dies Schwingungen, die die Tänzerin mit ihrer Brust erzeugt und die sich durch die spezielle Architektur der Wabe im Stock verbreiten. Diese Schwingungen locken interessierte Bienen auf den Tanzboden, ein spezieller Bereich im Bienenstock, auf dem allein die Tän-

Von der Intelligenz der Biene

Man kann davon ausgehen, dass ein wegweisender Geist wie Charles Darwin der Intelligenz von Tieren heute eine größere Bedeutung beimessen würde als es seinerzeit der Fall war. Wie wenig die Wissenschaft zu dieser Zeit über die Honigbiene wusste, zeigt Darwins Verständnis von den Insekten als Individuen, nicht als Superorganismus. So galt für ihn die Honigbiene aufgrund ihrer Fortpflanzung tatsächlich sogar als Problem innerhalb seiner Evolutionstheorie.

Bis zur zweiten Hälfte des 19. Jahrhunderts galt als Beweis für die überragende Intelligenz des Menschen seine Fähigkeit, Werkzeuge zu benutzen. Dann entdeckte man, dass Schimpansen, um die harte Schale einer Frucht zu knacken, Steine benutzen. Fortan hieß es, der Mensch zeichne sich durch die Herstellung von Werkzeugen aus. Als die Verhaltensforscherin Jane Goodall schließlich einen Schimpansen dabei beobachtete, wie er einen Zweig zurechtstutzte, um ein Termitennest auszuräubern, musste auch diese Definition aufgegeben werden.

Auch die Verwendung einer komplexen Sprache wurde lange Zeit als Beweis für den überragenden Geist des Menschen angesehen. Wenn Charles Darwin in »Die Abstammung des Menschen« noch meint: »Die Tatsache, dass die höheren Affen ihre Stimmorgane nicht zur Sprache benutzen, erklärt sich ohne Zweifel dadurch, dass ihre Intelligenz nicht hinreichend entwickelt worden ist«, müssen wir dem heute entgegensetzen, dass Schimpansen zwar nicht auf dieselbe Weise wie Menschen kommunizieren, Versuche aber zeigten, dass sie die von Forschern erfundene Kunstsprache »Yerkish« nicht nur verstehen, sondern damit eigene Sätze bilden, auf neue Sätze korrekt reagieren und sogar ein Gespür für Syntax entwickeln konnten.

Es fällt dem Menschen schwer, einem Tier eine Form von Intelligenz zuzubilligen, zumal dann, wenn das Gehirn des Tieres so winzig ist wie das einer Honigbiene, nämlich von der Größe eines Stecknadelkopfes. Einem solchen Gehirn komplexe Denkmuster, Kommunikationsvorgänge, individuelle Vorstellungen zuzugestehen, widerspricht der menschlichen Denkweise von seiner Überlegenheit und damit seinem Selbstverständnis, mit dem er die Natur für sich nutzt und ausbeutet.

Doch unsere Bienen legen manchmal ein Verhalten an den Tag, das es schwer macht, ihnen jede Form von Intelligenz abzusprechen. Gerade in der Kommunikation gibt es hierfür einige Beispiele.

Neurobiologische Studien an der Freien Universität Berlin lassen die Überlegung zu, dass verschiedene Bienen die Tänze unterschiedlich interpretieren. Und zwar nicht deshalb, weil die Tänze generell unpräzise sind, sondern weil die tanzende Biene möglicherweise eigene Vorstellungen der Umwelt in ihre Tänze mit einbaut und die beobachtende Biene aufgrund eigener früherer Erfahrungen – auch in Bezug auf die tanzende Biene – entsprechend reagiert.

Ebenso spannend ist die Tatsache, dass Östliche Honigbienen lernen können, die Tanzsprache der Westlichen Honigbiene zu verstehen. Der Schwänzeltanz der beiden Arten unterscheidet sich, ist aber nicht so fremd, dass die lernenden Bienen nicht auf eigene Erfahrungen zurückgreifen könnten, um sie beim Übersetzen des fremden Tanzes anzuwenden. Geht man wie Karl von Frisch (der den Bienen keine wirklichen geistigen Fähigkeiten zugestand), davon aus, dass ein wesentliches Kriterium für Intelligenz die Fähigkeit ist, Erfahrungen so umzusetzen, dass man Fremdes davon ableiten und dadurch verstehen kann, ist diese Fähigkeit der Bienen, »Fremdsprachen zu erlernen«, eben doch ein Zeichen einer eigenen Intelligenz, eines eigenen Denkvermögens.

Die Verhaltensforscherin Jane Goodall ist eine der Vorreiterinnen im Verständis tierischer Intelligenz und Gefühle.

Zwischen den beiden letzten Segmenten des Hinterleibs wird beim sogenannten Sterzeln die Nasanov-Drüse sichtbar, aus der das gleichnamige Duftsekret versprüht wird. Das Sekret ist wichtiger Bestandteil der olfaktorischen Bienenkommunikation.

ze stattfinden und der – und hier zeigt sich eine weitere Kommunikationsform – mittels eines Duftes chemisch markiert ist.

Solche Düfte spielen eine sehr wichtige Rolle in der Kommunikation der Bienen. Ein Beispiel dafür ist die bereits erwähnte Königinnensubstanz, die das Volk über das Vorhandensein oder das Alter der Königin informiert, aber auch, ob das Volk zu groß wird und somit das Schwärmen in Betracht gezogen werden sollte.

Bei der Nahrungssuche sind die Düfte ebenfalls nicht unentscheidend. Die Nachtänzerinnen im Stock nehmen den Duft der Trachtpflanzen wahr und kombinieren ihn mit den Informationen des Tanzes, sodass die erhaltenen Informationen noch genauer sind und sie sich, wenn sie in der Nähe des Zieles sind, am Duft orientieren können.

Darüber hinaus hilft die Tänzerin weiterhin bei der Orientierung durch Düfte – gerade dann, wenn die Futterquelle keinen starken eigenen Duft besitzt. Sie fliegt zurück zu den gefundenen Trachtpflanzen und zieht in einem sehr langsamen, für andere Bienen markanten Flug Schleifen um die Blüten. Während dieses für den Menschen, nicht aber die Biene hörbaren Brauseflugs verströmt die Biene aus einer Drüse am Hinterleib, der Nasanov-Drüse, das Pheromon Geraniol, ein Duftstoff, der anderen Honigbienen den Weg zur Trachtquelle weist – übrigens auch fremden Bienen eines anderen Volkes, denn anders als das Königinnenpheromon ist das Nasanov-Pheromon kein individueller Duft eines Volkes.

Das Nasanov-Pheromon dient wiederum nicht nur am Futterplatz der Orientierung, es wird auch am Bienenstock eingesetzt, lockt junge Bienen wieder nach Hause, ist aber vor allem bei einem Schwarm von Bedeutung. Hat ein Bienenschwarm ein neues Zuhause gefunden, so sieht man vermehrt Bienen an dessen neuem Flugloch »sterzeln«. Sie bewegen ihren Hinterleib, versprühen das Pheromon und zeigen Bienen, die noch in der Natur unterwegs sind, so den Ort des neuen Zuhauses an.

Selbst innerhalb des Nestes stoßen bestimmte Düfte unterschiedliche Verhaltensweisen an: Die Bienenlarven sondern, wenn sie hungrig sind, ein Pheromon ab, »schreien« gewissermaßen nach Nahrung – und die Ammenbienen reagieren darauf durch promptes Füttern.

AKUSTISCHE UND OPTISCHE SIGNALE

Wir alle kennen das Summen eines Bienenstocks: ein tiefes, gleichmäßiges Gebrumm. Es entsteht durch das Schlagen der Flügel und die daraus entstehenden Vibrationen der Luft. Bei langsamem Flug bzw. beim Schwirren der Flügel im Stand ist das Geräusch lauter als bei schnellem Flug. Dieses Brummen stellt zwar als Laut kein Kommunikationsmittel dar, kann aber durchaus optisch – zum Beispiel in Form des Brauseflugs über einer vorher betanzten Futterquelle – als Signal angesehen werden. Daneben lernen Honigbienen beispielsweise durch Beobachtung, welche Trachtpflanzen ergiebiger sind als andere. Werden Blüten reichlich von anderen Insekten wie Hummeln oder Wildbienen besucht, sind sie auch für Honigbienen interessanter.

Doch auch Laute dienen der Bienenkommunikation: Ein hochfrequenter Piepton, der in Zusammenhang mit Schwänzeltänzen abgegeben wird, signalisiert der Tänzerin, dass die Futterquelle mittlerweile als unergiebig eingestuft wird. In Verbindung mit Zittertänzen soll derselbe Ton dagegen weitere Stockbienen dazu animieren, den Sammlerinnen Nektar abzunehmen. Doch selbst »Gemütsbewegungen« der Bienen werden durch Töne ausgedrückt. So gibt beispielsweise eine junge Königin, die von den Arbeiterinnen daran gehindert wird, ihre königlichen Schwestern in der Wiege zu töten, ein helles Tüten von sich, das sogar außerhalb des Stockes für den Menschen hörbar ist. Es wird – wenn die Prinzessin in ihrer Wiege zum Schlüpfen bereit ist – durch ein krächziges Quaken beantwortet. Da sich die beiden Königinnen nicht in die Quere kommen wollen, kann man die Geräusche wohl so interpretieren, dass die bereits geschlüpfte Königin die jüngere Schwester vor dem Schlüpfen warnt, die jüngere der älteren signalisiert, den Stock besser zu verlassen.

Das gleichmäßige Gebrumm der Bienen entsteht durch das Schlagen der Flügel und die daraus entstehenden Vibrationen der Luft. Dieser Laut ist für die Biene nicht wahrnehmbar. Worauf sie reagiert, ist die Art des Fluges anderer Bienen, das starke Hin- und Herfliegen und die Brauseflüge, die auf den Schwänzeltanz folgen.

TEMPERATURREGULIERUNG UND WÄRMEERZIEHUNG

Eine der herausragendsten Fähigkeiten der Biene ist mit Sicherheit der unterschiedliche Einsatz von Wärme bzw. die Klimaregulation im Nest. Die Wintertraube im Bienenstock hält – solange es keine Brut gibt – in ihrem Kern Temperaturen zwischen etwa 10 und 34 °C.

Dauermessungen des HOBOS-Bienenprojekts haben neue Erkenntnisse zum Heizverhalten im Winter ergeben: Dachte man bislang, die Wintertraube würde den gesamten Winter lang eine konstante Stocktemperatur von 34 °C halten, so zeigte sich, dass diese Temperatur nur alle paar Tage erreicht wird. In der Regel liegt die Temperatur im Stock gerade oberhalb der Temperatur, bei der die Insekten reglos würden. Die Würzburger Forscher um Jürgen Tautz vermuten, die Erhöhung der Temperatur sei nötig, um den Honig – immerhin der Brennstoff der Bienen – wieder zu verflüssigen.

Sobald aber Brut im Nest vorhanden ist, muss die Temperatur in den Zellen zwischen 33 °C und 36 °C liegen. Geheizt wird, indem die Biene ihre Flügel auskoppelt und mit ihren Flugmuskeln zittert. Dazu ist ausreichend Honig als Energiequelle, also im Grunde als Brennstoff, notwendig. Der Brustbereich der Bienen heizt sich auf und gibt die Wärme nach außen ab. Um nun sicherzugehen, dass die Wärme in den Brutzellen zur Entwicklung der Brut ausreicht, wird jede einzelne Zelle von einer Biene mit den hochsensiblen und wärmeempfindlichen Fühlern untersucht. Ist die Temperatur zu niedrig, drückt eine solche Heizerbiene entweder ihren erhitzten Brustbereich auf die Zelle oder sie belegt eine der freien Zellen, die für die Heizerbienen im Brutbereich in regelmäßigen Abständen zwischen den Brutzellen frei gelassen werden, und wärmt von dort aus. 30 Minuten dauert eine solche Heizphase etwa, dann wird die Biene mit Honig versorgt, darf Kraft schöpfen und vorübergehend tritt einen andere Biene an ihre Stelle.

Naturgemäß ist die Beheizung der Brut in einem warmen Sommer nicht notwendig, im Gegenteil, schnell kann es an einem heißen Sommertag im Bienenstock zu warm werden. Auch dafür haben die Bienen eine optimale Lösung entwickelt. Sammelbienen tragen vermehrt Wasser in die Beute, Stockbienen verteilen es auf den Waben und schwirren gleichzeitig sehr schnell mit den Flügeln. Das Wasser wirkt – wie bei einer Klimaanlage – kühlend. Auch am Flugloch sitzen dann Fächlerinnen, den Kopf zum Nest gewandt, den Hinterleib nach außen und fächeln frische Luft ins Nest bzw. ziehen die warme durch die Flügelschläge nach draußen. Ein ähnliches Verhalten tritt übrigens auch bei *Apis cerana* in Erscheinung, nur dass diese Bienen beim Fächeln den Hinterleib zum Flugloch wenden und den Kopf nach außen.

Besondere Aufmerksamkeit aber haben Forscher in den letzten Jahren kleinen Temperaturschwankungen bei der Bebrütung der einzelnen Zellen gewidmet: Sie haben festgestellt, dass die Durchschnittstemperatur, bei der eine Biene bebrütet wird, Auswirkungen auf ihre spätere Karriere hat. Verschiedene Bienenberufe, wie der Dienst im Hofstaat oder als Wächterbiene, können nicht von allen Bienen geleistet werden, weil ein geringerer Bedarf besteht. Wahrscheinlich bestimmt die Bruttemperatur, ob eine Biene einen solchen Beruf ergreift. Herausgefunden hat man auch, dass eine Biene, die bei der Höchsttemperatur vom 36 °C ausgebrütet wird, lernfähiger ist und ausdauernder tanzt als ihre Schwestern aus kühleren Nestern. Diese haben dafür eine längere Lebenserwartung. Winterbienen entstehen grundsätzlich aus leicht kühleren Brutzellen. Es erscheint beinahe so, als würden die Bienen ihre Nachkommen mittels Wärmezufuhr erziehen.

Wasser dient in sommerlichen Bienenstöcken der Thermoregulation. Ideale Wasserstellen für Honigbienen sind die von Wasser überspülten Steine am Ufer von Teichen, Flüssen und Seen. Dort können sich Bienen in Ruhe niederlassen und Wasser aufnehmen, ohne dass sie dabei ertrinken könnten.

Sobald Brut im Nest vorhanden ist, muss die Temperatur in den Zellen zwischen 33 °C und 36 °C liegen.

Ein paar Zahlen zum Leben der Bienen

Eine Biene wiegt 0,1 g.

Eine Trachtbiene sammelt 40 µl Nektar und 20 mg Pollen, befliegt dazu rund 300 Blüten pro Tag.
Ein Bienenvolk von etwa 50.000 Arbeiterinnen sammelt pro Tag 3–5 kg Nektar.

Für 1 kg Honig müssen etwa 3 kg Nektar eingetragen werden. Dazu sind rund 100.000 Ausflüge erforderlich, bei denen bis zu 14.000.000 Blüten besucht werden.

Ein starkes Bienenvolk enthält zur Schwarmzeit:
1 Königin,
bis zu 70.000 Arbeitsbienen,
400–3000 Drohnen.

Die Lebensdauer der Königin beträgt 3–5 Jahre, die Arbeitsbiene lebt im Sommer 4–5 Wochen, im Winter 5–6 Monate. Die Drohnen leben, sollten sie nicht bei der Paarung sterben, vom Frühjahr bis zum Spätsommer.

Die Fluggeschwindigkeit einer Biene beträgt 6–8 m/Sek. Sie fliegt rund 85 km pro Tag, kann aber in Ausnahmefällen auch bis zu 175 km fliegen.

Die Temperatur im Brutnest beträgt im Durchschnitt 34,8 °C, in der Wintertraube nimmt die Temperatur von innen nach außen ab. Bei 8 °C wird die Biene reglos, unter 5 °C verfällt sie in Kältestarre.

(Quelle: Bayerische Landesanstalt für Weinbau und Gartenbau)

*»Als Amor in den goldnen Zeiten
Verliebt in Schäferlustbarkeiten
Auf bunten Blumenfeldern lief,
Da stach den kleinsten von den Göttern
Ein Bienchen, das in Rosenblättern,
Wo es sonst Honig holte, schlief.
Durch diesen Stich ward Amor klüger.
Der unerschöpfliche Betrüger
Sann einer neuen Kriegslist nach:
Er lauscht in Rosen und Violen;
Und kam ein Mädchen sie zu holen,
Flog er als Bien heraus, und stach.«*

GOTTHOLD EPHRAIM LESSING: DIE BIENE

Die Biene in Mythologie und Geschichte

Kein anderes Insekt hat die Fantasie der Menschen in gleicher Weise beschäftigt und zu solch blühenden Vorstellungen angeregt wie die Honigbiene. Ihr Staats- und Gemeinwesen wie auch der »Charakter« des einzelnen Bienenwesens dienen gleichermaßen als Vorbild. Die Biene ist – anders als beispielsweise Wespen oder Hornissen – beinahe immer positiv besetzt, wird geradezu idealisiert. Sie trägt seit jeher göttliche Züge bzw. ist Sinnbild für Götter und Herrscher, gilt aber ebenso als Abbild des idealen Untertanen, verkörpert die fleißige Hausfrau wie den verwegenen Mann, ihr Staat steht für die ideale Monarchie wie er Gleichheit und Demokratie symbolisiert und stets dienten Bienen und Bienenstaat Dichtern und Denkern zum Vergleich, wenn sie von Betriebsamkeit und dichtem Gedränge, Landidylle oder von Lustbarkeiten aller Art schreiben wollten.

Gerade die frühen Christen wie Augustinus sahen in der Biene die Verkörperung der idealen Frau: fleißig, ordnungsliebend, rein und keusch.

nesut-bjtj, »der zu der Binse und der Biene gehört«, heißt die Hieroglyphe, die auf den König Ober- und Unterägyptens verweist. Die Biene wird dabei immer im Profil gezeigt, mit aufgestellten Flügeln, als würde sie gerade zum Flug ansetzen. Die hinteren Beinpaare werden länger, und parallel zum Abdomen dagestellt.

VON GÖTTLICHEN TRÄNEN, RINDERN UND VERZAUBERTEN NYMPHEN – DER GÖTTLICHE URSPRUNG DER BIENEN

Ihr rätselhaftes Wesen, ihre unerklärliche Ordnung, das Mystische ihres Staates faszinierte und ängstigte die Menschen des Altertums gleichermaßen. Wie konnten solch kleine Lebewesen wie die Bienen einen dermaßen komplexen Lebensrhythmus haben, solch perfekte, mathematisch exakte Behausungen erbauen, mit einem menschlich erscheinenden Fleiß und sogar übermenschlichen Blick auf die Gemeinschaft ausgestattet sein? Die einzige Erklärung dafür war, dass in ihnen etwas Göttliches in Erscheinung trete. Und so wird die Entstehung der Bienen in der Mythologie häufig mit den Göttern und etwas Überirdischem in Verbindung gebracht.

Die ältesten Überlieferungen sind altägyptischer Natur: Als der Sonnengott Ra weinte, fielen seine Tränen zu Boden und wurden zu Bienen. Mit den Bienen kamen Honig und Wachs, und diese göttlichen Geschenke machten sich auch die Pharaonen zunutze, indem sie nicht nur ihr Abbild in Wachs formen ließen oder ihre Beamten zum Teil in Honig bezahlten, sondern indem sie durch das Symbol der Biene ihre eigene Göttlichkeit unterstrichen. Bis zur Vereinigung Ober- und Unterägyptens war die Biene Wappentier des unterägyptischen Reiches, dann, um 3000 v. Chr., kam es zur Reichsgründung und Vereinigung der beiden Gebiete und damit wurde die Biene mit dem oberägyptischen Wappen der Binse zur Königshieroglyphe zusammengefasst. Damit trägt der Pharao den Namen »der zu der Binse und der Biene gehört«. Die Hieroglyphe verweist nicht nur auf die Herrlichkeit des Pharaos, sondern auch auf seine Göttlichkeit.

Noch einen weiteren ägyptischen Bienen-Entstehungsmythos gibt es: In Memphis wurde der Apis-Stier als Inkarnation des Gottes Ptah verehrt, später wurde der

Stier einem der höchsten ägyptischen Götter, dem Gott Osiris, zugeordnet. Die Ägypter glaubten, dass aus dem Kadaver des Stieres, wenn er ohne Blutvergießen geopfert würde und alle seine Körperöffnungen verschlossen würden, nach einigen Tagen ein Bienenschwarm entstehen würde. Es war daher Sitte, nicht nur den Apis-Stier selbst, sondern allgemein den Göttern Stiere zu opfern, indem man sie zu Tode prügelte, sodass sie nicht bluteten. Vermutlich meinten die Ägypter, die Fliegen, die sich nach einigen Tagen auf dem Kadaver sammelten, seien Bienen.

Gerade in Bezug auf den Osiriskult (Osiris: Gott des Jenseits und der Wiedergeburt) unter den Ptolemäern (etwa 320–30 v. Chr.) wird die Biene auch mit dem Jenseits, dem Tod, der menschlichen Seele, der Unsterblichkeit und der Wiedergeburt in Verbindung gebracht, eine Bedeutung, die sie beispielsweise auch bei den Kelten hatte. Dort verkörperten die Bienen einen Boten zwischen dem Diesseits und dem Jenseits.

Auch die griechische Mythologie nimmt sich der Bienen an – als Lebensspenderin wie als Jenseitsbotin: Der griechische Gott Kronos zeugte mit seiner Schwester Rhea eine Vielzahl von Kindern (darunter die späteren Götter Hades, Hera, Demeter und Poseidon), die er jedoch so sehr hasste und fürchtete, dass er sie verschlang. Als Rhea Zeus gebar, versteckte sie das Kind in einer kretischen Höhle und reichte Kronos einen Stein zum Verschlingen – der den Unterschied zunächst nicht bemerkte. Zeus wuchs unterdessen in der Höhle auf, genährt von den Nymphen Amaltheia und Melissa (auch Melitta). Die Darstellungen wandeln sich hier, mal ist von der Bienennymphe Melissa die Rede, die Zeus mit Honig nährt, während die Ziegennymphe Amaltheia ihm Milch gibt, ein anderes mal erscheinen sie in weiblicher Gestalt und nähren ihn mit Milch und Honig. In der zweiten Version erfährt Kronos, als Zeus bereits erwachsen ist, von dem Betrug und

Der Osiriskult im alten Ägypten ist eng mit der Biene verknüpft. Das gilt nicht nur für den Apis-Stier und die Verbindung des Insekts mit Tod, Unsterblichkeit und Wiedergeburt. Auch dem Gott selbst ist sie nahe, nimmt die Bienenlarve doch während ihrer Metamorphose eine mumienartige Gestalt an. Die Ägypter sahen darin eine ähnliche Entwicklung wie die von Osiris, der übrigens in der Regel als menschliche Mumie dargestellt wird.

verwandelt Melissa daraufhin in einen Wurm. Zeus, der Mitleid mit seiner Amme hat, verändert den Zauber, indem er sie in eine schöne Biene verwandelt. Den Vater bald darauf überwindend, zwingt Zeus den Kronos, die anderen Kinder auszuspucken und besteigt mit ihnen den Olymp.

Obwohl Zeus seine Schwester Hera zur Frau nimmt, zeugt der Göttervater doch mit Demeter seine Tochter Persephone, die wiederum durch die Heirat mit Hades zur Göttin der Unterwelt wird. Damit wird sie zur Herrin der Seelen von Verstorbenen, die in der griechischen Mythologie in Form von Bienen in Erscheinung treten. Persephone war die Herrin der Bienen, und so fanden sich zunehmend Darstellungen von Bienen auf antiken Gräbern oder Grabbeigaben in Form von Bienen. Die wohl berühmtesten Bienen der griechischen Antike wurden in einer minoischen Nekropole in Malia auf Kreta gefunden. Das goldene Schmuckstück aus dem 15. Jahrhundert v. Chr. zeigt zwei ineinander verschlungene Bienen, die in ihrer Mitte eine runde, von Goldkügelchen besetzte Scheibe tragen. Sie stellt vermutlich eine Wabe dar.

Die Bienen als Symbol für die Seelen Verstorbener, von Wiedergeburt und Unsterblichkeit anzusehen, ergibt dann Sinn, wenn man den Bienenstaat als Superorganismus begreift, der sich immer wieder neu erschafft, der als Ganzes im Grunde unsterblich sein kann, auch wenn seine Einzelindividuen stetig ausgetauscht werden. Vor allem der Bienenschwarm wird daher auch im Christentum zum Sinnbild für Unsterblichkeit, Wiedergeburt und für Christus selbst.

Der Kaiser der Franzosen, Napoleon I., wählte die Aufsicht auf eine Biene zum Wappentier. Zeitgenössische (böse) Zungen meinten, mit ihren leicht gespreizten Flügeln, die den spitzen Hinterleib umschließen, sähe die napoleonische Biene wie eine umgedrehte bourbonische Lilie aus. Und in der Tat war es in jener Zeit eine der gängigen Praktiken von Städten, die Wappentiere den jeweils regierenden Herrscherhäusern entsprechend zu Bienen oder Lilien umzudrehen. Gleichzeitig aber war die Biene seit jeher ein Herrschaftssymbol, durch das Napoleon seinen Machtanspruch untermauern konnte: vom alten Ägypten über das Frankenreich bis hin zu Papst Urban VIII.

UNTERTÄNIGE DEMUT UND RÜHRIGE FREIHEIT

Egal, ob man Monarchist oder Demokrat ist, ein Bienenvolk liefert zur Untermauerung beider Gesinnungen hervorragende Argumente. Und so wurden mit ihrer Hilfe nicht nur die pharaonische Herrschaft und die Herrschaft Gottes legitimiert, auch für die französischen Könige standen die Bienen für die Treue und Demut, die ihnen ihre Untertanen schuldig waren. Den Brokatmantel des fränkischen Königs Childerich I., mit dem er beerdigt wurde, schmückten 300 goldene Bienenanhänger.

Auch bei den bourbonischen Königen ist das Motiv der Biene, neben dem Herrschersymbol der Lilie, zu finden. Allgemein wird auch die Lilie häufig als stilisierte Biene angesehen, auf einem französischen Kupferstich von 1630 finden sich beide Symbole: Ein von Lilien geschmückter Bienenstock wird von Bienen umschwirrt. Darunter finden sich die Worte: »Pro rege exacuunt«, frei übersetzt: Sie stechen für den König. Der ideale Untertan arbeitet für seinen König, verehrt ihn und verteidigt dessen Land und Herrschaft.

Napoleon I., auf der Suche nach einem eigenen Herrschaftssymbol, griff auf die Biene zurück, ließ seinen und Josephines Krönungsmantel mit den Insekten besticken und verwendete drei Bienen in seinem Wappen. Städte, die er besonders auszeichnen wollte, durften in ihrem Wappen ebenfalls drei Bienen tragen. Während des Kaiserreichs gehörten auf deutschem Boden beispielsweise Mainz und Bremen zu diesen Städten. Bezug nehmend auf die fränkischen Könige, versuchte der Kaiser der Franzosen mit den Bienensymbolen seine Herrschaft zu legitimieren. Doch sollte unter Napoleon Bonaparte der soziale, fleißige, produktive und gut organisierte Bienenschwarm, angeführt von einem starken, gewählten Befehlshaber, auch die machtvolle Republik bzw. nun eben die konstitutionelle Monarchie symbolisieren.

Das Bild des Bienenschwarms als Sinnbild einer konstitutionellen Monarchie oder einer Republik unter gewählter Führung ist der Geschichte schon in früheren Zeiten nicht fremd. Bereits der heilige Ambrosius von Mailand (339–397) – heute Schutzpatron der Bienen und Imker – schrieb in seinem »Sechstagewerk«, dem Hexaemeron, über die Biene: »… und wenn sie auch einem König unterstellt sind, sind sie trotzdem frei«, (*… et licet positae sub rege, sunt tamen liberae*).

Es ist vor allem das Wissen, dass die Königin nicht von Natur aus eine solche ist, sondern von den Arbeiterinnen dazu gemacht wird, es sich also im politischen Sinn um eine gewählte Königin handelt, das den Gedanken der konstitutionellen Monarchie und sogar Demokratie nahe legt.

Auch wird im Zusammenhang mit dem Sozialismus teilweise nicht mehr die Königin als das herrschende, ausbeutende Staatswesen angesehen (denn diese ist ebenso tätig wie die Arbeiterinnen), sondern die untätigen Drohnen mit ihm verglichen. So bemerkt Rosa Luxemburg in ihren Reden: »Kann denn irgendein Staat, mag er an Verblendung, mag er an Brutalität sogar den preußischen Staat übersteigen, kann er gegen Hunderttausende ruhig und friedlich streikende Arbeiter die Kanonen ausfahren lassen? Töricht und verblendet wäre derjenige Staat, der eine so gewaltige Menge Arbeiter niedermetzeln wollte. Denn er würde ja mit eigenen Händen die Biene morden, von deren Honig er als Drohne lebt.«

Es sind aber vor allem die Arbeitsteilung und das Arbeiten für die Gemeinschaft, die kollektive Entscheidungsfindung und Harmonie der Bienengesellschaft, die den geistigen Wandel von der Bienenmonarchie hin zur Bienendemokratie beförderten und die auf die menschliche Gesellschaft übertragen wurden: »Eine Stadt, eine Gemeinschaft war nur noch ein großer Bienenkorb, in dem es keinen einzigen Untätigen gab, in dem jeder Bürger seinen Teil zu der Gesamtarbeit beisteuerte, deren die Gesellschaft zu ihrer Existenz bedurfte. Das Hinstreben zur Einigkeit, zur vollendeten Harmonie näherte die Bürger einander, ließ sie ganz natürlich zu einzelnen Gruppen und Parteien sich zusammenschließen. Und die Gewähr für das leichte Arbeiten des Mechanismus lag in der Teilung der Arbeit, in der Möglichkeit für jeden Arbeiter, sich die ihm am besten zusagende Verrichtung zu wählen, ohne jedoch stets an dieselbe Tätigkeit gefesselt zu sein.« (Viktor Hugo: Arbeit)

Die Legende erzählt, dass der heilige Ambrosius von Mailand (339–397) im Säuglingsalter von einem Bienenschwarm aufgesucht wurde, der ihn mit Honig nährte und ihn damit den süßen ambrosianischen (Lob-)Gesang lehrte. Zu diesem zählt noch immer das Te Deum, das in Gesängen wie »Großer Gott wir loben dich« Ausdruck findet.
Zu den Attributen des Heiligen zählen neben Geißel und Buch auch oft der Bienenkorb, der hier Bienenfleiß und Gelehrsamkeit verkörpert.

KEUSCHHEIT UND DEFLORATION

Jungfräuliche Reinheit und Fruchtbarkeit sind ebenfalls Attribute der Biene, die zwar in klarem Widerspruch zueinander stehen, nichtsdestotrotz aber gerne in Zusammenhang gesetzt wurden. Dementsprechend wurde natürlich auch die bekannteste jungfräuliche Mutter, die heilige Maria, häufig mit der Biene in Verbindung gebracht und die Geburt Christi mit der angeblich jungfräulichen Zeugung der Bienen erklärt. Die Christen deuteten bei ihrer Erklärung, die Bienen wären ohne Beischlaf (so Augustinus) fruchtbar, die Natur allerdings natürlich falsch: Weil sie im Stock keine Begattung feststellen konnten, gingen sie davon aus, es fände auch keine statt. Gerade die frühen Christen – wie Augustinus und Ambrosius – sahen in der Biene die Verkörperung der idealen Frau: fleißig, ordnungsliebend, rein und keusch.

Deren fromme Traktate konnten allerdings nicht verhindern, dass vor allem die Dichter des Barock, wie auch ihre Nachfolger, eine ganz andere Assoziation mit der Biene bzw. ihrem Stachel verbanden. Die Biene, die sich an einem Mädchen labt, entweder auf ihrem Mund sitzt oder gar – wie Amor – ihren Stachel einsetzt, sind keine seltene lyrische Umschreibung der frühen Neuzeit für verbotene Küsse und Sex. Und so ist Friedrich von Logaus Gedicht »Von einer Biene« nur ein Beispiel für die Vielzahl von Bienengedichten mit recht unkeuschem Inhalt:

»Phyllis schlieff; ein Bienlein kam,
Saß auff ihren Mund und nam
Honig, oder was es war,
Corydon, dir zur Gefahr;
Dann sie kam von ihr auff dich,
Gab dir einen bittren Stich;
Ey, wie recht, du fauler Mann!
Soltest thun, was sie gethan.«

Die Honigbiene stand im Mittelalter für die keusche Frau, insbesondere die Jungfrau Maria. Dementsprechend ist es nicht verwunderlich, dass der mittelalterliche Aberglaube der Biene übernatürliche Kräfte beimaß: So blieben tugendhafte Menschen von Bienenstichen verschont, während böse und vor allem unkeusche mit Stichen traktiert wurden.
Auch der Bauernkalender weiß mit Bienenweisheiten aufzuwarten. Dort heißt es: Fliegen die Bienen um Cäcilia (also am 22. November), so ists nächste Jahr ein Hungerjahr.

Wie die Biene

FRIEDRICH RÜCKERT

Wie die Biene
Flogest du,
Froher Miene
Sogest du
Blüthenthau, o welchen
Thau aus allen Kelchen
Saugend zogest du!

Wie die Biene
Labest du,
Süßer Miene
Gabest du
Honig nur den deinen,
Und wir dachten, keinen
Stachel habest du.

Unsre Biene
Warest du,
Sanfter Miene
Sparest du
Nur dein Gift, und solchen
Stachel nun gleich Dolchen
Offenbarest du.

Wie die Biene
Flogest du,
Frommer Miene
Logest du,
Ließest wund die Herzen
Und den Seim für Schmerzen
Uns entzogest du.

Wie die Biene
Sei nicht bang,
Froher Miene
Mein Gesang!
Diese Schmerzen taugen,
Lust daraus zu saugen
Unter Bienenklang.

Gesundheit aus dem Bienenstock

> *»Jonathan … streckte seinen Stab aus, den er in seiner Hand hielt, tauchte die Spitze in den Honigseim und führte seine Hand zum Munde; da wurden seine Augen munter.«*
>
> 1. SAM. 14, 27

Kein gewöhnlicher Süßstoff – Honig als Nahrungs-, Heil- und Schönheitsmittel

Durch die unterschiedlichsten Einfach- und Mehrfachzucker (wie die Fruktose, oben) wird Bienenhonig zu einem stetigen Energielieferanten. Haushaltszuckers dagegen besteht ausschließlich aus Saccharose (unten), die dem Körper nur über einen kurzen Zeitraum Energie bereitstellt.
Obwohl Honig laut EU-Verordnung ein Haltbarkeitsdatum tragen muss, ist ein nicht verunreinigter Honig Jahre bis Jahrzehnte haltbar.

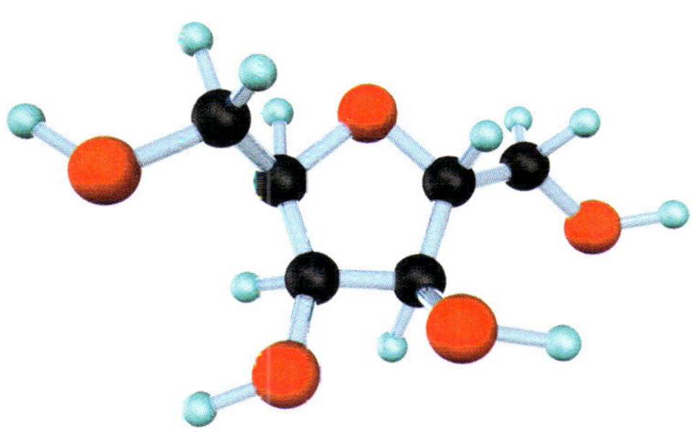

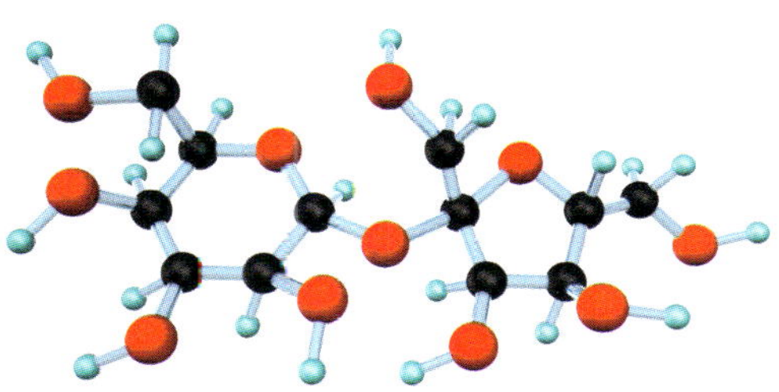

Schon zu biblischen Zeiten schätzten die Menschen nicht nur den lecker-süßen Geschmack naturreinen Bienenhonigs, sie wussten auch um dessen Energiereichtum und die unmittelbar stärkende Wirkung nach seinem Genuss. »Purer Zucker«, beanstanden Kritiker und haben damit zum Teil sogar recht. Doch weil Zucker eben nicht gleich Zucker ist und Honig zudem eine ganze Reihe anderer Inhaltsstoffe vorweisen kann, ist er mit anderen Süßmitteln nicht einmal ansatzweise zu vergleichen. Er kann, was weder weißer Haushaltszucker noch Rohrohrzucker, Ahornsirup oder Palmzucker können: Er kann Krankheiten lindern und sogar heilen, er stärkt den Körper und fördert die Gesundheit, er ist der Schönheit zuträglich und verursacht in seiner naturbelassenen Form noch nicht einmal Karies.

BIENENHONIG, EIN WIRKSTOFFCOCKTAIL

Je nach Sorte enthält Honig zu etwa 80 Prozent verschiedene Zuckerarten, in erster Linie aber die Einfachzucker Glukose (Traubenzucker) und Fruktose (Fruchtzucker). Die Glukose gilt dabei als der Lieferant schneller Energie, Fruktose und die diversen enthaltenen Mehrfachzucker (es können bis zu 30 verschiedene sein) sorgen über eine längere Zeit hinweg für Energie. Damit zeigt sich der erste Vorteil des Honigs vor raffiniertem Haushaltszucker, der zu 100 Prozent aus einem einzigen Zucker, aus dem Zweifachzucker Saccharose, besteht: Die Ein- und Mehrfachzucker des Honigs werden zu unterschiedlichen Zeiten und auf unterschiedliche Weise verarbeitet, haben sozusagen Depotwirkung, sodass unser Stoffwechsel nicht überlastet wird. Der Blutzuckerspiegel steigt – anders als beim Verzehr von Haushaltszucker – beim Genuss von Honig nicht explosionsartig an, um anschließend ebenso schnell wieder abzusinken, sondern erhöht sich in Maßen und bleibt über einen längeren Zeitraum hinweg konstant.

Neben den Zuckern darf Bienenhonig nach den Richtlinien des Deutschen Imkerbundes bis zu 18 Prozent Wasser enthalten, nach Deutscher Honigverordnung bis zu 21 Prozent, Heide- und Kleehonig sogar bis zu 23 Prozent. In der Regel beinhaltet ein deutscher Imkerhonig 15–18 Prozent Wasser. Verbleiben noch 2 bis 5 Prozent andere Inhaltsstoffe, zu denen Aminosäuren, Eiweiße, Inhibine (keimhemmende Stoffe), Vitamine und Mineralstoffe gehören. Darüber hinaus finden sich sekundäre Pflanzenstoffe im Honig wieder, die unter anderem für Aroma und Farbe, aber auch für die Heilwirkung des Honigs verantwortlich sind, einige organische Säuren sowie geringe Mengen von Pollen und Bienenwachs.

Auch hier melden sich Kritiker immer wieder zu Wort, die bemängeln, dass die Dosen an essenziellen Zusatzstoffen so gering seien, dass man sie vernachlässigen könnte. Doch ausgiebige Studien haben gezeigt, dass sich die Kritiker irren. Zwar ist der Gehalt an Vitaminen, Mineralstoffen, Eiweißen, sekundären Pflanzenstoffen und Aminosäuren zu gering, um auch nur ansatzweise den Tagesbedarf eines Menschen decken zu können, doch die einzelnen Inhaltsstoffe und deren komplexe Zusammensetzung haben eine große Auswirkung auf die Verstoffwechselung des Honigs selbst. So bringt er beispielsweise in Form von Saccharase und Amylase seine eigenen Verdauungsenzyme mit: Sie sind für die Aufspaltung von Mehrfachzuckern verantwortlich und müssen nun – im Gegensatz zur Verdauung von Haushaltszucker – nicht vom Körper selbst hergestellt werden.

Außerdem weiß man – immer häufiger durch Studien und Tests belegt – auch um die Vielzahl gesundheitsfördernder und sogar heilender Wirkungen der verschiedenen Honigsorten.

NASCHEN FÖRDERT DIE GESUNDHEIT – VON DER HEILWIRKUNG DES BIENENHONIGS

Schon vor Christi Geburt hat Hippokrates die Heilwirkung des Bienenhonigs gerühmt und auch Paracelsus behandelte Ende des Mittelalters mit ihm erfolgreich Fieber und Furunkeln. Was ist passiert, dass das Wissen um die außerordentliche Kraft des Bienenprodukts in Vergessenheit geriet? Es ist wohl einerseits der moderne Mensch, der lieber an Medikamente statt an Naturheilmittel glauben möchte, andererseits aber auch Mythen wie die »heiße Mich mit Honig« bei Halsschmerzen, die eine Honigheilung unglaubwürdig machten. Denn Honig, der über 40 °C erhitzt wird, hat nachweislich weniger Heilwirkung – die heiße Honigmilch kann also nicht mehr allzu viel für uns tun.

Es bedurfte einer ganze Reihe untherapierbarer Krankheiten – vor allem aufgrund antibiotikaresistenter Bakterien –, einiger mutiger bzw. verzweifelter Mediziner, die sich des Honigs erinnerten, und eines ganz besonderes Honigs, des neuseeländischen Manukahonigs, der so viel wirksamer als herkömmlicher Honig ist,

Ohne Frage ist heiße Milch mit Honig lecker. Eine heilende Wirkung bei Halsentzündung kann man ihr aber aus zweierlei Gründen nicht zubilligen: Zum einen verliert Honig bei Temperaturen über 40 °C seine Heilwirkung, zum anderen aber wirkt Milch verschleimend und ist gerade bei einem entzündeten Hals nicht hilfreich.

dass er auch ärgste Skeptiker überzeugte. Daraus resultierten eine ganze Reihe von Versuchen und Studien, die ganz erstaunliche Ergebnisse brachten: Vor allem in Neuseeland und Großbritannien wurden in klinischen Studien Patienten mit nicht heilenden, therapieresistenten Geschwüren und übel riechenden Wunden mit Honigauflagen behandelt. Wie schon von Hippokrates beschrieben, heilten die Wunden schnell ab, und zwar unter einer geringeren Narbenbildung als mithilfe von Antibiotika. Der Grund dafür sind verschiedene Enzyme und Stoffwechselprodukte, die ein breites antibakterielles, antimykotisches und sogar antivirales Klima schaffen, sodass die Wunden – begünstigt durch ein feuchtes Heilklima – unter weniger Schmerzen und Sekretbildungen abheilen können. Hinzu kommt, dass bereits geschädigtes Gewebe langsam abgelöst wird.

Mittels einer Honigschleuder wird Bienenhonig geerntet: Nachdem die Waben von ihren Wachsdeckeln mithilfe einer feinzinkigen Gabel befreit wurden (rechte Seite links), zieht die in der Honigschleuder wirkende Zentrifugalkraft den Honig aus den einzelnen Zellen (rechte Seite rechts).

Nach dem Schleudern muss der Honig einige Male gefiltert werden, um ihn restlos von Wachs- und Propolisresten zu befreien. (Oben)

Folgende Doppelseite: Randvoll füllen die Bienen die einzelnen Zellen einer Wabe mit Honig, verdeckeln sie anschließend mit feinen Wachsplättchen und lassen den Honig einige Zeit reifen.

Honigqualität: Woran lässt sich ein guter Honig erkennen?

Generell dürfen dem Honig, der in Deutschland verkauft wird, keine honigfremden Stoffe zugesetzt und keine honigeigenen entzogen werden. Allerdings darf Honig mit anderem Honig verschnitten werden – was aber nicht unbedingt eine schlechte Qualität zur Folge hat – und der Honig kann erhitzt werden. Wird Honig über 40 °C erhitzt (was meist geschieht, um einen dauerhaft flüssigen Honig zu erhalten), so verliert er allerdings seine Vitamine, einen Großteil seiner gesundheitsfördernden und heilenden Eigenschaften, ist also in erster Linie ein Genussmittel.
Wer sich sicher sein möchte, eine gute Honigqualität zu erhalten, sollte deutschen Imkerhonig kaufen. Die Imker werden streng kontrolliert – strenger als nach deutscher Honigverordnung –, und bieten eine große Vielfalt an Honig an. Der Preis mag etwas höher sein als für ausländischen Honig oder Massenprodukte, doch ist er auch gerechtfertigt. Das Siegel des Deutschen Imkerbundes auf dem Honigglas garantiert ausschließlich einheimische Produktion und die Verarbeitung nach den hierzulande geltenden strengen Richtlinien.
Flüssiger Honig aus Massenproduktionen – vor allem solcher, der auch noch im Spender angeboten wird – ist nicht mehr zu Heilzwecken zu gebrauchen. Er wurde in der Regel erhitzt, um flüssig zu bleiben, und hat seine Wirkstoffe eingebüßt. Zum Backen und Kochen ist er aber bestens geeignet.

Andere Studien zeigen, dass Honig in der Krebstherapie nicht nur ausgleichend bei Mangelernährung der Krebspatienten wirkt, auch Nebenwirkungen wie Entzündungen der Schleimhäute können durch die regelmäßige Einnahme von Honig stark gemindert werden. Darüber hinaus konnten bei der Behandlung von Magen-Darm-Erkrankungen und Hautkrankheiten große Erfolge durch die Verwendung von Honig erzielt werden.
Die Medizin nutzt den sogenannten MediHoney, der – um sehr selten enthaltene Chlostridiensporen zu beseitigen – mit Gammastrahlen behandelt wird. Zum Hausgebrauch ist das nicht nötig – allerdings soll Kindern unter 12 Monaten kein Honig verabreicht werden, um eine höchst seltene Infektion mit den Sporen zu vermeiden. Bienenhonig kann äußerlich wie innerlich angewendet werden, es empfiehlt sich bei innerer Anwendung, über einen längeren Zeitraum oder sogar dauerhaft etwa drei Teelöffel Bienenhonig täglich zu sich zu nehmen – immer in nichterhitzter Form.

HONIGVIELFALT – HONIGARTEN UND -SORTEN UND IHRE GESUNDHEITSFÖRDERNDEN EIGENSCHAFTEN

Jeder Honig ist einzigartig. Keine Ernte gleicht hinsichtlich ihrer Inhaltsstoffe, ihres Geschmacks oder ihrer Farbe der vorherigen und der folgenden. Denn vor allem die Trachtquelle eines Bienenjahres bestimmt den Honig, sie ist nie identisch mit der anderer Jahre.

Honigarten nach Ernteart

Schleuderhonig

Die häufigste Art, Honig heute zu ernten, ist die mittels einer Honigschleuder. Die Waben werden in ihren Rahmen von ihren Wachsdeckeln befreit und in eine Honigschleuder gestellt. Es ist die Zentrifugalkraft, die beim Drehen der Schleuder den Honig aus den Zellen zieht, ohne diese zu zerstören. Übrigens: Trägt das Etikett eines Honigglases die Aufschrift »Kalt geschleudert«, ist dies – anders als bei Pflanzenölen – eine Marketingmaßnahme, kein Qualitätsmerkmal. Ein geschleuderter Honig wird – mit Ausnahme des Heidehonigs – vor dem Schleudern nicht erwärmt. Hitze würde das Wachs der Wabe destabilisieren oder gar schmelzen und der Honig könnte nicht ausgeschleudert werden.

Wabenhonig

Wird die noch verdeckelte Honigwabe im Ganzen oder in Stücken verkauft, spricht man von Wabenhonig, handelt es sich um Heidehonig, spricht man von Scheibenhonig. Der Honig wird inklusive des Wachses gekaut.

Presshonig

Bevor die Honigschleuder erfunden wurde, war dies die übliche Art der Honigernte. Heute werden auf diese Weise nur noch bereits kristallisierte Honige, Heidehonige oder Honige aus der Korbimkerei geerntet. Die Waben werden dazu entdeckelt, in Stücke geschnitten und zwischen feinmaschigen Tüchern in einer Presse ausgepresst.

Tropfhonig

Eine natürlichere Form der Ernte gibt es kaum: Die Honigwaben werden entdeckelt und dürfen langsam über einem Gefäß austropfen.

Honig mit Wabenanteilen

Er gilt als besondere Delikatesse: der Honig, in dem ein Stück Wabe liegt. Letztendlich wird der Honig selbst aber herkömmlich geerntet und muss sogar erhitzt werden, damit er flüssig und die Wabe somit immer schön sichtbar bleibt. Der eigentliche Honig hat so allerdings alle wertvollen Inhaltsstoffe eingebüßt.

Wald oder Wiese – abhängig vom Ort, den die Biene ansteuert, trägt sie Blütennektar oder Honigtau ein. Der Geschmacksunterschied zwischen Honigtau- und Nektarhonig ist sehr markant.

Dennoch lässt sich Honig klassifizieren: Generell unterscheidet man Nektar- und Honigtauhonige und diese noch einmal nach Honigsorten, das heißt nach der vorwiegenden Trachtpflanze. Man unterscheidet beispielsweise Vielblütenhonige, die Nektar der unterschiedlichsten Blütenpflanzen und in Maßen Honigtau enthalten. Es ist der typische Honig, der in Gärten, aber auch in der Stadt gesammelt wird. Fliegen die Bienen dagegen eine in Massen vorkommende Trachtpflanze an, werden ihre Stöcke also beispielsweise in Rapsfeldern oder Lavendelfeldern aufgestellt, tragen die Insekten beinahe ausschließlich den Nektar dieser einen

Art ein und es entstehen reinsortige Honige. Beispiele hierfür sind Akazienhonig, Kastanienhonig Rapshonig, Eukalyptushonig, Lavendelblütenhonig, Lindenblütenhonig oder Löwenzahnhonig.

Schon beim Betrachten werden die Unterschiede verschiedener Honige offenbar. Die Farbe reicht von milchig-weiß über helle und dunkle Goldtöne und zitronengelb bis hin zu einem dunklen Grünbraun. Manche Honige sind lange Zeit flüssig – ein Beispiel dafür ist Akazienhonig –, andere innerhalb weniger Tage nach dem Schleudern fest. Das hängt vom Zucker ab: Je mehr Glukose ein Honig enthält, desto schneller kristallisiert er, überwiegt die Fruktose, so bleibt er länger flüssig. Generell aber kristallisiert jeder naturbelassene Honig irgendwann.

Auch im Geschmack ist Honig äußerst variantenreich. Einige Honige haben ein mild-süßes Aroma mit wenig Eigengeschmack. Andere Honige sind intensiv fruchtig oder prägnant blumig-süß. Daneben gibt es herbe Sorten mit weniger Süße und einer leicht bitteren Note oder mit einem klaren Mentholgeschmack. Als Richtlinie gilt in etwa: Je heller der Honig, desto süßer ist er und desto weniger Eigengeschmack hat er. Je dunkler die Honige, desto herber und prägnanter werden sie.

Betrachtet man die Inhalts- und Wirkstoffe im Honig, so sind viele seiner gesundheitsfördernden Eigenschaften bei allen Sorten identisch. Die Sortenhonige beinhalten darüber hinaus noch die spezifischen Wirkstoffe ihrer Trachtpflanze

Sortenhonig – wie sortenrein kann er sein?

Die deutsche Honigverordnung schreibt vor, ein Sortenhonig – beispielsweise ein Rapshonig – müsse ausschließlich oder überwiegend den genannten Blüten oder Pflanzen entstammen. Die EU-Kommission legte dieses überwiegend als »fast ausschließlich« aus.

Doch wie wissen die Bienen, welche Blüte sie anfliegen sollen und welche nicht?

Imker, die Sortenhonige ernten möchten, stellen ihre Bienenstöcke dort auf, wo die favorisierte Tracht in großen Mengen blüht. Die Bienen werden dort also so lange Nektar bzw. Honigtau ernten, wie ausreichend Nahrung vorhanden ist. Aber natürlich wachsen – um beim Beispiel Raps zu bleiben – in einem Rapsfeld und am Wegesrand auch einige andere Blumen, deren Nektar die Bienen sammeln und die also im Rapshonig enthalten sind. Im Verhältnis ist deren Anteil aber gering.

Es ist die Kunst des Imkers, zu wissen, wann eine Futterquelle erschöpft ist und die Bienen in der Umgebung nach anderer Nahrung zu suchen beginnen. Zu diesem Zeitpunkt muss der Imker seine Bienenstöcke entweder zu einem Feld mit gleicher Tracht transportieren oder aber den Honig ernten.

Während es sich bei Nektar um ein direkt von Pflanzen abgesondertes Sekret handelt, das die Bienen mit ihren Mundwerkzeugen in den Blüten aufnehmen (rechts), handelt es sich bei Honigtau um ein Ausscheidungssekret Pflanzensaft saugender Insekten (unten).

NEKTAR- UND HONIGTAUHONIG

Die Drüsen von Pflanzen geben einen zuckerhaltigen Saft ab, den Nektar oder auch Honigseim, der mit seinem Duft Bienen und andere Insekten anlockt. Stellt ein Bienenstock einen Honig hauptsächlich aus diesem Saft her, so spricht man von Nektarhonig. Die meisten Honige zählen zu dieser Kategorie.

Honigtau ist dagegen – anders als Nektar – kein Pflanzensaft, sondern bezeichnet die aromatisch-zuckerigen und klebrigen Ausscheidungen Pflanzensaft saugender Insekten, zum Beispiel die von Blatt- und Schildläusen. Sie stechen mit ihrem Rüssel die Pflanze an und saugen den saccharosehaltigen Pflanzensaft aus. In ihrem

Speichel und Darm wirken anschließend dieselben Enzyme, die im Bienenspeichel die Nektarumwandlung zu Honig hervorrufen. Die Insekten scheiden diesen Honigtau aus, sodass auf den Blättern und Nadeln der Pflanzen ein klebriger Film zurückbleibt, den die Bienen aufsaugen und nun wiederum mit ihren Speichelenzymen zu Honig verarbeiten.

Honig aus Honigtau hat einen etwas anderen Charakter als Nektarhonig: Er ist würzig-herb bis malzig im Geschmack und weniger süß. Zudem sind viele Honigtauhonige dunkler in der Farbe, sie sind mineralstoffreicher als Nektarhonige, enthalten meist mehr Aminosäuren und reagieren weniger empfindlich auf Wärme und Licht.

Einige Nektarhonige weisen – wie der Lindenhonig – in unterschiedlich hoher Konzentration Anteile von Honigtau auf.

Früher wurde Klee häufig als Zwischenfrucht oder Gründünger auf Äckern gepflanzt. Während die Honigbiene an den Nektar des Rotklees aufgrund ihres kurzen Rüssels nicht allzu leicht herankommt, ist Weißklee für sie eine gute Trachtpflanze. Weil Weißklee als Futterpflanze oder Bodendünger aber in Deutschland kaum noch genutzt wir, schwinden auch die Bestände an dem milden schmackhaften Kleehonig. (Links)

Die Farbe eines Honigs verrät viel darüber, was den Bienen als Nahrung zur Verfügung stand. (Rechts)

▸▸ BLÜTENHONIG

Sammeln Honigbienen den Nektar der unterschiedlichsten Blütenpflanzen, so entsteht daraus einer der beliebtesten Honige: der Blütenhonig. Manchmal wird noch zwischen Frühjahrs- und Sommerblütenhonig unterschieden, auch einen Bergblütenhonig aus Gebirgsregionen gibt es, aber in der Regel enthält der Honig Nektar und damit auch sekundäre Pflanzenstoffe und Pollen aller Blüten der Region, in der der Bienenstock steht. Er hat einen dunkelgelben bis ockerfarbenen Ton und einen herzhaften, kräftig-süßen Geschmack. Zur Vorbeugung und Behandlung von Erkältungen, Entzündungen des Hals-Rachenraums und der Nebenhöhlen sowie bei Entzündungen des Mundraums ist er sehr gut geeignet.

Pollenallergiker sollten ihren Blütenhonig am besten beim benachbarten Imker kaufen und vor allem im Herbst und Winter täglich davon ein bis drei Teelöffel essen. In dem Blütenhonig ist ein Großteil der Pollen enthalten, die in der Region

Die Blüten der Robinie liefern den Nektar zu dem sehr milden Akazienhonig.

vorkommen, und so wirkt der Honig sanft desensibilisierend. Eine aufwendige medikamentöse Desensibilisierung kann man sich auf diese Weise eventuell ersparen. Noch wirksamer ist sie mithilfe von Wabenhonig, da er mit dem Wachs, das weitere Pollen enthält, gekaut wird.

▸▸ AKAZIENHONIG

Eigentlich müsste der Akazienhonig Robinienhonig heißen, denn es ist keine echte Akazie, sondern eine Scheinakazie bzw. Robinie, die den Nektar zu diesem Honig liefert. Der hell-goldene, leicht grünlich schimmernde und klare Akazienhonig ist aufgrund seines hohen Fruchtzuckergehalts sehr lange flüssig. Er ist mild-süß mit wenig Eigengeschmack und wirkt bei Erkältungen und bei Magenproblemen, etwa bei einem übersäuerten Magen.

▸▸ BUCHWEIZENHONIG

Der dunkelbraune, leicht rötliche und sirupartige bis cremige Buchweizenhonig ist von sehr kräftigem Aroma und nicht allzu süß. Sein Geschmack ist nicht jedermanns Sache, aber traditionell ist er für die Lebkuchenherstellung unverzichtbar. Er ist reich an Mineralstoffen und beeinflusst den Stoffwechsel positiv. Eine Massage mit Buchweizenhonig hilft bei Durchblutungsstörungen der Haut.

▸▸ EDELKASTANIENHONIG

Der dunkle, lange Zeit flüssige Edelkastanienhonig hat ein kräftig-würziges Aroma, das manchmal recht bitter ausfällt. Dank seines hohen Gehalts an keimhemmenden Stoffen eignet er sich zur Behandlung von Erkältungskrankheiten und kleinerer Wunden gleichermaßen; bei regelmäßiger Einnahme lindert er zudem Nieren- und Blasenbeschwerden. Im Edelkastanienhonig findet sich häufig auch Honigtau. Rosskastanienhonig stärkt das Herz-Kreislauf-System.

▸▸ EUKALYPTUSHONIG

Auch Eukalyptushonig besteht sowohl aus Nektar als auch aus Honigtau. Er hat einen kräftig-würzigen Geschmack mit deutlicher Eukalyptusnote, ist von dunkel-goldener Cremigkeit und hilft gut bei Erkrankungen der Atemwege. Entzündungen der Mundschleimhaut lässt er schneller abklingen. Außerdem wirkt er anregend und konzentrationsfördernd.

▸▸ HEIDEHONIG

Eine rötliche Bernsteinfarbe und eine gelartige Konsistenz, die das Schleudern des Honigs erschwert, sind die äußeren Merkmale des Heidehonigs. Häufig wird er als Scheiben- oder Presshonig angeboten. Wird er geschleudert, so müssen die Waben noch stockwarm sein und sie werden gestippt, d.h. kleine, manchmal erwärmte Metallnadeln werden mehrmals in die einzelnen Zellen gestochen, wo-

Weil Heidehonig in der Regel per Pressung oder als Scheibenhonig geerntet wird, ist in der Heidehonigimkerei noch immer die Verwendung von Korbbeuten – zum Beispiel dem halbrunden Lüneburger Stülper – üblich. Erst seit das Stippen der Zellen möglich ist, werden auch Magazinbeuten eingesetzt.

durch die Honigkonsistenz für eine kurze Zeit verändert wird. Zu den Vorzügen des Heidehonigs zählt neben dem würzig-blumigen Geschmack ein recht hoher Eisengehalt, weshalb er vor allem von Frauen regelmäßig gegessen werden sollte, aber auch bei Blutarmut verabreicht wird. Sein Genuss wirkt sich günstig auf das Herz-Kreislauf-System aus. Zudem ist er harntreibend, weshalb er bei der Behandlung von Blasen- und Nierenerkrankungen unterstützend wirkt.

KLEEHONIG

Aufgrund des hohen Traubenzuckergehaltes rasch kristallisierend, ist der weiße bis hellbeigefarbene, mild-süß schmeckende Kleehonig ein hervorragender Helfer bei Magen-Darm-Erkrankungen. Seine krampflösenden Eigenschaften mildern prämenstruelle Beschwerden bei Frauen, er dient aber auch der Linderung von Unruhezuständen und Depressionen. Seine schleimlösende Wirkung wird besonders bei Erkältungskrankheiten geschätzt.

KORNBLUMENHONIG

Ein heller, würzig-süßer Honig, der sich vor allem durch seine stark antibakterielle Wirkung auszeichnet. Er kann daher zur Wundheilung, als Auflage bei Verbrennungen und Furunkeln und zur Heilung von Hautkrankheiten eingesetzt werden.

Für eine gesunde Haut

Bei zahlreichen Hauterkrankungen – insbesondere Neurodermitis und Schuppenflechte – hat sich eine Salbe aus Honig, Olivenöl und Bienenwachs in klinischen Studien als äußerst wirksam erwiesen.
Dazu wird in einem sterilen Tiegel 1 Teil gereinigtes weißes Bienenwachs (erhältlich in der Apotheke in Form kleiner Pellets, siehe links) vorsichtig im Wasserbad geschmolzen. Das Wachs aus dem Bad nehmen, unter Rühren etwas abkühlen lassen und 1 Teil Olivenöl extra vergine in Bioqualität einrühren. Die Mischung auf 40 °C abkühlen lassen und 1 Teil naturreinen Honig darin auflösen. Gut vermischen, abkühlen lassen und in ein steriles, lichtundurchlässiges Cremedöschen abfüllen.
Die Mischung sollte täglich mit einem Spatel großzügig auf die betroffenen Hautstellen auftragen werden. Die Salbe ist auch ein exzellentes Mittel zur Pflege rauer Hände und Füße sowie spröder Lippen.
Zur Zubereitung eignet sich jeder naturreine Honig, wegen seiner herausragenden Wirksamkeit aber vor allem Kornblumen- und Manukahonig.

▸▸ LAVENDELHONIG

Lavendelhonig, der am besten aus der Provence bezogen wird, ist hellgelb und klar und wird mit der Zeit weißlich. Sein Geschmack ist würzig-blumig mit einer deutlichen Lavendelnote und einem leicht bitteren Aroma. Gerade diese Bitterstoffe sind für seine beruhigende, krampflösende und schmerzlindernde Wirkung verantwortlich. Er hilft gut bei Kopfschmerzen, nervösen Unruhezuständen und Schlafstörungen.

▸▸ LINDENBLÜTEN- UND LINDENHONIG

Er ist weiß, wenn er ausschließlich aus dem Nektar der Lindenblüten gesammelt wird, und verändert seine Farbe über grünlich-gelb bis hin zu dunkelgoldbraun, wenn der Anteil an Honigtau von Linden steigt. Im Geschmack ist er kräftig und sehr süß und wirkt – vor allem in Verbindung mit Lindenblütentee – schweißtreibend und beruhigend. Je mehr Honigtau der Honig enthält, desto stärker tritt ein Mentholaroma zutage. Daher ist er bestens zur Behandlung fiebriger Erkältungen geeignet.

▸▸ LÖWENZAHNHONIG

Wer an Erkrankungen von Leber, Niere und Galle leidet, der sollte den goldgelben, schnell kristallisierenden Löwenzahnhonig verwenden. Von scharf-fruchtigem Geschmack und manchmal sogar unangenehmem Geruch ist ein reiner Löwenzahnhonig, wie man ihn vor allem im Allgäu bekommt, jedoch nicht nach jedermanns Geschmack.

▸▸ OBSTBLÜTENHONIG

Streuobstwiesen und Obstplantagen sind die Bienenweide zum Sammeln von Obstblütenhonig. Er kann von einer einzigen Obstsorte wie Apfel, Birne, Pflaume,

Quitte oder Schlehe stammen oder eine Mischung aus all dem sein. Die Honige sind von cremiger Konsistenz und meist hellgelb. Ihr zartes fruchtiges Aroma ist sehr delikat und mit ihrer Hilfe kann der Körper Vitamine und Mineralstoffe besser verwerten.

▸▸ PINIENHONIG

Der Pinienhonig zeichnet sich durch einen würzig-herben Geschmack aus. Er stammt zumeist aus griechischen, türkischen oder französischen Pinienwäldern. Seine antiseptische und antibiotische Wirkung macht den Pinienhonig zum bewährten Helfer bei Erkrankungen der Atemwege oder einem geschwächten Immunsystem.

Linden- und Lavendelblüten liefern beide sehr aromatische Honige, die eine beruhigende Wirkung auf den Menschen haben.

▸▸ RAPSHONIG

Raps gehört im Frühjahr zu den wichtigsten Trachtpflanzen in Deutschland und der Rapshonig daher zu den verbreitetsten Sortenhonigen des Landes. Von feinmildem Aroma und fast reinweißer Farbe mit Perlmuttschimmer wirkt der sehr schnell kristallisierende Honig beruhigend und ausgleichend auf den Menschen. Außerdem soll er Herzerkrankungen vorbeugen. Tests bewiesen, das Rapshonig von allen europäischen Honigen am meisten antibakterielle Hemmungsstoffe, sogenannte Inhibine, besitzt, er daher am stärksten antimikrobiell wirkt.

▸▸ ROSMARINHONIG

Hellgelb und von guter Streichfähigkeit ist der blumig-würzige Rosmarinhonig einerseits ein ausgezeichnetes Genussmittel, fördert aber andererseits die Durchblutung der Haut und hilft bei Müdigkeit, Erschöpfung und Antriebslosigkeit.

▸▸ TANNENHONIG

Der grünbraune bis schwarze Tannenhonig mit seinem kräftig-harzigen Aroma ist recht selten und besitzt neben seiner Süße auch eine deutliche Säure. Er bleibt lange flüssig, bildet also erst nach langer Zeit Kristalle aus. Sein Mineralstoffreichtum ist sehr hoch, wodurch er stärkend und vitalisierend wirkt. Vor allem aber wird er bei Erkältungskrankheiten geschätzt. Wegen der geringen Tannenbestände in Deutschland ist deutscher Tannenhonig selten geworden, seine Preise sind entsprechend hoch.

▸▸ THYMIANHONIG

Der goldbraune, langsam kristallisierende Thymianhonig ist ein ausgezeichneter Honig zur Behandlung von Atemswegserkrankungen, weil er schleimlösend, schweißtreibend und desinfizierend wirkt. Außerdem ist er wegen seiner antibakteriellen Wirkung bestens zur Wundbehandlung geeignet, hilft wegen der pilztötenden Eigenschaften gegen viele Hautkrankheiten und dient der Entgiftung. Er eignet sich zur allgemeinen Vitalisierung und Kräftigung.

▸▸ WALDHONIG

Nicht ausschließlich Tannen, auch andere Waldbäume wie Fichten und Eichen dienen diesem Honigtauhonig als Grundlage. Er ist dunkel in der Farbe, würzig-

Natürliches Antibiotikum – Manukahonig

Eine unscheinbare weiße bis rosafarbene Blüte liefert den Nektar zu einem Bienenhonig, dessen nachgewiesene äußerst antibakterielle, antivirale und antimykotische Wirksamkeit maßgeblich zur Rehabilitation des Honigs als Heilmittel beigetragen hat. Die Rede ist von der Blüte des Manukastrauchs, einem Myrtengewächs mit dem Lateinischen Namen Leptospermum scoparium, *der in Neuseeland und in kleinen Teilen Australiens beheimatet ist.*

Die Ureinwohner Neuseelands, die Maori, wissen seit Jahrhunderten um die Heilwirkung der Rinden, Blätter und Samen des immergrünen Strauchs und verwenden auch den aus seinen Blüten gesammelten Bienenhonig für Wundauflagen ebenso wie bei Magen-Darm-Erkrankungen – schon immer mit hervorragenden Ergebnissen.

Neuseeländische Mediziner orientierten sich an den Maori-Traditionen und begannen vor rund 25 Jahren mit Manukahonig-Experimenten an nicht heilenden, antibiotikaresistenten Wunden. Was dann passierte, erschien den Medizinern selbst beinahe wie ein Wunder: Einhergehend mit einer natürlichen, guten Wundreinigung durch den Honig, bildeten sich die vorher unheilbaren Wunden und Geschwüre zunehmend zurück und heilten schließlich ab. Klinische Studien und Versuchsreihen schlossen sich den Experimenten an und heute ist das Geheimnis um die Wirkung des Honigs zumindest in Teilen gelüftet: In »herkömmlichem« Bienenhonig wirken verschiedene Faktoren keim- und virenhemmend: Einerseits wird den Bakterien durch die hohe Zuckerkonzentration osmotisch Wasser entzogen, sie trocknen aus und sterben ab. Andererseits setzen die Bienen dem Honig das Enzym Glucose-Oxidase bei. Das wird beim Zuckerabbau nach und nach in Wasserstoffperoxid umgewandelt, ein Mittel, das schädliche Keime, Viren und Pilze gleichermaßen im Wachstum hemmen kann und in der Medizin schon lange eingesetzt wird. Zudem wirken noch weitere, wahrscheinlich aus den Pflanzen stammende und daher sehr unterschiedlich konzentrierte, nicht-peroxid wirkende Inhibine, also antibakterielle Hemmungsstoffe, im Honig antiseptisch. Sie reagieren, anders als die Glucose-Oxidase, weniger empfindlich auf Wärme, Licht und lange Lagerung, weshalb der Honig seine Heilwirkung auch unter ungünstigen Bedingungen nicht gänzlich verliert.

Im neuseeländischen Manukahonig aber ist Glucose-Oxidase nicht enthalten, dort wirkt ein anderer Stoff, der wiederum in einheimischen Honigen nicht und in australischem Teebaumhonig in nur geringer Konzentration vorkommt: Methylglyoxal.

Obwohl Manukahonig ebenfalls ein Produkt der Zuckerverstoffwechselung ist, ist seine

herb, weniger süß im Geschmack und hat viele Mineralstoffe – wenn auch weniger als der Tannenhonig. Er wirkt ähnlich wie Tannenhonig und fördert insbesondere die Schleimlösung bei Atemwegserkrankungen.

SCHÖNHEIT AUS DER WABE

Milch und Honig, das wusste schon Kleopatra, sind herausragende Schönheitsmittel. Die ägyptische Pharaonin – die zuerst Julius Cäsar und nach ihm Marcus Antonius mit ihrer Schönheit bezauberte – badete darin, wenn sie auch Eselsmilch statt Kuhmilch verwendete. Dass das natürliche Schönheitsmittel vor allem im 20. Jahrhundert in Vergessenheit geriet, ist eine Folge der industriellen Kosme-

keimhemmende Wirkung etwa 100-fach größer als die unseres heimischen Honigs. Gleichzeitig ist er völlig unempfindlich gegen Wärme und Licht. Der Honig ist mittlerweile so begehrt, dass es immer häufiger zu Fälschungen kommt: Obwohl nur rund 1700 Tonnen Manukahonig pro Jahr produziert werden können, werden über 10.000 Tonnen verkauft. Kommerzielle Schutzmarken wie MGO oder UMF weisen die Echtheit des kostbaren Honigs aus und geben zudem Aufschluss über die jeweilige Konzentration des Methylglyoxal. Für medizinische Anwendungen werden aufgrund der unterschiedlichen Wirkweisen häufig beide Honige miteinander verschnitten – sozusagen zu einem »Breitbandantibiotikum« – und, um jede Verunreinigung auszuschließen, mit Gammastrahlen bestrahlt.

Ein anhaltender Trend – Großstadthonig

London, New York, Paris, Berlin. Seit Jahren macht sich in den Großstädten Europas und Nordamerikas ein neues Hobby breit, das allmählich einen aufstrebenden Wirtschaftszweig begründet: die Großstadtimkerei. In den Vorstädten und Schrebergärten ist sie zwar längst etabliert, doch seit Imker – und ihnen folgend Hobbyimker – einige Bienenstöcke auf Hochhausdächern, zwischen Rangiergleisen und selbst auf Balkonen platziert haben, zählt der Großstadthonig zu den mittlerweilen etablierten Gourmettrends. Nicht ganz zu Unrecht genießt der Honig einen guten Ruf, zumindest was gemischte Blütenhonige angeht, denn Sortenhonige gibt es in der Großstadt nicht. Die Blütenhonige aus der Stadt weisen eine Reinheit und Abwesenheit von Rückständen auf, wie sie Honige aus ländlichen Gegenden teilweise nicht mehr erreichen können.

Denn während die ländlichen Honigbienen ihre Nahrung teils aus pestizidbelasteten Monokulturen beziehen müssen, steht den Stadtbienen eine recht schadstoffarme Trachtvielfalt zur Verfügung. Sie suchen sich ihren Nektar verstreut in Balkonkästen, Beeten und Parks, meist Orten, an denen keine Pestizide versprüht werden, weil keine Fruchterträge erwartet werden. Auch der geerntete Honig weist daher – je nach Standort – keine Schadstoffrückstände auf und das Bienenvolk selbst bleibt durch die Nahrungsvielfalt gesund.

Allerdings entbehren die vermeintlich geschmacklichen Vorzüge, die dem Großstadthonig nachgesagt werden, jeglicher sachlicher Grundlage. Auch hier hängt alles von der eingetragenen Tracht und den Bienen ab – und die Faktoren sind dabei dieselben wie auf dem Land, variieren also von Ernte zu Ernte. Ein guter Land- und ein guter Stadtblütenhonig haben dieselben Vorzüge. Aus geschmacklichen Gründen braucht man also nicht von Land- auf Stadthonig auszuweichen.

Hinzu kommt, dass natürlich nicht alle Landhonige aus Nektar von belasteten Monokulturen bestehen. Außerdem sind viele Imker seit Jahren für das Problem sensibilisiert und suchen sich neue Bienenweiden.

Und hier kommen wir zu dem eigentlichen Problem, das es zu bedenken gilt: Es ist an der Zeit, dass die Landwirtschaft weniger Pestizide und Fungizide einsetzt, dass vermehrt auf ökologische, naturschonende und damit bienenschonende Weise gewirtschaftet wird, dass Verbraucher für das Thema sensibilisiert werden und Bioprodukte den konventionell hergestellten Lebensmitteln vorziehen – dann werden auch die ländlichen Honige wieder frei von Schadstoffen sein.

Zuletzt sei noch angemerkt, dass bei einem deutschen Honig bzw. in Deutschland verkauften Honig die Auflagen streng sind, die des Deutschen Imkerbundes noch deutlich strenger als die der EU, die Grenzwerte für Rückstände sehr niedrig ausfallen, die Belastung im Vergleich zu anderen Naturprodukten also relativ gering ist. Auch ein Landhonig ist für den Menschen völlig unbedenklich.

Ob Großstadtdächer oder Balkone – das Imkern in der Großstadt liegt im Trend. Hier ist auch unter den Hobbyimkern eine deutliche Verjüngung und ein klares Wachstum zu verzeichnen.

tikherstellung und ihrer Möglichkeiten. Erst als der Ruf »Zurück zur Natur« seit Ende der 60er-Jahre überall in der westlichen Welt erscholl und mit ihm Naturkosmetik zum neuen Trend wurde, besann man sich auch wieder des Honigs – mit der Folge, dass nun Honig-Milch-Seifen, Honigcremes und Honigduschlotionen die Supermarkt- und Parfümerieregale überschwemmen. Mit Naturkosmetik haben diese Produkte meist nicht viel gemein, auch wenn sie teils mit dem Spruch »enthält Bienenhonig« beworben werden. Die geringen Spuren eines solch aufbereiteten Honigs können für die Gesundheit und Schönheit kaum etwas tun, zumal die meisten der industriellen Honigkosmetik-Produkte lediglich Duftstoffe enthalten, die den Anschein erwecken sollen, als enthielten sie Honig.

Wer die unverfälschte Wirkung von Honig nutzen möchte, der sollte seine Honigkosmetik selbst zubereiten, sie regelmäßig anwenden und den Produkten Zeit lassen, zu wirken. Deutscher Imkerhonig aus der eigenen Region ist ausländischem Honig wenn möglich vorzuziehen, denn er enthält sekundäre Pflanzenstoffe und Pollen, die der Körper kennt. Bioprodukte sollten zudem die Basis der Kosmetik sein, dann kann die Haut die Nährstoffe des Honigs optimal verwerten, ohne dabei anderweitig belastet zu werden.

Alexandre Cabanels Gemälde zeigt die stolze Herrscherin Ägyptens, Kleopatra, in ihrer ganzen Schönheit. Diese hatte sie auch der pflegenden Kraft des Bienenhonigs zu verdanken.

Doch es ist nicht allein die Versorgung mit Vitaminen und Mineralstoffen, die die innerliche wie äußerliche Anwendung von Honig zu einem solch effektiven Schönheitsmittel macht, es ist natürlich auch seine antibakterielle Wirkungsweise. Sie hilft beispielsweise, Hautunreinheiten zu beseitigen und ihnen vorzubeugen. Zudem ist Honig in der Lage, den Kollagenstoffwechsel zu beeinflussen, wodurch abgestorbenes Gewebe abgebaut und die Zellerneuerung angeregt wird. Äußerlich angewendet werden die verhornten oberen Hautschichten sanft abgetragen und die Haut wird zart und strahlend. Generell sollte man nach der äußeren Anwendung von Honig die Haut eincremen: Indem er nicht nur den zu zerstörenden Bakterien, sondern natürlich auch der Haut Wasser entzieht, muss dieser wieder Feuchtigkeit zugeführt werden. Cremes auf Basis von Bienenwachs sind eine perfekte Ergänzung.

Es ist nicht nur die Haut, die man mit Honig pflegen kann. Auch die Haare profitieren von den wertvollen Lipiden und Aminosäuren des Honigs. Mithilfe von Honig-Shampoos und -Spülungen wird das Haar wieder weich und gesund. Honiganwendungen für die Haare kann man leicht selbst herstellen, wie z. B. den Honigfestiger für glänzendes Haar.

Auch die Schönheitsindustrie hat den Honig längst für sich entdeckt: Salben, Lotionen und Schaumbäder überschwemmen seit einigen Jahrzehnten den Markt. Ob wirklich immer Bienenhonig in ausreichender Menge in dem Pflegeprodukt ist, sollte man stets genauer prüfen.

THE VERT
Limona
Té Verd
Pepita Uva
Patchuli
SAVON PUR VEGETAL MIEL
SAVON PUR VEGETAL CANELLE ORANGE
SAVON PUR VEGETAL MIMOSA
SAVON PUR VEGETAL GERME DE BLE
SAVON PUR VEGETAL LAIT COCO
MELON

Kinzigtal Waldhonig
aus Italien Efeuhonig
Weißdornhonig
von Fichte und Edelkastanie geerntet im Schwarzwald Renchtalhonig
geerntet in Sizilien Orangenhonig
Honig Schaumbad
500 ml
Blütenpollen
Shampoo Honig & Propolis

Einfache Schönheitsmittel mit Honig

Reinigende Honig-Heilerde-Maske

2 El naturreinen Honig im Wasserbad vorsichtig erwärmen, sodass er flüssig wird. Nicht über 40 °C erwärmen! 1 El Heilerde hineinrühren und so viel abgekochtes, abgekühltes Wasser dazugeben, bis eine streichfähige Masse entsteht. Auf das Gesicht auftragen, dabei Augen- und Mundpartien aussparen. 20 Minuten einwirken lassen und mit viel Wasser abwaschen. Die Maske hilft gut bei unreiner Haut. Anschließend die Haut eincremen.

Nährende Honig-Quark-Maske

2 El naturreinen Honig im Wasserbad vorsichtig erwärmen, sodass er flüssig wird. Nicht über 40 °C erwärmen! 2 El Bio-Quark (40 % Fett) hineinrühren und auf das Gesicht auftragen. Dabei Augen- und Mundpartien aussparen. 25 Minuten einwirken lassen, mit einem Kosmetiktuch abnehmen und mit viel Wasser nachspülen. Anschließend die Haut eincremen.

Honigmassage für schöne Haut und einen gesunden Körper

Eine Massage mit Bienenhonig entspannt, macht eine zarte Haut, regt die Durchblutung an und sorgt – nach Meinung der Traditionellen Tibetischen Medizin – für eine Entgiftung des Körpers, wodurch unter anderem Leberleiden, Nieren- und Blasenbeschwerden, Magen-Darm-Störungen, Rheuma, Immunschwäche und Nasennebenhöhlenerkrankungen geheilt werden können. Für die Massage ausreichend Honig leicht erwärmen und die gewünschte Körperregion mindestens 30 Minuten lang massieren. Den Honig abspülen und die entsprechende Körperregion gründlich eincremen.

Honigfestiger für glänzendes Haar

1 Tl naturreinen Honig in 1/2 l lauwarmes Wasser einrühren und 1 Spritzer Obstessig dazugeben. Haare waschen und den Festiger im Haar verteilen. Haar frottieren und wie gewohnt frisieren.

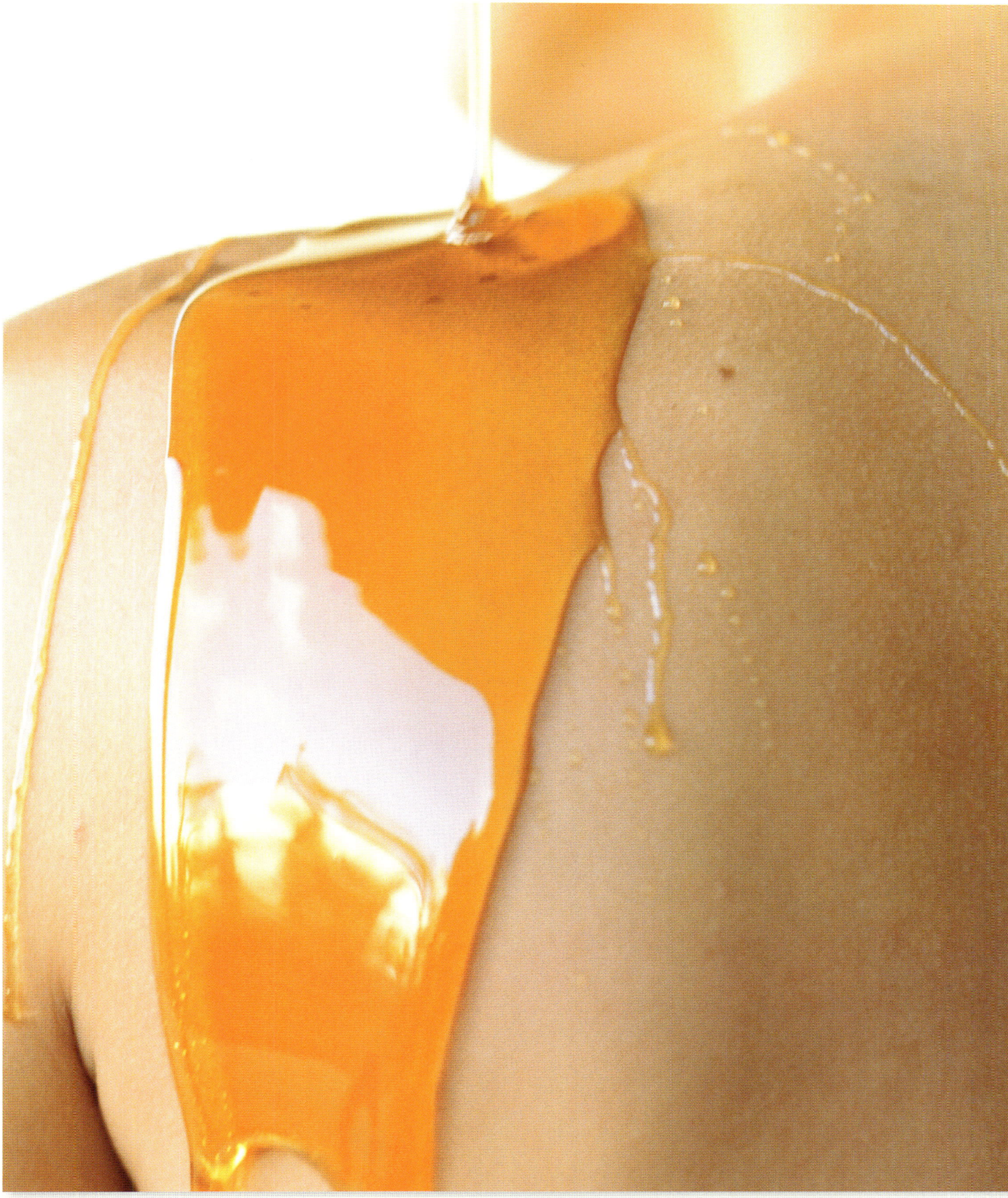

»Ubi apis, ibi salus – Wo Bienen sind, dort ist Gesundheit«

ALTRÖMISCHES SPRICHWORT

Natürliche Arzneien aus dem Bienenstock

Im Herbst fallen bekanntlich nicht nur Blätter von den Bäumen, sondern auch allzu oft Erkältungsviren über uns Menschen her. In Straßenbahnen, an Supermarktkassen oder im Restaurant – überall schniefende Nasen und Hustenattacken. Es bedarf nicht viel und schon spüren wir es selbst: Ein Kratzen im Hals, die Augen tränen, die Nase schwillt zu. Jetzt heißt es, schnell zu handeln. Was hilft? Was verspricht Linderung? Nicht selten ist das der Zeitpunkt, in dem Bienen ins Spiel kommen, genauer gesagt ihr populärstes Produkt, der Honig, der zum Beispiel bei der Linderung von Halsschmerzen hilft. Doch der Bienenstock hält weit mehr Produkte bereit, die uns Menschen in der Prävention und Behandlung von Krankheiten große Dienste erweisen.

APITHERAPIE – GESUNDHEIT DURCH BIENEN-PRODUKTE

Die medizinische Wirksamkeit von Bienenprodukten ist keine Neu-, sondern eine Wiederentdeckung, denn bereits die Ärzte im antiken Griechenland und Rom griffen beispielsweise in der Behandlung von Wunden auf Propolis oder Honig zurück.

Propolis und Gelée Royale waren bis vor wenigen Jahren meist nur Imkern ein Begriff, die Anwendungsmöglichkeiten von Pollen und Bienengift kaum erforscht und in der Verabreichung auf (wenige) Naturheilkundler beschränkt. Heute stellt sich eine andere Situation dar: Regelmäßig können wir in der Presse von dem »Wundermittel« Propolis lesen, Blütenpollen finden als geballte Energiebündel immer größeren Einsatz und selbst Bienengift hat sich in der Behandlung zahlreicher Beschwerden und Erkrankungen bewährt. Kurzum: Bienenprodukte sind auf dem Vormarsch und mit ihnen auch jene Heilmethode, die den Urheber der therapeutischen Wirkungen bereits in ihrem Namen trägt: *Api*therapie.

Apitherapie bezeichnet die Heilmethode, bei der Bienenprodukte zur Vorbeugung, Heilung und Genesung von Krankheiten und Beschwerden zum Einsatz kommen. Viele Erkenntnisse im Hinblick auf die Zusammensetzung und Wirkungsweise der Bienenprodukte verdanken wir hochmodernen Analyseverfahren, doch Apitherapie ist alles andere als eine in der Neuzeit aufgekommene Modeerscheinung. Im Gegenteil: Jahrtausende reicht das Wissen um die positiven Einflüsse von Bienen-

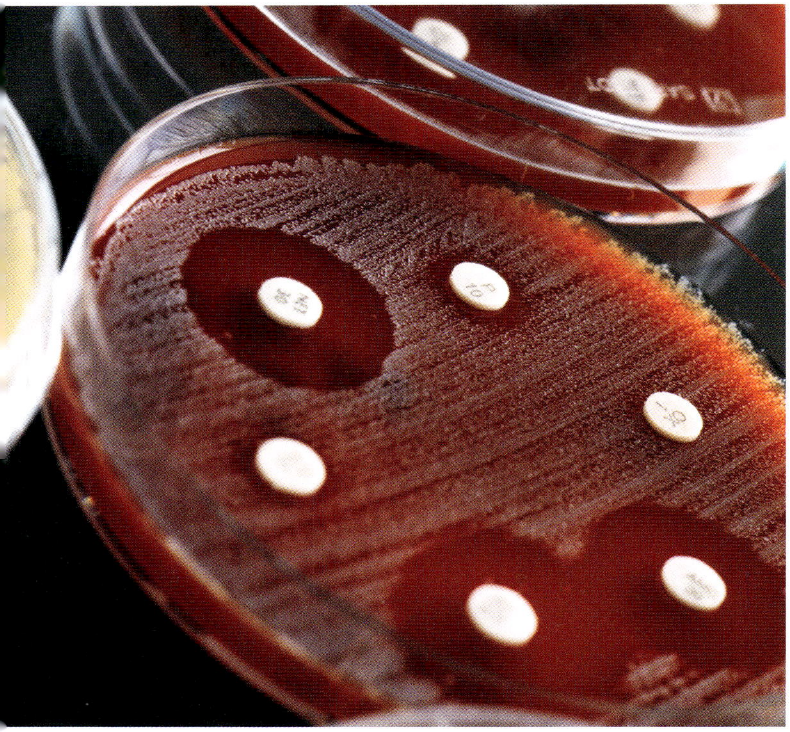

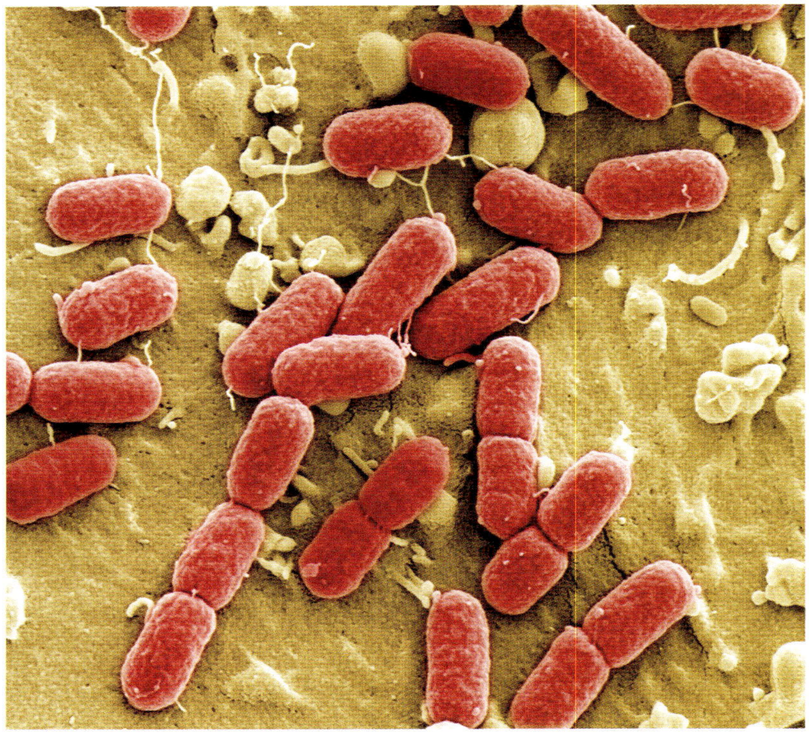

Bakterielle Infektionen (rechts) wurden jahrzehntelang ausschließlich mithilfe von Antibiotika (links) behandelt. Als Bakterien zunehmend Resistenzen gegen solche Medikamente entwickelten, begann die fieberhafte Suche nach alternativen Heilmitteln.

produkten auf das Wohlbefinden und auf die Genesungsprozesse des Menschen zurück, Quellen belegen die therapeutische Anwendung in den unterschiedlichsten Kulturkreisen und Ländern.

Die Apitherapie steckt in Deutschland noch in den Kinderschuhen, nur wenige (naturheilkundlich ausgerichtete) Ärzte verstehen sich auf den gezielten Einsatz von Bienenprodukten. Das hängt sicherlich auch mit der Dominanz der Schulmedizin zusammen, die insbesondere in unseren Krankenhäusern energisch ihr Platzrecht behauptet. Doch allmählich sind Veränderungen sichtbar, nicht zuletzt dort, wo konventionelle Behandlungsmethoden versagen. Ein Beispiel aus der Praxis: Einer der größten Feinde medizinischer Einrichtungen sind Krankheitserreger, insbesondere Bakterien, Viren und Pilze. Jedes Jahr stecken sich in europäischen Krankenhäusern rund 2,6 Millionen Menschen mit Keimen an, etwa 91.000 Patienten sterben an den Folgen einer Infektion. Die Marschrichtung in den letzten Jahrzehnten im Einsatz gegen die Krankheitserreger war klar und deutlich: Infektionen wurden durch den Einsatz von Antibiotika behandelt. Dieses Verfahren erwies sich auch lange Zeit als erfolgreich. Doch dann passierte das, was den Krankenhäusern heute großes Kopfzerbrechen bereitet: Es entwickelten sich (multi)resistente Krankheitserreger, Bakterien also, bei denen ein oder gar mehrere antibiotische Medikamente keine Wirkung mehr erzielten. Eines der meistgefürchteten unter ihnen ist das Bakterium *Staphylococcus aureus*, das sich in atemberaubendem Tempo an Wirkstoffe anpasst, Resistenzen entwickelt und jedes Jahr Tausende Todesopfer fordert.

Mit dem wachsenden Misserfolg bisheriger Behandlungsstrategien forscht man seit Jahren verstärkt in andere Richtungen, um dem Krankenhauskeim Herr zu werden. Dabei zeigten Pflanzenextrakte des Indischen Basilikums oder eine im Himalayagebiet verbreitete Oregano-Pflanze eine mitunter vielfach höhere Effektivität im Kampf gegen den Erreger. Auch ein Produkt der Bienen kam auf den Prüfstand: Manukahonig (siehe Seite 168). Die Maori Neuseelands wussten bereits vor Jahrhunderten um die antibakterielle Wirkung des Honigs, doch mittlerweile konnte auch wissenschaftlich nachgewiesen werden, dass es dank der Wirkstoffe möglich ist, die Proteine von *Staphylococcus aureus* zu zerstören und das Bakterium damit unschädlich zu machen. Ein Erfolg, der dazu führte, dass die oftmals mit Argwohn betrachtete Apitherapie den scheinbar hermetischen Zirkel rund um die Schulmedizin durchbrechen konnte und dass manche Erkenntnisse durchaus Chancen haben, auch in den Kanon der Schulmedizin aufgenommen zu werden. Noch stehen wir am Anfang. Aber nicht zuletzt der Druck, der sich durch die beängstigende Vermehrung multiresistenter Bakterien ergibt, sowie die um sich greifende Erkenntnis, dass die Schulmedizin in der Behandlung vieler chronischer Krankheiten zunehmend an ihre Grenzen stößt, gibt der Hoffnung Nahrung, dass Propolis, Pollen und Co. in Zukunft eine größere Rolle in der Prävention und Behandlung von Krankheiten spielen werden.

Relativ neu im Bereich der Apitherapie ist das gezielte Einatmen von Bienenstockluft über ein Inhalationsgerät. Die Bienenstockluft hilft unter anderem bei der Behandlung von Heuschnupfen, Nasennebenhöhlenentzündungen, Asthma, Bronchitis und Pseudokrupp.

Kleine Gitter, die auf die Zargen des Bienenstocks gelegt werden, animieren die Insekten zur vermehrten Propolisproduktion. Die Bienen füllen die freien Räume mit dem Kittharz aus, das der Imker zur Ernte schließlich mitsamt dem Gitter abnehmen kann.

HARZIGE SUBSTANZ MIT VIEL POTENZIAL – PROPOLIS

Es ist kein Einzelfall in der Medizin, dass ein bestimmtes Präparat über Jahrhunderte hinweg als Heilmittel höchste Wertschätzung genießt, dann jedoch in Vergessenheit gerät, um nach längerer Zeit als »Wundermittel« seine Wiederauferstehung zu erleben. Propolis gehört zu diesen wiederentdeckten Heilmitteln. In der westlichen Medizin war es unbestritten der Siegeszug der pharmazeutischen Chemie, der zu einer grundlegenden Veränderung in der Behandlung von Krankheiten führte. Synthetisierte Medikamente verdrängten mehr und mehr pflanzliche oder tierische Heilmittel, Schulmediziner studierten und praktizierten in klarer Abgrenzung zur Naturheilkunde, die zunehmend mit dem Vorurteil einer unseriösen Quacksalberei zu kämpfen hatte.

Es ist unbestritten, dass die Entwicklung der pharmazeutischen Chemie im 19./20. Jahrhundert im Hinblick auf die Behandlung etlicher Krankheiten einem Quantensprung gleicht, man denke etwa an Tuberkulose, Lepra oder Pest. Durch den Einsatz von Antibiotika gelang das, was lange Zeit als unmöglich galt: Krankheiten, denen bislang Abermillionen Menschen zum Opfer fielen, wurden therapierbar. Und das war erst der Anfang. Die Erfolgsmeldungen aus allen medizinischen Fachbereichen rissen nicht ab, entsprechend unzeitgemäß und uneffektiv nahmen sich naturheilkundliche Verfahren aus. Doch mittlerweile ist ein Umdenken festzustellen, das auf verschiedene Gründe zurückzuführen ist: Zunehmende Entwicklung von Resistenzen gegenüber Bakterien, erhebliche und nicht zu kontrollierende Nebenwirkungen vieler Medikamente, zunehmende Skepsis gegenüber der Pharmaindustrie und ihrer Geschäftspolitik oder aber einfach die Rückbesinnung auf eine Heilmethode, die den Leitspruch »Medicus curat, natura sanat« (Der Arzt behandelt, die Natur heilt) wieder mehr in den Mittelpunkt rückt.

Auch Propolis war in der westlichen Medizin aus dem Blickfeld geraten. Dass dies heute anders ist, verdanken wir unter anderem Karl Lund Aagaard, einem dänischen Hobbyimker, der die Wirksamkeit von Propolis zunächst in Selbstversuchen testete, bevor er zu klinischen Studien überging. Angespornt durch die Behandlungserfolge forschte er weiter und entwickelte ein patentiertes Verfahren zur Herstellung hochgereinigten Propolis. Mit seiner Arbeit konnte Aagaard an eine medizinische Tradition anknüpfen, die Tausende Jahre zurückreicht: Das Bienenprodukt wurde nachweislich schon bei den antiken Griechen und Römern als Heilmittel zur Behandlung von Abszessen und Wunden einerseits, gegen Erkältungen und Husten andererseits eingesetzt. Aus dem Mittelalter sind zudem weitere Anwendungsgebiete bekannt, so zum Beispiel Entzündungen des Zahnfleischs, der Mundhöhle und des Rachens sowie Rheuma oder Magenschleim-

Honigbienen desinfizieren nicht nur die Brutzellen mit einer Mischung aus Speichel und Propolis, sondern dichten mit Propolis auch Ritzen und Öffnungen im Bienenstock ab, um diesen vor Kälte und Nässe zu schützen. Vor diesem Hintergrund wird Propolis auch als Kittharz bezeichnet.

Die Darreichungsformen von Propolis sind äußerst vielfältig und reichen von Rohpropolis, Kapseln und Pulver über Sprays und Granulate bis hin zu Tinkturen, Salben und Cremes. (Links)

Baumharz, vermischt mit bieneneigenen Sekreten, ist die Grundlage für Propolis. In mühsamer Arbeit nehmen die Tiere das Harz auf und transportieren es in den Bienenstock, wo es gleich weiterverarbeitet wird. Sammelbienen übergeben den Stockbienen ihre jeweilige »Beute« – Nektar, Wasser, Pollen oder eben Propolis. (Rechts)

hautentzündung. Ergänzt wird das Wissen heute um die vielen Langzeitstudien und -therapien, die in Ländern wie China, Russland oder Rumänien durchgeführt werden, wo Apitherapie seit Jahrzehnten ein fester Bestandteil neben der Schulmedizin ist – mit entsprechend vielen Erfahrungen im Umgang mit dem natürlichen Heilmittel.

Doch was genau verbirgt sich hinter Propolis? Wie wird es hergestellt und wie gewonnen? Welche Bedeutung hat es für die Bienen, welche für den Menschen? Viele Fragen können wir heute – auch dank exakter wissenschaftlicher Analysen – beantworten, doch noch ist das Geheimnis Propolis nicht vollständig aufgedeckt. Tatsache ist: Propolis wird nach jetzigem Kenntnisstand nur von der Westlichen Honigbiene *Apis mellifera* sowie von einigen Arten stachelloser Bienen produziert. Die Insekten sammeln Harz von den Knospen verschiedener Bäume wie Pappeln, Erlen, Kastanien und Birken oder suchen bei Nadelbäumen harzende Verletzungen an Stämmen und Ästen auf. In einem äußerst mühsamen Prozess lösen sie einzelne kleine Harzstücke mit ihrem Rüssel von der Pflanze ab, fügen Sekrete der Mandibeldrüse hinzu und transportieren die klebrige, gummiartige Masse in den Körbchen, die sonst für Pollen vorgesehen sind, in den Bienenstock. Dort wird das Propolis abgestreift und von Stockbienen weiterverarbeitet. Sie setzen dem harzigen Produkt rund 30 Prozent Wachs, 10 Prozent ätherische Öle und 5 Prozent Pollenkörner zu. Die Erträge im Bienenvolk variieren stark in Abhängigkeit von klimatischen Faktoren und der geografischen Lage des Bienenstocks. Die Kaukasische Honigbiene *Apis mellifera caucasica* ist bekannt für ihr hohes Propolisaufkommen, das durchaus Spitzenerträge von bis zu einem Kilogramm aufweist. Der in unseren Breitengraden zu erwartende Ertrag liegt bei rund 100 Gramm Propolis pro Saison, wofür immerhin 100.000 Sammelausflüge vonnöten sind.

Die Funktion, die Propolis für das Bienenvolk selbst übernimmt, lässt sich ein Stück weit von den beiden Wortbestandteilen *pro* (lat. vor) und *polis* (Stadt) herleiten und sie wird ganz offensichtlich, wenn man sich einen Bienenstock aus nächster Nähe ansieht. Bienen benutzen Propolis unter anderem als Baumaterial, mit dessen Hilfe undichte Stellen wie Ritzen oder kleine Löcher am Holz ausgefüllt, also verkittet werden, wodurch sich auch der landläufige Name Kittharz erklärt. Doch auch innerhalb des Baues zeigen sich erstaunliche Anwendungsgebiete für die harzige Substanz. Besonders eindrucksvoll ist der Einsatz von Propolis im Kampf gegen den Kleinen Beutenkäfer: 1996 wurde der Bienenschädling *Aethina tumida* von Afrika in die USA eingeschleppt und verbreitete sich binnen fünf Jahren mit erstaunlicher Geschwindigkeit, gelangte 2002 nach Australien und wurde 2014 in Süditalien gemeldet. Beutenkäfer nutzen Bienen als Wirte. Dafür dringen sie in die Bienenstöcke ein, paaren sich, worauf das Weibchen ihre Eier auf oder in die Wabenzellen des Bienenstocks legt. Die bald darauf schlüpfenden Larven fressen Bienenbrut, Pollen, Honig und Wachs und zerstören auf diese Weise den gesamten Bienenstaat. Im Gegensatz zu ihren afrikanischen Verwandten zeigte sich die europäische Honigbiene diesem ihr bislang unbekannten Schädling nahezu schutzlos ausgeliefert: Bei einem massiven Befall wird ein Bienenstock mit 50.000 Bienen binnen zwei Wochen vernichtet. Es zeigt sich jedoch, dass die europäische Biene eine Verteidigungsstrategie übernimmt, die bei der afrikanischen Kapbiene zu den wirkungsvollsten Schutzmechanismen zählt: Die Bienen errichten aus Propolis regelrechte Gefängniszellen und sperren die Schädlinge dort ein. Wachposten kontrollieren diese Schutzbarrieren und verhindern somit die Verpaarung und Eiablage des Käfers.

Zuweilen müssen Bienen den Kampf aber auch mit Gegnern aufnehmen, die ihnen körperlich weitaus überlegen sind. Zu ihnen gehören Mäuse, die immer wieder in Bienenkästen eindringen. Auch hier setzen Bienen Propolis ein, allerdings verfolgen sie eine andere Verteidigungsstrategie. Der Eindringling wird mit Bienengift getötet und, da er nicht mehr aus dem Stock zu entfernen ist, mit Propolis überzogen. Dadurch verwest der Leichnam nicht, sondern mumifiziert vollständig, wodurch die Ausbreitung von Krankheitserregern verhindert wird. Aus historischen Quellen wissen wir, dass die konservierende Wirkung schon im antiken Ägypten bekannt war und Propolis zur Einbalsamierung der Toten verwendet wurde.

Den vermutlich größten Nutzen ziehen Bienen jedoch aus der desinfizierenden Wirkung von Propolis. Die Insekten bringen das Kittharz nicht nur in Ritzen, sondern auch im Bereich des Fluglochs an, wo es gewissermaßen einen Verteidigungswall vor dem Eingang zum Bienenstock bildet (»propolis«). Die Verkleinerung des Einflugbereichs erschwert unerwünschten Eindringlingen den Zugang ins Innere, doch vor allem wirkt das aufgetragene Propolis wie eine Desinfektionsschleuse für alle heimkehrenden Bienen – ein äußerst effektiver Schutz vor Mikroben, wovon die hygienischen Gegebenheiten im Bienenstock eindrucksvoll Zeug-

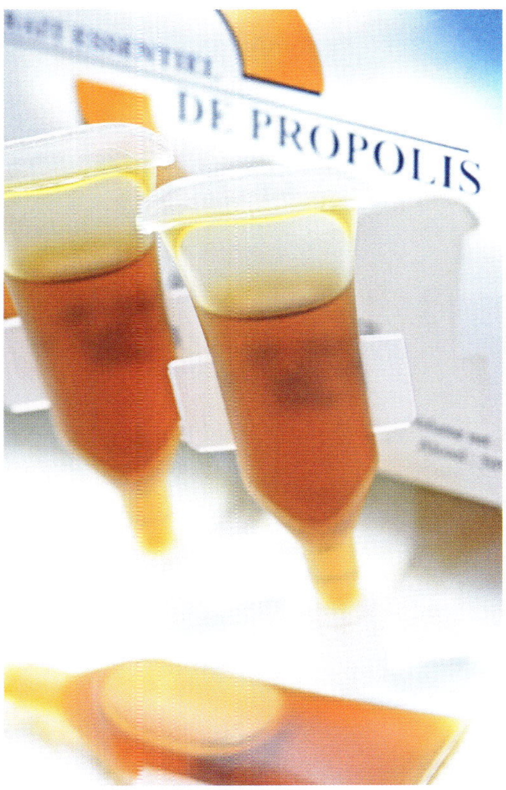

Im Hinblick auf die antioxidativen und entzündungshemmenden Effekte von Propolis ist der hohe Anteil an sekundären Pflanzenstoffen von besonderer Bedeutung, insbesondere Phenolsäuren und Flavonoide.

nis ablegen. Man stelle sich vor: 30.000 bis 60.000 Exemplare pro Volk sind eine durchaus übliche Größe für ein Bienenvolk und sie alle leben auf engstem Raum zusammen. Die Temperaturen im Bienenstock liegen bei 36 °C und es herrscht eine konstant hohe Luftfeuchtigkeit vor – ein Paradies für Bakterien und Pilzsporen! Unter normalen Umständen müsste sich ein Bienenstock also extrem anfällig zeigen für die Ausbreitung von Keimen, Schimmel und Krankheitserregern. Das Gegenteil ist jedoch der Fall. Bereits in den 1960er-Jahren konnte Professor Rémy Chauvin, ein renommierter Biologe und Entomologe, in Untersuchungen feststellen, dass der Körper der Bienen keine Parasiten enthält, Waben und Brutzellen nahezu frei sind von schädlichen Mikroorganismen. Mittlerweile wissen wir, dass auch Honig und Pollen eine antibakterielle, antiseptische Wirkung besitzen, doch Propolis steht in dieser Hinsicht unter den Bienenprodukten unangefochten an der Spitze. Die Inhaltsstoffe des Kittharzes sind noch nicht vollständig analysiert, bislang konnten jedoch schon über 300 Substanzen identifiziert werden, die je nach botanischer Herkunft oder Jahreszeit in ihrer Zusammensetzung oder ihrem jeweiligen prozentualen Anteil variieren.

Ungereinigtes, unbehandeltes Propolis (auch Rohpropolis genannt), wie es die Imker aus den Bienenstöcken gewinnen, enthält neben den Vitaminen A, Niacin (B3) und E auch Spurenelemente wie Eisen, Kalzium, Kobalt, Kupfer, Magnesi-

Propolis kann sowohl innerlich wie äußerlich angewendet werden. Mit seiner antibakteriellen, antiviralen, immunstimulierenden und entzündungshemmenden Wirkung kann es bei der Behandlungen zahlreicher Beschwerden und Krankheiten zum Einsatz kommen.

Die wichtigsten Anwendungsgebiete von Propolis

- *Viruserkrankungen (Grippe, Herpes oder Gürtelrose)*
- *Entzündungen des Hals-Rachenraums, der Nase samt Nebenhöhlen, der Ohren*
- *Erkrankungen der Atemwege*
- *Pilzerkrankungen*
- *Hauterkrankungen wie Neurodermitis, Ekzeme, Furunkeln, aber auch Wunden*
- *Gynäkologische Krankheiten (Entzündungen, virale und bakterielle Infektionen, Pilzerkrankungen)*
- *Prostataerkrankungen*
- *Arteriosklerose*
- *Krebserkrankungen*
- *Bluthochdruck*
- *Herz-Kreislauf-Erkrankungen*

um, Mangan, Selen, Silizium und Zink. Im Hinblick auf die antioxidativen und entzündungshemmenden Effekte von Propolis ist der hohe Anteil an sekundären Pflanzenstoffen von besonderer Bedeutung, insbesondere Flavonoide (u.a. Chrysin, Galangin, Pinocembrin, Pinobanksinacetat und Prenylflavonoid) und Phenolsäuren (u.a. Zimt-, Cumar-, Kaffee-, Ferula- und Isoferulasäure).

Es scheint das Zusammenspiel all dieser Inhaltsstoffe zu sein, das auf unseren Körper einen positiven Einfluss ausübt. Dies belegt das breite Wirkungsspektrum: Propolis verbessert die Wundheilung und ist entzündungshemmend, es wirkt antiviral, antibakteriell, schmerzstillend und vermindert die Ausbreitung von Pilzen. Zudem unterstützt es unseren Körper bei der Entgiftung und regt das Immunsystem an. In der Krebstherapie konnte festgestellt werden, dass Propolis das Wachstum von Krebszellen hemmt (während die Zellteilung gutartigen Gewebes davon unbetroffen bleibt) und den programmierten Zelltod unterstützt. Es hat sich zudem gezeigt, dass Propolis die zum Teil erheblichen Nebenwirkungen der Chemotherapie und Bestrahlung verringern kann. Im Hinblick auf Krebserkrankungen wirkt Propolis dank seiner antioxidativen Eigenschaft auch vorbeugend, indem es unsere Körperzellen vor freien Radikalen schützt.

Aus diesem weit gefächerten Wirkungsspektrum ergeben sich zahlreiche Anwendungsgebiete, bei denen der Einsatz von Propolis Linderung oder gar Heilung verspricht. Entsprechend groß ist mittlerweile auch die Palette von Propolis-Produkten und deren Darreichungsformen: Neben ungereinigtem Rohpropolis gibt es Granulate und Pulver, Tinkturen mit und ohne Alkohol, Salben und Cremes, Injektionen und Kapseln.

Sekundäre Pflanzenstoffe als essenzieller Bestandteil von Propolis

Ob Obst oder Gemüse, Kartoffeln oder Getreide, Hülsenfrüchte oder Nüsse – sekundäre Pflanzenstoffe sind ein fester Bestandteil unserer Nahrung. Es handelt sich hierbei um chemische Verbindungen, die Pflanzen unter anderem als Abwehrstoffe zum Schutz gegen Bakterien, Viren oder Pilze produzieren, aber auch als Aromastoffe zum Anlocken von Bestäuberinsekten. Sie regulieren darüber hinaus das Wachstum der Pflanzen und verleihen als Farbstoff vielen Obst- und Gemüsearten ihre rote, violette oder blaue Farbe. Die Deutsche Gesellschaft für Ernährung geht davon aus, dass es 100.000 verschiedene sekundäre Pflanzenstoffe gibt, von denen vermutlich bis zu 10.000 in unserer Nahrung vorkommen. Auf der Grundlage ihrer chemischen Struktur können sie in mehrere Gruppen eingeteilt werden. Eine wichtige und große Einheit ist die der Polyphenole, die wiederum in Phenolsäuren und Flavonoide unterteilt wird. Substanzen beider Gruppen sind in Propolis enthalten.

Bis in die 1990er-Jahre wurde die Frage, inwieweit sekundäre Pflanzenstoffe einen Einfluss auf unsere Gesundheit ausüben, kaum erforscht. Während in zahlreichen wissenschaftlichen Untersuchungen klar nachgewiesen wurde, dass Spurenelemente, Mineralien und Vitamine unerlässlich sind, um die physiologischen Prozesse in unserem Körper aufrechtzuerhalten, ist es angesichts der Vielfalt und der Verbindungen sekundärer Pflanzenstoffe bislang nicht gelungen, eine eindeutige Erklärung für ihre positiven Effekte zu liefern. Doch alle bisherigen Tests weisen in dieselbe Richtung: Die pflanzlichen Substanzen senken das Risiko für bestimmte Krebserkrankungen, u. a. Brustkrebs und Dickdarmkrebs, sie sind antibiotisch, entzündungshemmend und antioxidativ, d. h. sie unterdrücken freie Radikale und andere schädliche Sauerstoffspezies in unserem Körper. Darüber hinaus zeigen sie positive Auswirkungen auf unsere kognitiven Fähigkeiten, unser Herz-Kreislauf-System und sie stärken das Immunsystem. Da Propolis bis zu 50 Prozent Polyphenole enthält, ist es als Präparat besonders gut geeignet, um die positiven Wirkungen der sekundären Pflanzenstoffe auszuschöpfen.

Rezepte mit Propolis

20 %ige Propolis-Tinktur

Propolis-Tinkturen oder -Tropfen erhält man in fast jeder Apotheke, wobei viele Hersteller Produkte mit 20%igem oder 40%igem Rohpropolisanteil anbieten. Wer seine eigene Tinktur herstellen möchte, benötigt nur zwei Zutaten:

- *20 g Propolis-Pulver und*
- *100 ml medizinisch reinen Alkohol (am besten 95%igen Weingeist aus der Apotheke).*

Geben Sie das Pulver in ein verschließbares, dichtes Gefäß, das mit dem medizinischen Alkohol aufgefüllt wird. Schließen Sie das Gefäß und schütteln Sie die beiden Zutaten kräftig durch, anschließend wird die Lösung für 10 bis 14 Tage an einen warmen Ort gestellt und am besten mehrmals täglich geschüttelt. Die Rohtinktur muss nun noch durch einen Papierfilter gegossen werden, was aufgrund der harzigen Substanzen etwas Zeit in Anspruch nimmt. Und Vorsicht: Achten Sie darauf, dass Ihre Kleidung keine Flecken bekommt. Propolis ist nur schwer oder gar nicht zu reinigen. Abschließend wird die fertige Tinktur in ein blickdichtes Glas (am besten Tropfflasche) gefüllt und kühl aufbewahrt. Dort bleibt sie für mindestens ein Jahr haltbar.

Anwendung: *Propolis-Tinkturen können innerlich wie äußerlich angewendet werden. Insbesondere Tinkturen mit medizinischem Alkohol sollten jedoch vor der Einnahme mit Wasser, Tee oder Milch verdünnt (10 bis 50 Tropfen auf ein Glas) oder zusammen mit Zucker oder Honig eingenommen werden. Eine innere Anwendung von Propolis empfiehlt sich als Unterstützung zur Behandlung von Virus- oder bakteriellen Erkrankungen, wo das Bienenprodukt seine antibiotische, entzündungshemmende Wirkung entfalten kann. Eine Kombination aus Schlucken und Gurgeln mit einer verdünnten Tinktur ist besonders dann empfehlenswert, wenn Entzündungen des Hals- und Rachenraums vorliegen. Das mehrmals tägliche Auftragen von Propolis mit einem Wattestäbchen erweist sich besonders effektiv bei Herpes- und Pilzerkrankungen sowie Entzündungen der (Schleim)haut, aber auch zur Behandlung von Furunkeln und Hämorrhoiden sowie zur Unterstützung der Heilungsprozesse von Narben und Wunden (Vorsicht: Schützen Sie Ihre Kleidung vor Flecken mit Propolis).*

Propolis-Salbe mit ätherischen Ölen

- *5 g reines Bienenwachs*
- *50 g kaltgepresstes Olivenöl oder Jojobaöl*
- *1 Teelöffel Honig*
- *20 Tropfen Propolis-Tinktur*
- *20 Tropfen ätherische Öle*

Erhitzen Sie das Bienenwachs und das Olivenöl in einem Wasserbad und warten Sie, bis das Wachs vollständig geschmolzen ist. Nun die Mischung aus dem Wasserbad nehmen und abkühlen lassen, bis sie anfängt einzudicken. Jetzt kann der Honig so lange eingerührt werden, bis eine homogene Masse entstanden ist. Zum Schluss die Propolis-Tinktur und das ätherische Öl hinzugeben und wieder gut verrühren. Bewahren Sie die Salbe am besten in einem Tiegel im Kühlschrank auf.

Anwendung: *Propolis-Salbe wird ausschließlich äußerlich angewendet (Anwendungsbereiche siehe Propolis-Tinktur). Aufgrund ihrer milderen Rezeptur mit zusätzlichen pflegenden Substanzen wie Wachs, Öl und Honig empfiehlt sich die Salbe vor allem dann, wenn größere Hautpartien behandelt werden.*

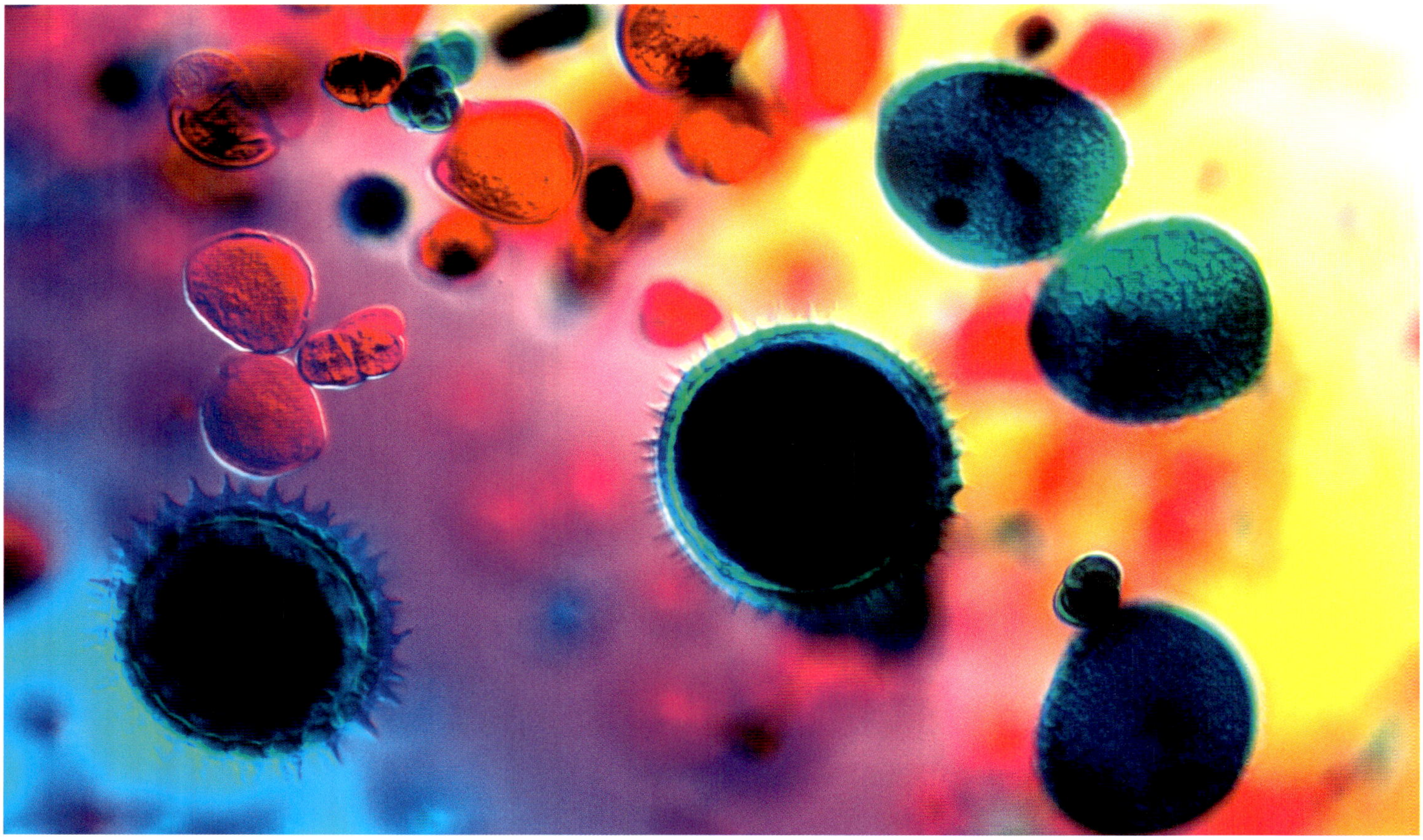

Spektakulär ist nicht nur das Aussehen der Blütenpollen unter dem Mikroskop, spektakulär ist auch seine Heilwirkung.

KLEINE ENERGIEBÜNDEL – POLLEN

Pollen in seiner ursprünglichen Form bezeichnet die männlichen Keimzellen von Blütenpflanzen. Jede Pflanze produziert seinen eigenen, in Form, Farbe und Größe variierenden Pollen, den die Biene beim Besuch der Blüte aufnimmt, mit Nektar anreichert, zu den sogenannten Pollenhöschen verpackt und in den Bienenstock transportiert. Imker, die Pollen gewinnen möchten, bringen am Eingang des Bienenstocks Pollengitter mit einer Maschenweite von rund fünf Millimetern an. Durch diese zwängen sich die ankommenden Sammelbienen, wobei viele von ihnen das an den Beinen befestigte Pollenpaket verlieren. Es ist wichtig, dass die Gitter in regelmäßigen Abständen entfernt werden, damit keine Versorgungsengpässe innerhalb des Bienenstocks entstehen. Innerhalb eines Jahres sammelt ein Bienenvolk zwischen 30 und 60 Kilogramm Pollen, wobei ein Gramm Pollen bis zu 200.000 winzige, nur unter dem Elektronenmikroskop wahrzunehmende Pollenkörner enthält. Der gewonnene Pollen muss nun möglichst schnell gereinigt und konserviert werden, was in aller Regel durch Trocknung geschieht.

Eine andere Art der Gewinnung erfolgt in Form von Bienenbrot und damit zu einer Zeit, nachdem die Bienen ihren Pollenvorrat in den Waben eingelagert haben. Hierfür befeuchten die Insekten den Pollen mit enzymhaltigen Drüsensekreten, stampfen ihn in den Waben fest und versiegeln ihn zuletzt mit einer hauchdünnen Schicht aus Honig oder Propolis. Im Klima des Bienenstocks – Temperaturen um 36 °C und konstant hoher Luftfeuchtigkeit – beginnt mithilfe der Enzyme aus dem Speichel ein Gärungsprozess, bei dem Zucker in Milchsäure umgewandelt wird. Hieraus entsteht das sogenannte Bienenbrot. Der Fermentierungsvorgang ist in zweierlei Hinsicht wichtig für die Aufrechterhaltung des Bienenstocks und die Aufzucht einer gesunden Brut: Zum einen wird der Pollen haltbar gemacht, zum anderen werden auf diese Weise die Inhaltsstoffe des Pollenkerns aufgeschlossen, also freigesetzt, sodass sie überhaupt vom Körper bzw. Verdauungssystem der Insekten verwertet werden können.

Wer das erste Mal ein Glas oder eine Packung mit Pollen öffnet, wird vermutlich überrascht sein, einen intensiven Duft von Heu wahrzunehmen. Je nach Herkunft bzw. Art der Blüten, die als Pollenlieferant dienten, variieren Farbe, Größe und selbstverständlich auch der Geschmack, der von süßlich über säuerlich und bitter bis hin zu scharf reicht. Sollte Ihnen also der Geschmack eines bestimmten Produkts überhaupt nicht zusagen, so probieren Sie weitere Pollensortimente aus: Die Geschmacksunterschiede sind zum Teil beträchtlich!

Die Zusammensetzung von Pollen liest sich wiederum wie der Beipackzettel eines hochwertigen und entsprechend teuren Nahrungsergänzungspräparats: 22 Aminosäuren, zahlreiche Vitamine und Mineralien konnten in wissenschaftlichen Analysen nachgewiesen werden, unter ihnen Provitamin A, die Vitamine B1, B2, B6, C, D, E, Biotin und Carotin sowie wichtige Mineralstoffe wie Chrom, Kalium, Kalzium, Kobalt, Kupfer, Natrium, Magnesium, Mangan, Phosphor und Zink. Ein wahres

Bedeckt mit unzähligen Pollen wird die Biene, indem sie von Blüte zu Blüte fliegt, zu einem unverzichtbaren Bestäuber vieler Pflanzen. Für die Versorgung des Bienenvolks kämmt sie den Blütenstaub aus ihrem Pelz, reichert ihn mit Nektar und Speichel an, sammelt ihn in den Pollenkörbchen und trägt ihn anschließend in den Bienenstock, wo er zu Bienenbrot verarbeitet wird.

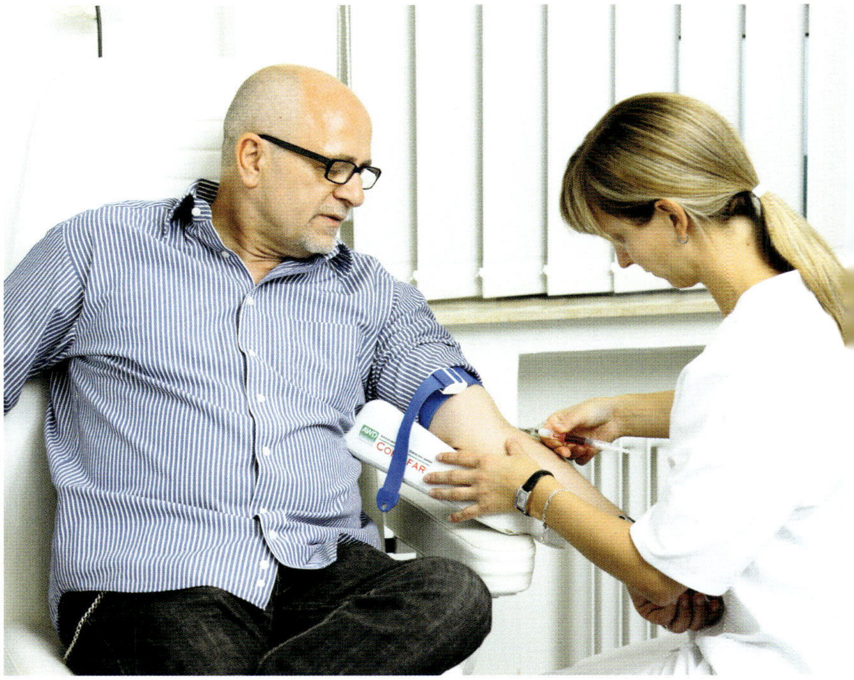

Kraftpaket also, das Bienen durch die Verarbeitung von Blütenpollen erzeugen, und entsprechend vielseitig ist der Einsatz dieses Naturprodukts in der Apitherapie. Pollen sind eine perfekte Nahrungsergänzung, sofern entsprechende allergische Reaktionen ausgeschlossen werden können. Lebensmittel stehen uns zwar im Überfluss zur Verfügung, doch das schließt eine Mangelernährung keineswegs aus. Viele Menschen sind, ohne es zu wissen, im Hinblick auf einzelne Vitamine oder Mineralien unterversorgt, was langfristig gesehen zu gesundheitlichen Beeinträchtigungen führt. Hier können Pollen Abhilfe schaffen.

Hinweise im Umgang mit Pollen

- *Bevor Sie mit der regelmäßigen Einnahme von Pollen beginnen, sollten Sie mögliche Unverträglichkeiten oder Allergien ausschließen. Fangen Sie also mit einer kleinen Menge von ein oder zwei Pollenkörnern an und erhöhen Sie die Ration in den nächsten Tagen um weitere zwei bis vier Körner, bis Sie die empfohlene Tagesdosis von 25–30 Gramm (ca. 1 Esslöffel) erreichen.*
- *Lagern Sie den Pollen kühl, trocken und vor direkter Sonneneinstrahlung geschützt.*
- *Rühren Sie Pollen nicht in stark erhitzte Speisen mit ein, denn auf diese Weise verlieren sich die wertvollen Inhaltsstoffe.*
- *Verwenden Sie am besten Pollen, der in Ihrer Region von Bienen eingetragen wurde. Das gilt umso mehr, wenn Sie mithilfe des Bienenprodukts die Hyposensibilisierung einer Allergie erreichen wollen. Dann werden Ihnen Pollen von exotischen Blütenpflanzen weniger nützlich sein als solcher Pollen, deren Blütenquellen auch in unseren Regionen verbreitet sind.*
- *Getrockneter Pollen ist aufgrund seiner harten Schale auch für den menschlichen Körper nicht einfach zu verwerten. Es empfiehlt sich daher, ihn vor dem Verzehr in Honig, Joghurt oder Müsli quellen zu lassen.*

Vegetarier zum Beispiel wissen Pollen dank der darin enthaltenen essenziellen Aminosäuren als wertvollen Proteinlieferanten zu schätzen. Doch das ist erst der Anfang. Aus Ländern wie Russland und Japan, in denen Apitherapie seit Jahrzehnten ein fester Bestandteil medizinischer Versorgung ist, erreichen uns Berichte von beeindruckenden Behandlungserfolgen durch den Einsatz von Pollen, die aufhorchen lassen und Hoffnung geben, auch schwere chronische Erkrankung mit dem Bienenprodukt heilen oder die damit verbundenen Beschwerden lindern zu können. Das zeigt sich unter anderem bei Krankheiten, die auf eine Funktionsstörung der Leber zurückzuführen sind. Nach einer gezielten Pollentherapie (tägliche Einnahme einer erhöhten Dosis über einen Zeitraum von mehreren Wochen), verbesserten sich Leber- und Blutwerte, der Pollen entfaltete seine entgiftende und entzündungshemmende Wirkung. Letzteres ist auch bei der Behandlung entzündlicher Darmerkrankungen von Bedeutung, wobei sich Pollen auch eignet, um eine angegriffene Darmflora – zum Beispiel nach der Einnahme antibiotischer Medikamente etc. – wieder zu regenerieren. Bereits 20 Minuten, nachdem Pollen unseren Darm erreicht, wird die Durchblutung angeregt und Stoffe freigesetzt, die wiederum die Immunzellen zu erhöhter Aktivität anregen.

Untersuchungen, die in den 1970er-Jahren in Paris durchgeführt wurden, konnten darüber hinaus belegen, dass Pollen ebenso einen positiven Effekt in der Behandlung von Blutarmut ausübt. Die Verabreichung nur geringer Mengen des Bienenprodukts führte schon nach wenigen Tagen nachweislich zur verstärkten Produktion roter Blutkörperchen. Einige Jahre zuvor hatten Wissenschaftler zudem nachgewiesen, dass in Pollen auch geringe Mengen pflanzlicher Hormone und Hormonsubstanzen auszumachen sind, die den Alterungsprozess unserer Körperzellen verlangsamen können.

Nach einer gezielten Pollentherapie verbessern sich nachweislich Leber- und Blutwerte, zudem regt das Naturprodukt der Bienen die Produktion roter Blutkörperchen an. (Linke Seite rechts)

Rezepte mit Pollen

Verjüngungskur: Pollen-Ginseng-Elixier

- *2 Teelöffel Pollen*
- *2 Esslöffel Honig*
- *1/2 Teelöffel Ginseng, gemahlen*
- *1/4 Teelöffel zerriebene Orangenschale, unbehandelt*

Die Zutaten werden miteinander vermischt und über einen Zeitraum von sechs bis acht Wochen täglich eingenommen. In der fernöstlichen Medizin wird dieses Elixier wegen seiner vitalisierenden und »verjüngenden« Wirkung geschätzt.

Wohltat für den Hals: Gurgelmittel mit Pollen

- *1/2 Esslöffel Honig*
- *20 Pollen*
- *15 g Hibiskusblüten, pulverisiert*

Geben Sie die Zutaten in einen halben Liter lauwarmes Wasser, verrühren Sie alles und gurgeln mit dieser Lösung mehrmals täglich Ihren Hals. Dank der entzündungshemmenden, beruhigenden Wirkung können Schluckbeschwerden behoben werden, das raue, kratzige Gefühl im Hals verschwindet.

Gelée Royale wird in der Kosmetikindustrie, in den letzten Jahren aber auch im medizinischen Bereich verwendet. (Links oben)

Ausschließlich Gelée Royale wird den Larven gefüttert, die zu Bienenköniginnen herangezogen werden. (Links unten)

Ammenbienen füllen die Weiselzellen, die Brutzelle der Königin, mit Gelée Royale. (Rechts)

Der ewige Jungbrunnen ist Pollen damit sicherlich nicht, aber ohne Zweifel liefern Bienen ein Produkt, das uns Menschen in kompakter Weise nahezu alle lebenswichtigen Nährstoffe liefert, die für eine Grundversorgung unseres Körpers mit Vitaminen, Mineralien, Spurenelementen, Proteinen und anderen Stoffen vonnöten sind. Und selbst in Zeiten, in denen unser Körper aus dem Gleichgewicht gerät und Krankheiten uns plagen, kann Pollen seine Heilkräfte entfalten: Die vielen positiven Erfahrungen in der Behandlung unterschiedlichster Beschwerden stimmen optimistisch.

FÜR KÖNIGINNEN GEMACHT – GELÉE ROYALE

»Königlicher Saft« – schon der Name lässt kaum einen Zweifel aufkommen, dass es sich hierbei um ein exklusives Produkt mit geradezu wundersamen Fähigkeiten handeln muss. Die Kosmetikindustrie hat Gelée Royale vor Jahren entdeckt und trägt ihren Teil zur Mystifizierung bei. »Lebenselixier« und »Jungbrunnen« sind nur zwei der Begriffe, die im Zusammenhang mit dem kostbaren Produkt verwendet werden. Eine Substanz, die der Königin eine 50 mal höhere Lebenserwartung gegenüber ihrem Hofstaat verspricht, sie zum Symbol für Lebenskraft werden lässt, ist zu verlockend, als dass man sich nicht auch positive Wirkungen auf den Menschen versprechen dürfte. Und tatsächlich: Gelée Royale regt die Neubildung von Hautzellen und Kollagenproduktion an, wodurch das Bindegewebe gefestigt wird. Neben diesen Anti-Aging-Effekten ist es die pflegende Wirkung, die viele Konsumenten zu schätzen wissen.

In den letzten Jahren zeigt sich eine zunehmende Verwendung von Gelée Royale auch im medizinischen Bereich. Zu den Krankheiten, bei denen bislang positive Effekte festgestellt werden konnten, zählen unter anderem Autoimmunerkrankungen, allgemeine Körperschwäche und Kraftlosigkeit, Infektionen, Arteriosklerose, Atemwegserkrankungen und diverse Blutkrankheiten. Nicht zuletzt zeigten sich bei Patienten, die unter neuropsychischen Störungen wie Depressionen, Nervosität oder Angstzuständen litten, mitunter signifikante Verbesserungen.

Wie genau Gelée Royale wirkt, ist aus wissenschaftlicher Sicht bislang nicht eindeutig zu sagen. Physiologische Analysen zeigen, dass die Königinnennahrung zu großen Teilen aus Wasser, Proteinen, Lipiden und Kohlenhydraten besteht. Hinzu kommen Begleitstoffe wie Vitamine, Aminosäuren und Spurenelemente. Vielleicht liegt das Geheimnis in der Kombination aus den einzelnen Inhaltsstoffen, vielleicht aber auch in jenen Substanzen, die bislang nicht identifiziert werden konnten. Unbestritten ist jedoch, dass es zahlreiche Menschen gibt, die auf Gelée Royale zur Linderung oder Beseitigung ihrer körperlichen Beschwerden nicht mehr verzichten möchten. Andere wiederum nutzen das kostbare Bienenprodukt als Nahrungsergänzung zur Stärkung des Immunsystems und als Schutz vor Erkrankungen.

Es soll nicht verschwiegen werden, dass der Einsatz von Gelée Royale in kosmetischen und medizinischen Produkten durchaus Kritiker hat. Nicht der Zweifel an der grundsätzlichen Wirksamkeit des Weiselfuttersafts ist Gegenstand der Kritik, sondern vielmehr dessen Gewinnung. Dies ist nur möglich, indem man den natürlichen Instinkt der Bienen ausnutzt, bei Verlust der alten Königin eine neue nachzuziehen. Deshalb muss zunächst die Königin aus dem Bienenstock entfernt werden, dann wird eine spezielle Zuchtleiste angebracht, auf der sich zahlreiche mit Bieneneiern gefüllte Weiselzellen befinden. Sofort beginnen die Ammenbienen damit, diese Zellen mit den wertvollen Sekreten der Futtersaftdrüse und Oberkie-

In Form von Kapseln wird der königliche Futtersaft dem Menschen am häufigsten verabreicht. (Links)

Gelée Royale bewirkt die Neubildung von Hautzellen und regt die Kollagenproduktion an, wodurch das Bindegewebe gefestigt wird. (Rechts)

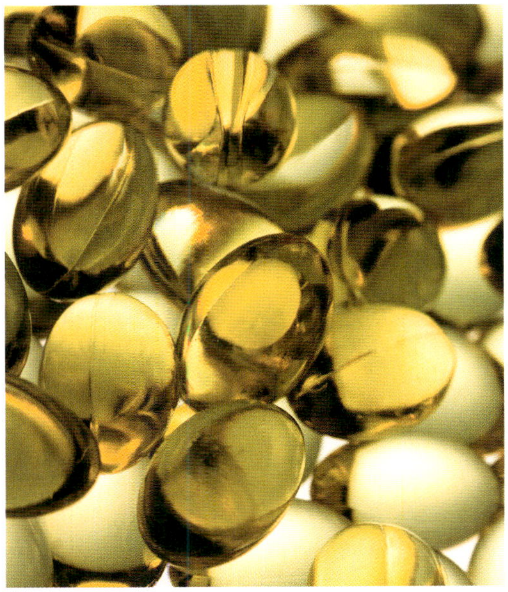

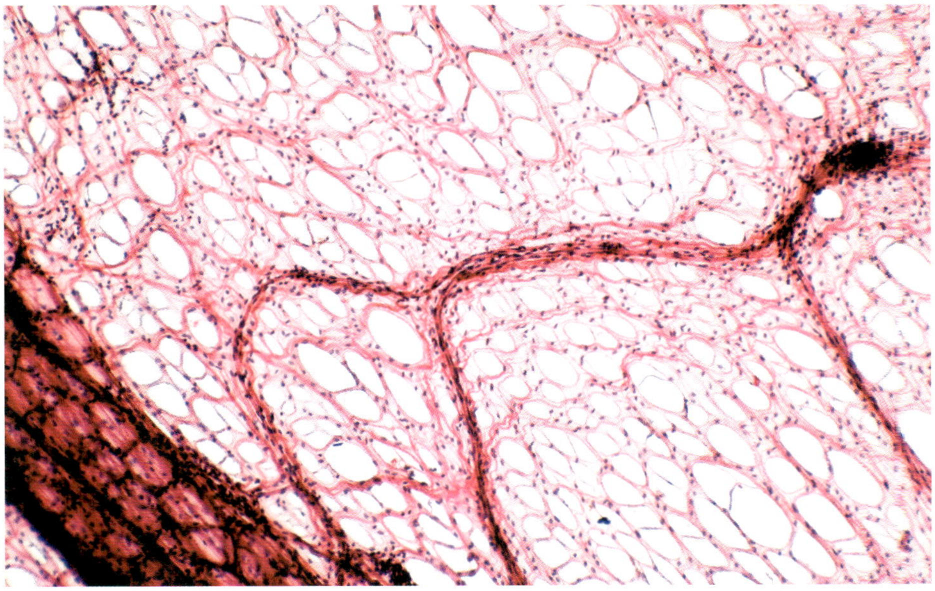

Apilarnil ist das wohl unbekannteste Produkt aus dem Bienenstock. Das aus Drohnenbrut gepresste Extrakt dient der allgemeinen Stärkung, aber auch der unterstützenden Therapie zahlreicher Krankheiten. Darüber hinaus gilt es als probates Mittel zur Potenz- und Fruchtbarkeitssteigerung.

ferdrüse zu füllen. Drei Tage später werden die Königinnenlarven entfernt und das Gelée Royale mit Pipetten abgesaugt und lichtgeschützt gelagert, damit die extrem lichtempfindlichen Wirkstoffe nicht verloren gehen. Pro Saison können auf diese Weise pro Bienenstock rund 500 Gramm des Weiselfuttersafts eingetragen werden. Viele Imker verzichten auf die Gewinnung von Gelée Royale nicht zuletzt aufgrund des hohen Arbeitsaufwandes, der damit verbunden ist. Vermutlich sind die Bienen jedoch einem weitaus höheren Stress ausgesetzt, denn jede Entfernung der Königin bzw. der Königinnenlarven bedeutet einen massiven Eingriff in die natürliche Ordnung innerhalb des Bienenstaats. Auch dies ist ein Grund, warum viele Imker davon absehen, ihrem Bienenvolk den »königlichen Saft« zu entwenden, und auch Bioverbände wie Demeter eine kommerzielle Gewinnung ablehnen. Die meisten Produkte, die wir beziehen, enthalten deshalb auch Gelée Royale, das in China oder Osteuropa gewonnen wurde.

EXTRAKTE AUS JUNGEN BIENENLARVEN

Hochwirksam, erscheint dieses Mittel westlichen Patienten nicht gerade appetitlich: Apilarnil ist ein Extrakt aus junger, 6–7 Tage alter Drohnenbrut, das zur allgemeinen Stärkung, aber auch zur Behandlung zahlreicher Erkrankungen und sogar psychisch-sozialer Störungen genutzt wird. Zur Herstellung werden die Brutzellen zerkleinert, gepresst, die Substanz homogenisiert und anschließend portioniert tiefgefroren oder anderweitig konserviert. Die Insektenlarven sind wie andere Insekten reich an Proteinen, Vitaminen und Mineralstoffen, Fetten, Kohlenhydraten und Aminosäuren – weshalb Insekten seit jeher in vielen Gesellschaften der Welt als Nahrungsmittel etabliert sind. Da viele Imker die Drohnenbrut zur Varroabekämpfung ohnehin aus

dem Bienenstock entfernen, galten die Larven lange als Abfallprodukt. Nun soll das Extrakt aus ihnen, in der 2. Hälfte des 20. Jahrhunderts von dem rumänischen Imker Nicolae Iliesiu erfunden, laut zahlreicher Studien beispielsweise bei Bluthochdruck ebenso wie bei Erkrankungen des Stoffwechsels wie Diabetes und Gicht helfen. Vor allem aber wird Apilarnil aufgrund der unterschiedlichen Wirkstoffe bei sehr guter Verdaulichkeit schwachen und kranken Patienten zur Stärkung gegeben.
Neue Studien ergaben zudem einen Zusammenhang zwischen der Einnahme von Apilarnil und intellektuellen Fähigkeiten: Studenten, denen vor und während ihres Examens Apilarnil verabreicht wurde, zeigten höhere geistige Leistungen – vor allem bezüglich der Konzentration, des Gedächtnisses, der Aufmerksamkeit und der Wortgewandtheit – als die entsprechende Kontrollgruppe, die ohne Apilarnil ihr Examen absolvieren musste.

KONTROLLIERTER STICH – BIENENGIFT

Schon vor Jahrtausenden wurde in China das Verteidigungsgift der Bienen zur Behandlung von Rheuma und anderen entzündlichen Gelenkerkrankungen eingesetzt. Auch heute gibt es noch Apitherapeuten, die ihre Patienten mit lebenden Bienen behandeln.

Es ist zugegebenermaßen eine befremdliche Vorstellung: Was die einen im Sommer tunlichst aus Angst vor allergischen Reaktionen, Entzündungen und Schmerzen von sich fernzuhalten versuchen, lassen sich die anderen ganz gezielt verabreichen, um Entzündungen und Schmerzen im Körper zu kurieren – die Rede ist

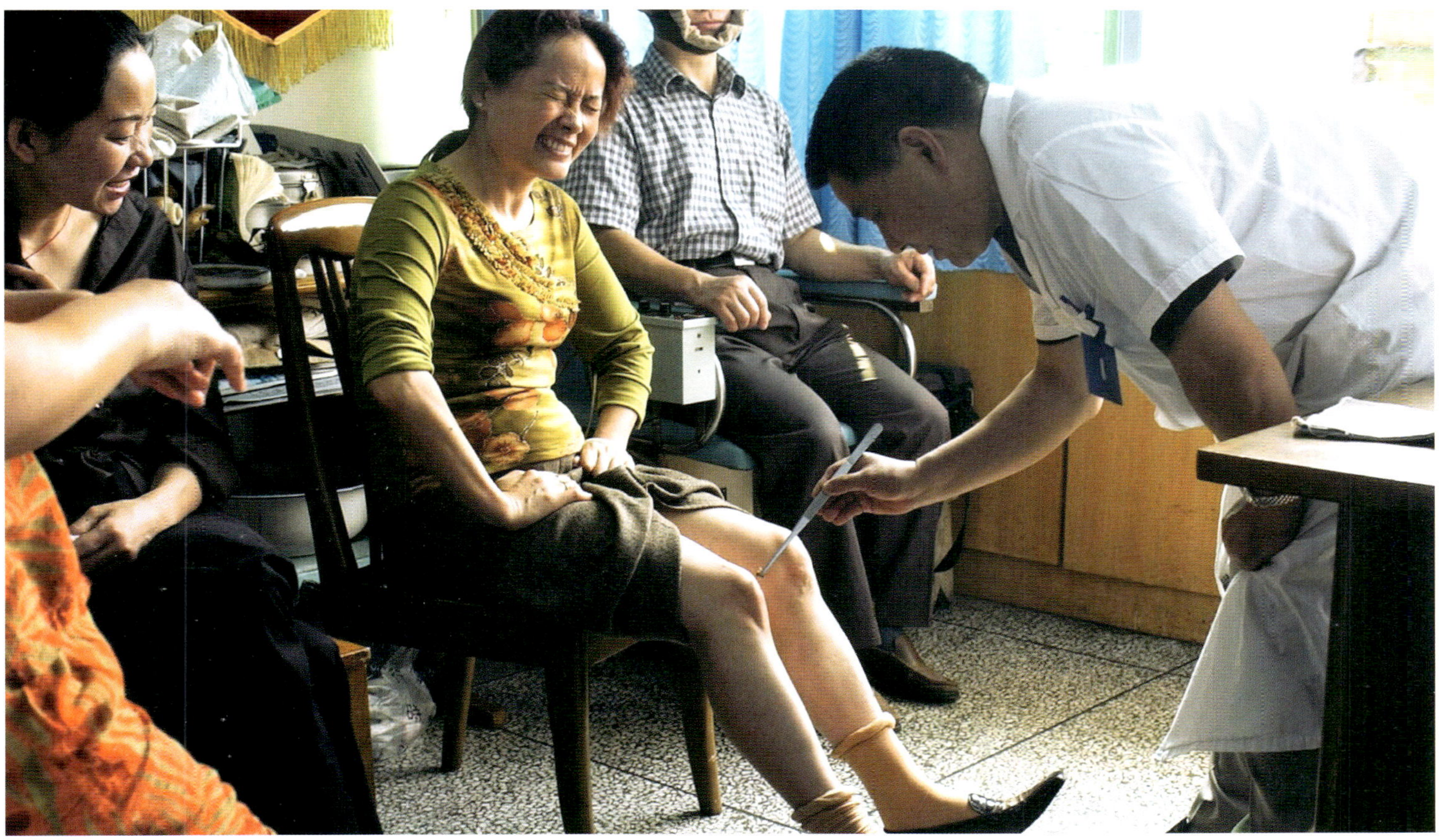

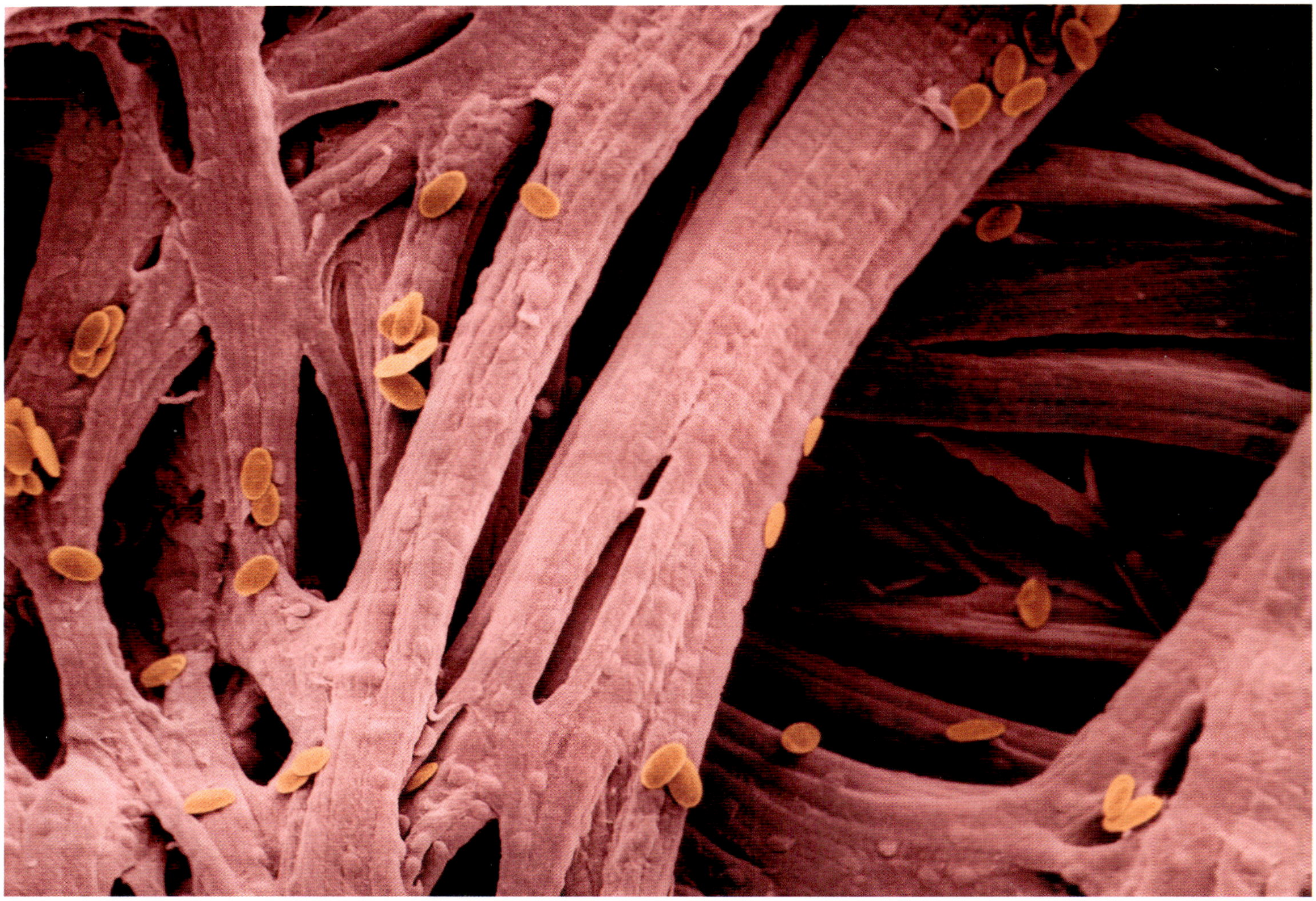

Auf die menschliche Muskulatur wirkt das Bienengift entzündungshemmend und krampflösend – ein ideales Medikament unter anderem für Rheumapatienten.

von Bienengift. Schon vor Jahrtausenden wurde in Ägypten und China das Verteidigungsgift der Bienen zur Behandlung von Rheuma und anderen entzündlichen Gelenkerkrankungen eingesetzt. Die Anwendungsgebiete sind bis heute gleich geblieben, die Anwendungsformen haben sich zur Erleichterung vieler Betroffenen weiterentwickelt: Zwar gibt es durchaus auch heute noch Apitherapeuten, die ihren Patienten lebende Bienen auf die schmerzenden Körperstellen oder spezielle Akupunkturpunkte setzen und die Insekten durch Druck zur Abgabe ihres Giftes reizen. Doch diese für viele Patienten martialisch anmutende Anwendungsform hat heute in weiten Teilen Injektionen, Salben oder Tinkturen Platz gemacht.

Die Gewinnung natürlichen Bienengifts ist ausgesprochen aufwendig. Vor dem Einflugloch zum Bienenstock werden Drahtstromfallen errichtet, die immer dann einen elektrischen Impuls abgeben, wenn eine Biene mit ihnen in Kontakt kommt. Das gereizte Insekt gibt sein Gift entweder auf ausgelegten Glasplatten ab oder es stößt seinen Stachel durch die erste von zwei gespannten Folien und hinterlässt auf der unteren Folie eine minimale Menge der zähflüssigen, gelblichen Flüssigkeit. Hauptbestandteil des Bienengifts ist Melittin, das, in verträglichen Mengen verabreicht, entzündungshemmend, antibakteriell, blutdrucksenkend und blutverdünnend wirkt. Letztere zwei Eigenschaften werden auch dem im Bienengift mit rund 10 Prozent enthaltenden Enzym Phospholipase A2 zugeschrieben, das allerdings auch das stärkste Allergen in dem Bienenprodukt darstellt. Der Wirkstoff Apamin wiederum bewirkt eine vermehrte Ausschüttung von Cortisol in den Nebennierenrinden und kann damit die körpereigenen Abwehrkräfte im Kampf gegen Entzündungen aktivieren.

In erster Linie sind es Patienten mit entzündlichen Muskel-, Nerven- und Gelenkerkrankungen, die besonders gut auf den Einsatz von Bienengift ansprechen. Sie schätzen neben der entzündungshemmenden Wirkung auch die schmerzlindernden und muskelentspannenden Auswirkungen des Bienengifts auf den Körper. Selbstverständlich muss vor Beginn der Behandlung ausgeschlossen werden, dass der Patient allergische Reaktionen zeigt. In einem solchen Fall muss vorher eine Hyposensibilisierung vorgenommen werden oder aber von dieser Therapieform abgesehen werden.

Bei der Therapie mit Bienengift muss das Insekt heutzutage nicht mehr wie in der Antike und im alten China sein Leben für den Menschen lassen; die Biene wird zu einem Stich in Folien oder auf eine Glasplatte gereizt, ihr Stachelapparat bleibt dabei unverletzt.

»Ferner vermisste ich sehr Lichter. Sobald es dunkel wurde, was gewöhnlich um sieben Uhr geschah, musste ich zu Bette gehen. Jetzt wünschte ich mir oft den Klumpen Bienenwachs, aus dem ich bei meiner Flucht von Afrika mir Kerzen verfertigt hatte, zurück, aber der war längst nicht mehr vorhanden. Um jenem Mangel abzuhelfen, fand ich kein anderes Auskunftsmittel, als dass ich, so oft ich eine Ziege erlegt hatte, das Fett sammelte und mir mittels eines kleinen Gefäßes von Lehm, das ich in der Sonne trocknete und mit einem Docht aus Taugarn versah, eine Lampe verfertigte.«

DANIEL DEFOE – ROBINSON CRUSOE

Stärkender Werkstoff – Bienenwachs

Künstliches Licht ist wohl eine der wesentlichen Errungenschaften des Menschen. Er konnte sich damit von den Tageszeiten unabhängig machen, die ihn zuvor bei Nacht zum Nichtstun gezwungen hatten. Doch als Leuchtmittel war und ist das Bienenwachs – in Form der Kerze – ein zu teures Gut, als dass es zur ausschließlichen Beleuchtung verwendet werden könnte. Talglichter, wie das Robinsons, waren im europäischen Mittelalter die gängige Lampenart, Wachskerzen waren dem Adel und vor allem den christlichen Kirchen vorbehalten. Dort nehmen die Kerzen noch heute einen besonderen Stellenwert ein, symbolisieren sie doch die Auferstehung und das Leben. Ähnliches gilt auch in anderen Religionen, in denen die Wachskerze für den Körper steht, der die Flamme, das Bewusstsein, nährt.

EIN UMKÄMPFTER ROHSTOFF

Bienenwachs ist ein kostbarer Rohstoff. Reine Bienenwachskerzen sind wesentlich teurer als solche aus Kunstwachsen, Paraffin oder einem Gemisch daraus. Zu Recht, denn um eine mittelgroße Kerze zu ziehen, braucht es in etwa das Wachs eines ganzen Bienenstocks.

Riesige Kisten, gefüllt mit Gold, Silber und Edelsteinen – so stellt man sich den Schatz eines Piraten vor. Doch von Klaus Störtebeker, dem auf allen Meeren gefürchteten norddeutschen Freibeuter, und seinem Kumpan Gödeke Michels heißt es, dass sie es nicht nur auf Juwelen abgesehen hatten, sondern auch auf mit Bienenwachs beladene Schiffe. Denn in England konnten es die Piraten zu horrenden Preisen verkaufen. Aber Störtebecker war nicht der einzige, der im Mittelalter durch den Verkauf von Wachs seine Truhen mit Gold füllte. Auf dem Höhepunkt ihrer Macht belegte die Hanse England mit einer Handelsblockade, Felle und Wachs aus Russland konnten so nicht mehr auf die Insel gelangen und bald war man dort bereit, jeden Preis für den Rohstoff zu zahlen. Selbst in der frühen Neuzeit erreichte das Bienenwachs mitunter Preise, die die von Pfeffer noch überstiegen.

Nach wie vor ist reines Bienenwachs ein kostbarer Rohstoff, den nicht zuletzt religiöse Gemeinschaften für ihre Rituale, für Amulette und Andenken nutzen.

Im Mittelalter wurden aus dem Bienenprodukt in erster Linie Kerzen gezogen – Kerzen für Kirchen, Kaiser und Könige. Karl der Große, der sich im Dunkeln fürchtete, muss ein Vermögen für Kerzen ausgegeben haben, sie brannten Tag und Nacht in seinen Gemächern. Seine Untertanen konnten sich solchen Luxus nicht leisten und mussten als Lichtquelle Talglichter nutzen.

Hofhörige, also Personen, die zwar persönlich frei waren, aber im Kolonatsverhältnis zum Landesherrn standen, mussten einen jährlichen Wachszins abgeben. Für ein bestimmtes Kontingent an Wachsplatten und Kerzen erhielten sie Schutz und das Recht, das Land zu bewirtschaften.

In den Jahrtausenden zuvor, im alten Ägypten, antiken Griechenland und Rom, als man Wachskerzen noch nicht kannte, war Bienenwachs für vieles andere Werkstoff: Schreibtafeln wurden daraus gearbeitet, kleine Skulpturen und Amulette gefertigt, die Ägypter balsamierten mit ihm ihre Toten.

Und noch heute ist Bienenwachs (lat. *Cera flava* = gelbes Wachs) ein kostbarer Rohstoff: Reine Bienenwachskerzen sind noch immer wesentlich teurer als solche aus Kunstwachsen, Paraffin oder einem Gemisch daraus. Zu Recht, denn um eine Kerze zu ziehen, braucht es in etwa das Wachs eines ganzen Bienenstocks. Dennoch lohnt sich der Kauf von Bienenwachskerzen: Das Wachs – bei der Produktion durch die Biene noch rein weiß (lat. *Cera alba* = weißes Wachs) – wird im Bienenstock nach und nach mit Propolis, Pollen und Pollenöl angereichert. Es wird wegen des enthaltenen Carotins dadurch nicht nur zu gelbem Wachs, es nimmt auch Aroma- und Wirkstoffe – Inhibine, sekundäre Pflanzenstoffe etc. – aus Pollen, Propolis und Honig auf. Beim Verbrennen von Wachskerzen entsteht daher zum einen ein besonders sanftes Licht, zum anderen verbreiten sich auch Aromastoffe im Raum, die leicht beruhigend wirken und daher in der Aromatherapie Anwendung finden.

BIENENWACHS IN DER KOSMETIK

Zu den größten Verbrauchern von Bienenwachs zählt die kosmetische Industrie. Das Wachs ist ein hervorragender Emulgator für Cremes und Lotionen, allerdings wird es – um empfindliche Menschen vor Allergien zu schützen – vor der Verwendung gereinigt und oft sogar gebleicht, also wieder zu *Cera alba* verarbeitet, sodass die wertvollen Wirkstoffe verloren gehen. Massenkosmetika, die mit »enthält Bienenwachs« beworben werden und lediglich *Cera alba* enthalten, können das erwartete Versprechen einer gesunden, durch Bienenwachs mit Nährstoffen angereicherten Kosmetik in der Regel nicht einlösen. Eine hautpflegende Wirkung zeigt das weiße Wachs aber dennoch.

Licht und Duft einer Bienenwachskerze sind unverwechselbar, weshalb die Kerzen sowohl in der Licht- als auch Aromatherapie zur Stimulation des Menschen eingesetzt werden.

Auch der Laie erkennt auf den ersten Blick, ob Bienenwachs gereinigt wurde oder nicht. Weißes Wachs ist gereinigt, hellgelbes ungereinigt. Dunkelgelbes bis braunes Wachs sollte nicht verwendet werden – dann ist es zu alt und über viele Jahre verunreinigt worden.

Wer neben einer guten Cremebasis auch eine mild wirksame »Bienenapotheke« mit den guten Bestandteilen von Honig, Propolis etc. in der Creme nutzen möchte, muss seine Kosmetik selbst anrühren – und das Wachs am besten bei einem vertrauenswürdigen Imker besorgen.

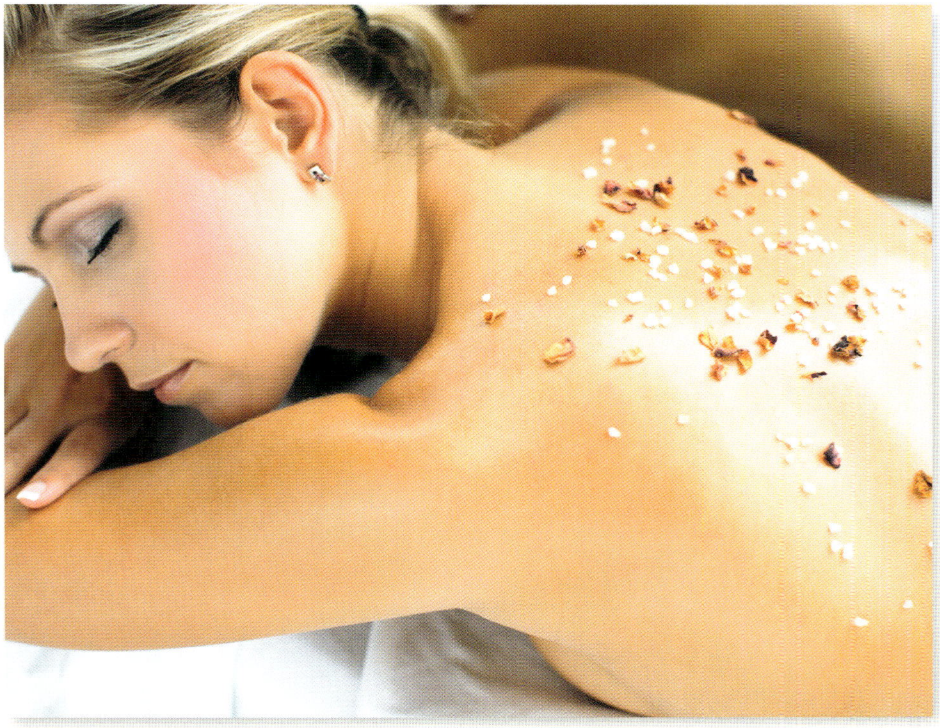

Belebende Orangenblütencreme

- *5 g reines Bienenwachs*
- *40 g Traubenkernöl*
- *15 g Lanolin anhydrid*
- *1 Kapsel Vitamin-E-Öl (400 I.E.)*
- *40 ml Orangenblütenwasser*
- *5 Tropfen natürliches Orangenblütenöl*

Das Wachs in einer Schüssel im Wasserbad schmelzen und Traubenkernöl und Lanolin anhydrid einrühren. Die Schüssel aus dem Wasserbad nehmen, das Vitamin E einrühren und handwarm abkühlen lassen.

Unterdessen das Orangenblütenwasser handwarm erwärmen. Wenn beide Flüssigkeiten dieselbe Temperatur haben, das Orangenblütenwasser in das Öl einrühren und so lange rühren, bis eine glatte, dicke und erkaltete Creme entstanden ist. Zuletzt das Orangenblütenöl einrühren und die Creme in einen sterilen Cremetopf abfüllen.

Das Bienenwachs übernimmt bei dieser Creme einerseits die Funktion des Emulgators, andererseits ist es wie das Lanolin ein hervorragender Feuchtigkeitsspender und Nährstofflieferant. Das Traubenkernöl und Vitamin E wirken als Antioxidantien und verlangsamen die Zellalterung. Für die belebende Wirkung sind die Aromastoffe von Orangenblütenwasser und -öl zuständig.

Beruhigendes Rosmarin-Salz-Peeling

- *5 g Bienenwachs*
- *3 g Lanolin anhydrid*
- *50 ml Weizenkeimöl*
- *5 ml konzentrierten Teeaufguss aus Rosmarin*
- *30 g Meersalz*

Bienenwachs und Lanolin im Wasserbad schmelzen und danach Weizenkeimöl einrühren. Auf knapp 70 Grad Celsius erwärmen, von der Platte nehmen und den Teeaufguss langsam einrühren. Abkühlen lassen, dann das Meersalz zugeben und in ein steriles Schraubglas abfüllen.

Das Peeling belebt den Körper und beruhigt zugleich die Haut. Den Körper damit einreiben, das Gesicht aussparen. Anschließend den Körper waschen und gründlich eincremen.

WÄRMENDES UND HEILENDES WACHS

Ein natürliches Bienenwachs enthält in geringer Konzentration alle anderen Bienenprodukte und damit ihre Nähr- und Heilstoffe: die Vitamine, Mineralstoffe, die antimikrobiellen Inhibine, Pollen und Propolis – ein kleiner Gesundheitscocktail, dessen Wirksamkeit oft verkannt wird. Als Grundlage für Salben und Cremes kommt das Wachs selbstverständlich auch in der Medizin zum Einsatz – dann aber immer in gereinigter Form –, darüber hinaus wissen die meisten Menschen wenig mit Wachs anzufangen. Heilpraktiker allerdings bieten schon seit Jahren die aus der indianischen Tradition bekannte Ohrkerzenbehandlung an, die die Wärmewirkung, die Entstehung eines leichten Unterdrucks durch eine Kaminwirkung der Kerze sowie den Duft des Bienenwachses nutzen, um Blockaden der Atemwege – etwa hervorgerufen durch Nasennebenhöhlenerkrankungen – zu beheben. Auch wärmende, in Wachs getränkte Auflagen wirken bei Erkrankungen der Bronchien, aber auch bei Gelenk- oder Rückenschmerzen äußerst wohltuend. Für den Hausgebrauch ist das Kauen von Waben- bzw. Scheibenhonig zu empfehlen. Mit ihm nimmt man nicht nur die Honigwirkstoffe, sondern auch die des Wachses auf, sozusagen ein natürliches, gesundes »Kaugummi«, das sogar geschluckt werden darf und das bei Honigen, die viele Inhibine – wie etwa Rapshonig – enthalten, noch nicht einmal Karies auslöst.

Seiner wärmenden Wirkung wegen wird Bienenwachs seit Jahren in der Naturheilkunde eingesetzt – sei es in Form von wärmenden Auflagen oder Ohrkerzen. (Rechte Seite)

In einem Stück Scheibenhonig ist ein Großteil der Bienenheilmittel enthalten.

Biene und Mensch

»Willst du drei Stunden glücklich sein, trinke Wein.
Willst du drei Wochen glücklich sein, schlachte ein Schwein.
Willst du drei Jahre glücklich sein, nimm eine Frau.
Willst du ein Leben glücklich sein, bebaue einen Garten und halte Bienen darin.«

FREI NACH KONFUZIUS

Im gemachten Nest – die Biene in der Imkerei

Die Annäherung zwischen Biene und Mensch fand vor vielen Tausend Jahren statt. Der anfänglich bedachtlosen Jagd nach Honig und Wachs durch den Menschen folgte schon bald die gezielte Haltung der nützlichen Insekten und eine damit verbundene Fürsorge um die Gesundheit der Bienen. Dies war die Geburtsstunde der Imkerei, die heute – abgesehen von Antarktika – auf allen Kontinenten der Welt betrieben wird. Nach einem kontinuierlichen und besorgniserregenden Rückgang an Freizeitimkern kann Deutschland seit rund zehn Jahren einen Zuwachs verbuchen: Mittlerweile gibt es wieder rund 118.000 Menschen, die sich an der Haltung von Bienen und nicht zuletzt am Naturprodukt Honig erfreuen. Maßgeblichen Anteil an diesem positiven Trend haben eine umfassende Lobbyarbeit für Bienen und das in Mode gekommene Imkern im städtischen Raum.

DIE HISTORISCHE ENTWICKLUNG DER IMKEREI

Als der Mensch die Bühne der Evolution vor rund fünf Millionen Jahren betrat, bevölkerten Honigbienen schon lange die Erde. Es ist nicht eindeutig zu belegen, wann der als Jäger und Sammler lebende *Homo sapiens* Honig als Energie- und Nahrungsquelle für sich entdeckte. Doch eines ist sicher: Bereits lange vor Christi Geburt bediente er sich der Nester wild lebender Honigbienen, die mit ihrem eingelagerten Honig und den eiweißreichen Maden eine willkommene Bereicherung des Speiseplans darstellten. Frühestes Zeugnis dieses noch ausschließlich auf den Nutzen des Menschen reduzierten Verhältnisses zwischen *Homo sapiens* und Honigbiene ist eine Felszeichnung in den Cuevas de la Araña in der spanischen Provinz Valencia, die auf 10.000 bis 6000 v. Chr. datiert wird. Sie zeigt eine

Bienenhaltung im Jahre 1910: Ein Berliner Imker nutzt zwei Tiroler Holzfiguren als Bienenstöcke.

Inmitten der majestätischen Bergwelt des Himalaya (rechts) ist die Kliffhonigbiene *Apis laboriosa* (links) zu Hause, die größte Honigbiene der Welt. Sie baut ihre bis zu 3 Meter langen Waben direkt an die steil abfallenden Felswände, was die Honigernte zu einem ebenso komplizierten wie gefährlichen Unterfangen macht.

Gefährliche Ernte – Die Honigjäger von Nepal

Es gibt eine Region auf dem asiatischen Kontinent, in der die jahrtausendealte Tradition der Honigjagd noch heute praktiziert wird. Sie befindet sich inmitten der majestätischen Bergwelt des Himalaya im Norden und Zentrum von Nepal. Hier ist die Kliffhonigbiene Apis laboriosa *zu Hause, die größte Honigbiene der Welt. 30 Millimeter messen die Körper der Arbeiterinnen, die damit das imposante Format unserer heimischen Hornissenköniginnen aufweisen. Die Kliffhonigbiene ist in der Lage, auch in Gebirgsregionen zu überleben, die aufgrund ihres Klimas für unsere heimische Honigbiene keinen geeigneten Lebensraum darstellen würden. Eine ihrer Überlebensstrategien ist die saisonbedingte Migration: Die kalte Jahreszeit zwischen Oktober und April verbringt sie in den gemäßigten Klimazonen unterhalb von 850 Metern. Mit Beginn des Sommers begeben sich die Insekten dann in die subalpinen Zonen von 2500 bis 3000 Metern, wobei mitunter 100 Kilometer zwischen Sommer- und Winterquartier liegen. Schon bald nach dem Ausschwärmen in die hoch gelegenen Bergregionen beginnen die Kliffhonigbienen mit dem Bau ihrer Nester an den Südwestflanken steil abfallender Felswände. Nicht selten verteilen sich 20 Nester oder mehr an einem Felsen. Was dort in schwindelerregenden Höhen entsteht, ist ein Superorganismus der besonderen Art. Rund 100.000 Bienen sammeln sich an den imposanten Nestern, die nahezu drei Meter Länge erreichen können, und bilden von Weitem betrachtet einen einzigen lebenden Organismus. Die wichtigste Abwehrstrategie gegenüber ihrem natürlichen Feind, der Hornisse, ist eine synchrone Aufwärtsbewegung des Abdomens. Bei der Masse der Insekten wirkt dies wie eine harmonische Wellenbewegung, die das gesamte Volk durchläuft. Ein beeindruckendes Naturschauspiel! Das vom Menschen ins Visier genommene Objekt der Begierde – der Honig – befindet sich im oberen Teil der Wabe, verdeckt von Zigtausend enggedrängten Insektenkörpern. Bei der Nestbauweise der Kliffhonigbiene an steilen Felshängen kann man sich auch ohne Selbstversuch schnell ausmalen, dass die Ernte des Honigs alles andere als einfach verläuft. Le-*

diglich ausgestattet mit Strickleitern, Sammelkörben und Schneidwerkzeug begeben sich die Bewohner einzelner Bergdörfer zweimal im Jahr auf eine gefährliche Erntetour. Zuvor findet eine Opferzeremonie statt, in der die Jäger um göttlichen Beistand bitten. Die eigentliche Jagd beginnt mit dem Anzünden von Sträuchern und Ästen am Fuße der Felsen, wodurch ein Waldbrand simuliert wird. Ihrem Instinkt folgend, sammeln sich die Bienen an dem oberen Teil der Waben, um sich mit Honig als Energielieferant zu versorgen, und geben die im unteren Teil befindlichen Brutzellen, in denen sich die Larven entwickeln, frei. Zeitgleich hierzu werden Strickleitern die Felsen hinaufgezogen. An den Felsvorsprüngen warten bereits die Honigjäger, die nun von oben herabsteigen – meist ohne Handschuhe oder Schuhe und ohne Sicherheitsleine. Auf der Höhe der Nester angelangt, werden zunächst mit meterlangen Schneidwerkzeugen die Brutwaben des unteren Teils abgeschnitten. Erst dann sind die schweren, mit Honig gefüllten Waben an der Reihe. Parallel zum Schneiden muss ein Sammelkorb unter das Nest manövriert werden, in den die klebrigen Waben gelegt werden. Die Honigjäger müssen hochkonzentriert, mit Ruhe und Bedacht arbeiten, was angesichts Tausender um den Körper der Jäger schwirrender, aufgebrachter Bienen eine echte Herausforderung ist. Für die traditionellen Honigjäger von Nepal ist das Ernten der Waben eher ein Initiationsritus und dient keinen kommerziellen Zwecken. Das Handwerk wird von Generation zu Generation weitergereicht. Die Männer ernten insbesondere im November, wenn die Bienenpopulation am größten ist und kurz bevor die Insekten ihr Winterquartier im Tal aufsuchen, sodass die Zerstörung der Brutwaben einzelner Nester keine grundsätzliche Bedrohung für den Fortbestand des Bienenvolks bedeutet. Zudem werden nie alle Bienenstöcke geerntet, sondern maximal die Hälfte der Nester. Und dennoch ist die Honigjagd in Nepal in Verruf geraten, seitdem auch unprofessionelle Sammler unterwegs sind, die sämtliche Waben ernten, wodurch die größte Biene der Welt in manchen Regionen bereits vom Aussterben bedroht ist.

Eine Felszeichnung in den Cuevas de la Araña in der spanischen Provinz Valencia, die auf 10.000 bis 6000 v. Chr. datiert wird, ist das früheste Zeugnis für die gezielte Aneignung von Bienenprodukten durch den Menschen.

In Çatalhöyük, einer Siedlung aus der Jungsteinzeit im Süden Anatoliens, wurden unter anderem Tongefäße mit dem chemischen Fingerabdruck von Bienenwachs gefunden. Dies belegt die Verwendung von Bienenwachs vor rund 9000 Jahren. (Rechte Seite oben)

Für das antike Ägypten ist die gezielte Bienenhaltung belegt, bei der Tonröhren und Keramikgefäße den Bienen als Behausungen dienten. (Rechte Seite unten)

Person, die mit einem Sammelgefäß versehen und von Bienen umschwirrt das nahe der Baumkrone in einer Höhlung befindliche Nest ausbeutet – die traditionelle Art der Honigjagd, die noch keine Hinweise auf eine gezielte Haltung von Bienen durch den Menschen gibt.

Ähnliches gilt für die archäologischen Funde aus Çatalhöyük, einer Siedlung aus der Jungsteinzeit im Süden Anatoliens. Bei chemischen Analysen dort gefundener Tongefäße konnten Rückstände von Bienenwachs nachgewiesen werden. Damit ist erwiesen, dass die Siedler vor über 9000 Jahren Bienen nicht nur als Lieferanten für Honig, sondern auch für Wachs genutzt haben.

Wurden in den Anfängen die Nisthöhlen bei der Gewinnung von Honig und Wachs noch zerstört, erkannte der Mensch doch bald den Nutzen, der ihm mittel- und langfristig entstand, wenn er den Fortbestand der Bienenvölker sicherte, denn auf diese Weise ließ sich gleich mehrmals im Jahr der begehrte Honig ernten. Diese Erkenntnis zusammen mit der Sesshaftwerdung des Menschen markiert den Beginn der organisierten Bienenhaltung.

In den antiken Hochkulturen entwickelte sich die Imkerei weiter, etwa in Ägypten, wo aufgestellte Tonröhren und Keramikgefäße den Insekten als Behausungen, sogenannten Beuten, dienten. Die Erkenntnisse über die positiven Effekte von Bienenprodukten auf die Gesundheit des Menschen, aber auch der wachsende Bedarf an Wachs, Honig und Honigwein sorgte für den ›Boom‹ im Bereich der organisierten Bienenhaltung.

Ende der 1980er-Jahre wurden in der Ebene von Beth-Sche'an im Norden Israels Relikte einer städtischen Siedlung gefunden, die sich vor rund 3000 Jahren auf einem Bergplateau befand. Hier entdeckte man auch die Überreste einer einst hier bestehenden Imkerei. So konnten 30 Bienenstöcke in Form von rund 80 Zentimeter langen, röhrenförmigen Gefäßen geborgen werden, die mit einem Flugloch und einem abnehmbaren Deckel versehen und in drei Reihen übereinander angeordnet waren. Archäologen vermuten, dass mindestens 100 Bienenstöcke in Betrieb waren, aus denen ca. 500 Kilogramm Honig und bis zu 70 Kilogramm Wachs pro Saison gewonnen werden konnten. Die Imkerei von Tel Rechov ist mit der Vielzahl von Bienenbehausungen, Resten von Wachs und Pollen, aber auch mit einem Altar und dem deutlich abgegrenzten Bereich für die Bienenhaltung innerhalb der Stadt der weltweit älteste Beweis für das frühe Bestehen von Imkereien. Die dort praktizierte Art der Bienenhaltung mithilfe aufgereihter Tonröhren ist noch heute in vielen Regionen der Welt zu finden. Und zwei weitere Aspekte sind im Zusammenhang mit dem archäologischen Fund in Nordisrael von Bedeutung: Die Bienen, die in der historischen Imkerei von Tel Rechov gehalten wurden, entsprechen nicht der dort heimischen Rasse, sondern konnten dank DNA-Analyse als *Apis mellifera anatolica* – Anatolische Biene – identifiziert werden. Vermutlich hat man also diese Art bereits vor 3000 Jahren aus der Türkei importiert, da sie gegenüber der heimischen Rasse eine höhere Honigproduktion

aufwies. Hinzu kommt, dass die alttestamentarischen Hinweise auf das gelobte Land, »in dem Milch und Honig fließen«, mit den Entdeckungen im Jordantal Nordisraels nun auch ein historisches Fundament gefunden haben. Lange Zeit wurde der fließende Honig als Umschreibung für den süßen Saft von Datteln und Feigen angesehen, doch die Imkerei von Tel Rechov zeigt, dass Honig tatsächlich bereits vor Jahrtausenden in großem Stil gewonnen wurde.

Auch in Mitteleuropa wurde Jahrhunderte vor Beginn unserer Zeitrechnung Honig gewonnen, so zum Beispiel bei den Germanen, die es vor allem auf die Herstellung von Honigwein (Met) abgesehen hatten. Doch ihre erste Blütezeit erlebte die organisierte Bienenhaltung in unseren Breitengraden erst im Mittelalter. Zwei Formen der Imkerei bestanden zwischen dem 10. und 17. Jahrhundert parallel nebeneinander: die Waldbienenzucht (auch Zeideln genannt) und die Haus- und Gartenbienenzucht. Zeideln bezeichnet streng genommen lediglich das Herausschneiden von Honigwaben aus dem bestehenden Bienennest. In den Anfängen bedienten sich Zeidler noch überwiegend der Nester wilder Bienen, bis man dazu überging, gezielt Behausungen für die Nutztiere zu schaffen. Dafür begaben sich Zeidler in erster Linie in Nadelholzwälder und schlugen in rund sechs Metern Höhe Hohlräume in Bäume, die mit einem Brett samt Flugloch verschlossen wurden.

Aus der Zeit des antiken Griechenlands und Roms sind zahlreiche Aufzeichnungen und Darstellungen erhalten, die sich mit der gezielten Haltung von Bienen, der Erforschung ihres Verhaltens und der Nutzung der Bienenprodukte beschäftigen. (Linke Seite rechts)

Honigweingefäße, die im Boden ehemaliger Siedlungen gefunden wurden, belegen, dass die Kelten Honig nicht nur als Süßungsmittel, sondern auch zur Herstellung des alkoholischen Mets nutzten. (Linke Seite links)

Die Verbreitung von Körben kennzeichnet in Mitteleuropa die Vorstufe der Haus- und Gartenbienenzucht, die das Zeideln Mitte des 17. Jahrhunderts in unseren Breitengraden verdrängte.

Die Arbeit der Imker besaß im Mittelalter hohes Ansehen: In Bayern entstand im 14. Jahrhundert die Zunft der Zeidler, die als einzige das Recht besaßen, Kirchen und Klöster mit Bienenwachs zu versorgen, aus dem Kerzen hergestellt wurden. Zeidler waren freie Männer, sie durften eine Armbrust als Schutz gegen die in Wäldern umherstreifenden Bären und Wölfe tragen und waren nach einer Verordnung Karls IV. (1316–1378) von der Steuer befreit, sofern sie weniger als zehn Bienenvölker hielten. Alle anderen mussten an Staat und Kirche Abgaben in Form von Honig und Wachs leisten.

Angesichts der mühsamen und mitunter gefährlichen Ernte in den Wäldern war es naheliegend, die Bienen auch in die Nähe menschlicher Wohnräume zu holen und leichter zu bewirtschaftende Behausungen für die Insekten einzurichten.

Mussten die Zeidler des Mittelalters bei der Honigernte noch zahlreiche Gefahren und Mühen auf sich nehmen, erleichterte die Bienenhaltung mittels Körben und Klotzbauten die Imkerei maßgeblich, zumal sie auch in der Nähe menschlicher Behausungen stattfinden konnte.

Dies geschah mithilfe von geflochtenen Körben oder sogenannten Klotzbeuten – Baumstämme, die im Wald geschlagen, ausgehöhlt und an einem windgeschützten Platz aufgestellt wurden. In diesen vorgefertigten Nisthöhlen errichteten die Bienen ihre Waben, die fest mit den Wänden der Beuten verbunden waren. Zur Ernte wurden die Waben herausgeschnitten und damit auch zerstört. Dies hatte im schlimmsten Fall das Verlassen des ganzen Volkes aus der Beute zur Folge, führte aber mindestens dazu, dass die Bienen die entstandenen Schäden erst reparieren mussten, ehe sie neuen Honig einlagern konnten – was eine beträchtliche Minderung des Honigertrags zur Folge hatte. Aus der organisierten Haltung von Bienen mittels Beuten leitet sich auch unser heutiges Wort »Imker« ab: Es ist eine Zusammensetzung aus »Imme« (Biene) und »Kar« (Gefäß).

Die Verbreitung von Klotzbeuten und Körben kennzeichnet in Mitteleuropa die Vorstufe der Haus- und Gartenbienenzucht, die das Zeideln Mitte des 17. Jahrhunderts in unseren Breitengraden verdrängte. Mit der Entwicklung beweglicher, also herausnehmbarer Waben bzw. Rahmen Mitte des 19. Jahrhunderts durch den nordamerikanischen Pfarrer Lorenzo Lorrain Langstrotz und dem Einsatz von Mittelwänden aus Wachs mit vorgeprägten Zellen sowie der Verwendung von Honigschleudern durch den deutschen Oberlandforstmeister August Freiherr von Berlepsch wurde die Bienenhaltung wesentlich effizienter und einfacher. Fortan mussten die mit Honig gefüllten Waben bei der Entnahme nicht herausgeschnitten werden, sondern blieben erhalten und wurden durch leer geschleuderte Waben ersetzt. Die Bienen konnten zudem beim Ausbau der Waben auf das vorgegebene Muster der Wachsplatten zurückgreifen und benötigten damit weniger Zeit und Energie zur Fertigstellung neuer Zellen. Nicht zuletzt wurden die bis dahin gängigen Verfahren der Honiggewinnung mittels Pressung oder der gemeinsamen Erhitzung von Honig und Wachswabe mit anschließender Trennung durch das Schleudern gefüllter Waben ersetzt. Nur in Abgrenzung zu diesem früheren und heute absolut nicht mehr gängigen Verfahren der Einschmelzung ergibt der Begriff »kalt geschleuderter Honig« überhaupt einen Sinn. Da Honig – mit Ausnahme von Heidehonig – heute jedoch fast ausschließlich durch Schleudern gewonnen wird, ist der in der Vergangenheit vielfach auf Etiketten versehene Vermerk »kalt geschleudert« aus gutem Grund nicht mehr zulässig, da er kein besonderes Qualitätsmerkmal, sondern eine Selbstverständlichkeit in dem heute gängigen Honiggewinnungsverfahren darstellt.

Die Imker des späten Mittelalters bedienten sich bei der Bienenhaltung sogenannter Klotzbeuten. Hierbei handelt es sich um Baumstämme, die ausgehöhlt und an einem windgeschützten Platz aufgestellt wurden.

Mit der Entwicklung beweglicher, also herausnehmbarer Waben bzw. Rahmen Mitte des 19. Jahrhunderts durch den nordamerikanischen Pfarrer Lorenzo Langstrotz wurde die Bienenhaltung wesentlich effizienter und einfacher.

Das 19. Jahrhundert hielt für die Imkerei eine weitere entscheidende Entdeckung bereit. Und wieder ging diese auf den insektenkundlich interessierten Pfarrer Lorenzo Langstroth zurück. Im Zuge langjähriger Beobachtungen und Untersuchungen konnte er den idealen Bienenabstand definieren, jenen Abstand also, der zwischen den beweglichen Rahmen eingehalten werden sollte, damit die Bienen ihn weder mit Wachs noch mit Propolis verbauen – eine grundlegende Voraussetzung für den Erfolg der modernen mobilen Imkerei.
Seine Methode, Bienenkästen mit beweglichen Waben von oben zu öffnen, legte darüber hinaus den Grundstein für die Entwicklung der heute weltweit verbreiteten, leicht zu transportierenden Magazinbeuten. Zum Zeitpunkt der Entwicklung moderner Bienenbehausungen hatte Lorenzo Langstroth wohl kaum eine Ahnung davon, welche einschneidenden Veränderungen diese Magazinbeuten mit sich bringen würden. Die Rede ist von der Entwicklung eines Wirtschaftszweiges, der auf der organisierten Wanderung von Milliarden Bienen zur Bestäubung von Nutzpflanzen beruht. Es ist nicht zuletzt diese zunehmende Vermarktung und Effizienzsteigerung der Bienenarbeit, die zunehmend in Kritik gerät, da sie im Verdacht steht, eine der Ursachen für das massenhafte Bienensterben der vergangenen Jahre zu sein.

DIE MODERNE IMKEREI – BIENENHALTUNG IM 20./21. JAHRHUNDERT

Europa hat ein Nachwuchsproblem. Die Rede ist nicht von Ingenieuren oder IT-Spezialisten, sondern von Imkern, und zwar unabhängig davon, ob sie Bienen in ihrer Freizeit oder als Neben- bzw. Haupterwerb halten. Abgesehen von Deutschland, Österreich und einigen anderen Ländern, in denen sich eine positive Entwicklung abzeichnet, greift dieser rückläufige Trend seit nunmehr rund 25 Jahren in Gesamteuropa um sich. Zahlreiche Imker müssen die Bienenhaltung aus Altersgründen aufgeben und noch fehlt flächendeckend der Nachwuchs, der diesen Verlust kompensieren könnte. Hinzu kommen die ökonomischen Veränderungen der letzten Jahrzehnte: Die grundsätzliche Verbesserung der Lebensqualität in ganz Europa ermöglicht es einer ehemals von Armut gezeichneten Landbevölkerung, von selbst gewonnenem Honig auf Zuckerprodukte umzusteigen. Und nicht zuletzt schrecken Nachrichten vom massenhaften Bienensterben viele Menschen ab, die Insekten zu halten, da sie Ertragsausfälle und einen hohen Zeit- bzw. Kostenaufwand in der Prävention und Behandlung von Krankheiten und Seuchen fürchten.

Seit 1997 unterstützt die Europäische Union die Imkerei mit Fördergeldern, um die Erzeugungs- und Vermarktungsbedingungen für Imker in Europa zu verbessern und zeitgleich gezielte Informationen über den Bienenbestand in Europa zusammenzutragen. Im Rahmen dieses Förderprogramms legt die EU-Kommission alle drei Jahre einen Bericht vor, der anhand von Datenauswertungen auch eine Prognose über die Entwicklung des Imkereiwesens gibt. Danach rechnete die Kommission damit, dass sich die Anzahl der Imker bis 2019 um weitere 25.000 auf 606.000 Imker reduziert. Vor diesem Hintergrund ist es nur zu verständlich,

Selbst 1970, als es in beiden Teilen Deutschlands noch mehr (Hobby-) Imker gab, entschieden sich nur wenige junge Menschen für den Lehrberuf des Imkers, der heute den offiziellen Namen »Tierwirt – Fachrichtung Bienen« trägt.

Nachwuchsförderung ist eines der zentralen Anliegen der Imkerverbände. Vorträge, Schulungen und vor allem Einblicke in das Leben eines Bienenstaats können die Begeisterung von Kindern und Jugendlichen wecken.

dass das Bundesminsterium für Ernährung und Landwirtschaft die EU-Fördergelder insbesondere für die Erhöhung der Imkerzahlen und die Wiederauffüllung des Bienenbestands vorsieht, denn die Verluste der Bienenvölkern im Zeitraum bis 2008 konnten auch in Deutschland bislang nicht ausgeglichen werden. Gab es 1991 noch mehr als 1,2 Millionen Bienenvölker, so sind es heute nur noch rund 820.000. Nimmt man eine durchschnittliche Populationsgröße von 35.000 Insekten zur Grundlage weiterer Berechnungen, so fehlen allein in Deutschland verglichen mit früheren Zeiten rund 13 Milliarden Bienen bei der Bestäubung von Wild- und Nutzpflanzen. Und: Deutschland und (Mittel-)Europa stehen mit diesem Trend nicht allein. Auch in den USA geht die Anzahl der Imker und Bienenvölker seit Jahrzehnten zurück: Anfang der 1960er-Jahre existierten noch rund 5,5 Millionen Völker, knapp 50 Jahre später sind es fast 3 Millionen Völker weniger.

Das sind durchaus alarmierende Zahlen. Doch es gibt Entwicklungen, die Grund für verhaltenen Optimismus geben. Dazu gehört sicherlich ein grundsätzlich gestiegenes Interesse an Bienen, das sich nicht zuletzt in der medialen Präsenz der Insekten bemerkbar macht. Darüber hinaus erlebt die Bienenhaltung einen Imagewechsel, der sich vor allem in den Großstädten abzeichnet. Sei es das seit 2010 offiziell von der Stadtverwaltung genehmigte »urban beekeeping« in New York, die Ansiedlung von Bienen auf den Dächern von Luxushotels in Toronto oder Paris, die ihre Gäste mit Honig aus eigener Produktion versorgen, oder das Aufstellen von Bienenstöcken auf privaten und öffentlichen Dachterrassen in Berlin: Stadtimkerei liegt voll im Trend. Und nicht zuletzt ist weltweit betrachtet die Anzahl der von Imkern gehaltenen Bienenvölker in den letzten 50 Jahren um rund 45 Prozent gestiegen. Asien bietet dafür ein gutes Beispiel: Allein in China hat sich die Anzahl der Bienenstöcke seit den 1960er-Jahren von rund 3,35 Millionen auf 9,15 Millionen erhöht. Mit einem geschätzten Honigertrag von 400.000 Tonnen drängt das Land der Mitte mit Nachdruck auf den weltweiten Honigmarkt.

Aufatmen ist also erlaubt, zumindest wenn es um die Versorgung mit Honig geht. Doch die Grenzen des globalen Austauschs werden bei einem wichtigen, wenn nicht gar dem wichtigsten Dienstleistungsbereich der Bienen mehr als offensichtlich: der Bestäubung. Nicht schwindende Honigerträge stellen also das eigentliche Problem dar – hier sorgen die Bienen Asiens und Südamerikas dafür, dass in den honigarmen Ländern keine Lücken in den Supermarktregalen entstehen –, sondern der wachsende Druck hinsichtlich der Frage, wie die Kultur- und Wildpflanzen Mitteleuropas und der USA zukünftig angesichts schwindender Bienenpopulationen vor Ort bestäubt werden sollen. Noch sind Agrarverbände, Wissenschaftler und Politik weit davon entfernt, konkrete Lösungsansätze liefern zu können. Genau hieraus zieht ein kleiner Teil der Imker seinen Nutzen: Angesichts fehlender Bestäuber von Kulturpflanzen entwickelt sich ein neuer Typus des Imkers, dem weniger am Honig gelegen ist als vielmehr an der Vermietung seiner Insekten als Blütenbestäuber. Nirgendwo wird dieser Trend deutlicher als in den USA: Dem kontinuierlichen Rückgang an Hobbyimkern steht die Etablierung von Großimkern entgegen, die 5000 Völker und mehr halten und eine maximale Vermarktung der Nutztiere auf Plantagen und Feldern anstreben. Diese kann nur einhergehen mit dem über Monate andauernden, generalstabsmäßig geplanten Wandern der Bienen. In Deutschland ist die Vermarktung und Haltung in solch großem Stil bislang nicht verbreitet. Es bleibt jedoch abzuwarten, ob und inwieweit sich in den nächsten Jahrzehnten eine Verlagerung abzeichnen wird, bei der die Biene nicht mehr primär als Honiglieferant arbeitet, sondern als wandernder Bestäuber von Blüten. Die Imkerei würde dadurch einen strukturellen und inhaltlichen Wandel erleben, in dessen Zuge die Mobilität von Bienen eine bis dahin nie gekannte Bedeutung erhielte.

Dank globaler Vernetzung ist die Versorgung des europäischen Marktes, der auf die Importe von Honig aus anderen Kontinenten angewiesen ist, sichergestellt. Doch der Verlust von Bienenvölkern in Europa und den USA in den letzten 25 Jahren hat auch Einfluss auf die Bestäubung von Pflanzen.

EIN EINBLICK IN DIE ARBEIT DES IMKERS

Alte Herren mit komisch umschleierten Hüten, genüsslich rauchend vor dem Bienenstock stehend – so stellt man sich landläufig den Imker vor. Rentner, die den Bienen bei der Arbeit zusehen. Doch weit gefehlt: Die Imkerei ist eine anstrengende Aufgabe für all jene, die gesunde Bienenvölker und gute Honigerträge haben möch-

Daten und Fakten zur Imkerei in Deutschland

	1922	1951	2005	2014	2016
Anzahl der Imker	238.500	182.000	81.000	97.000	108.200

(Zahlen auf der Grundlage der Mitgliederzahlen im Deutschen Imkerbund e. V.)

Altersstruktur/Frauenanteil bei Imkern
2015 lag das Durchschnittsalter deutscher Imker bei 56,8 Jahren. Gegenüber 2008 entspricht dies einer Verjüngung um rund 4 Jahre im Durchschnitt. Der Anteil der Frauen liegt derzeit bei etwa 16 Prozent gegenüber 5,6 Prozent in 2009. Der Frauenanteil ist in Großstädten besonders hoch: In Hamburgs liegt er bei etwa 29 Prozent, in Berlin sogar bei 31,2 Prozent.
(Quelle: Deutscher Imkerbund e. V.)

Entwicklung der Bienenpopulationen

1900	1920	1991	1999	2009	2016
2.605.000	2.000.000	1.215.000	899.000	614.000	745.800

(Quelle: aid)

Anzahl der betreuten Völker pro Imker

1–20 Völker:	80 Prozent der Imker
21–50 Völker:	18 Prozent der Imker
über 50 Völker:	2 Prozent der Imker

In der EU gilt die Bienenhaltung ab 150 Völkern als professionell betriebene (steuerpflichtige) Imkerei, unabhängig davon, ob sie haupt- oder nebenerwerblich betrieben wird.
(Quelle: Deutscher Imkerbund e. V.)

Honigproduktion
Deutsche Imker konnten in den letzten 15 Jahren mit durchschnittlichen Erträgen von 18 bis 34 Kilogramm Honig pro Volk und Saison rechnen. Damit decken heimische Imker lediglich 20 Prozent des landesweiten Bedarfs an Honig (90.000 Tonnen) ab, der Rest wird importiert, wobei Argentinien seit vielen Jahren den bedeutendsten Importeur darstellt.

In China sind seit den 1960er-Jahren mehr als 5 Millionen Bienenvölker hinzugekommen. Mit knapp 9 Millionen Völkern insgesamt und einem geschätzten Honigertrag von 400.000 Tonnen drängt das Land der Mitte mit Nachdruck auf den weltweiten Honigmarkt.

ten. Ein Imker braucht Zeit und ein ausgeglichenes Gemüt, weshalb vielleicht in der Tat in Deutschland gerne Rentner Bienen halten. Gerade aber in den Großstädten sind es zunehmend jüngere Menschen und auch vermehrt Frauen, die sich den Honigbienen widmen. Und wer in den Betrieb eines Berufsimkers schaut, der wird dort – wie in jedem Betrieb – Menschen jeden Alters und Geschlechts antreffen. Ihnen allen, ob jungen oder alten Hobby- oder Berufsimkern ist eines gemeinsam: eine offenkundige Begeisterung für Honigbienen, eine große Naturverbundenheit, Geduld und eine gute Beobachtungsgabe. Um aber auch erfolgreich zu sein, gute Honigernten einzutragen und vielleicht sogar eine hohe Bestäubungsrate in Garten und Feld zu erlangen, benötigt man darüber hinaus viel Erfahrung.

Die Bienen selbst sind auf all das nicht angewiesen, sie brauchen den Menschen in der Regel nicht. Der Imker kann seine Bienen bei der Arbeit zwar unterstützen, alles daransetzen, dass sie ihm höhere Erträge einbringen – aber die Biene ist nicht von ihm abhängig. Obwohl eines der wichtigsten Nutztiere des Menschen, bleibt die Honigbiene ein Wildtier, das der Mensch nicht zähmen kann. In der freien Natur hat sie Jahrmillionen überlebt, ohne des Menschen zu bedürfen. Sie würde auch heute überleben – wenn auch unter weit schwierigeren Bedingungen als noch vor zwei Jahrhunderten. Denn der Mensch greift immer stärker in den natürlichen Lebensraum der Biene ein, natürliche Hohlräume – das einzige, was die Biene nicht selbstständig herstellen kann – sind nur noch selten zu finden; hinzu kommen aus fremden Kontinenten eingeschleppte Krankheiten und Parasiten.

Je nach Vorlieben stehen dem Imker verschiedene Bienenbehausungen zur Verfügung: Der Lüneburger Stülper (oben links) ist ein halbrunder Korb, der vor allem bei der Heideimkerei eingesetzt wird und in dem den Bienen beim Ausbau keine bis wenige Vorgaben gemacht werden. Doch es gibt auch viereckige Bienenkörbe (oben rechts), die mit eingehängten Rähmchen bestückt werden und dadurch eine Mischung aus klassischem Korb und heute verbreiteter Magazinbeute (unten rechts) darstellt.
Zur Vermehrung von Völkern sind kleine Ablegerkästen (unten links) hilfreich, in denen aus einigen Waben mit verdeckelter und gerade bestifteter Bienenbrut und einigen Arbeiterinnen ein neues Volk herangezogen wird.

Es wäre für das Überleben der Bienen wesentlich beschwerlicher, wenn es keine Imker mehr gäbe. Sehr grob vereinfacht kann man die Zusammenarbeit zwischen Imker und Bienenvolk daher so darstellen: Der Imker stellt den Insekten eine passende Behausung zur Verfügung, die Bienen liefern ihm dafür Honig, Wachs und andere Produkte.

▸▸ EIN FUNKTIONALES ZUHAUSE – DIE MAGAZINBEUTE

Eine feste Behausung ist für die Westliche Honigbiene überlebensnotwendig. Die finden sie zwar teilweise auch noch (gern in der Heideimkerei) in Korbbeuten, doch diese wurden in der modernen Imkerei längst von den Magazinbeuten aus Holz oder festem Styropor abgelöst. Ihr Fassungsvermögen und Format mögen in unterschiedlichen Ländern variieren, ihr Aufbau und ihre Funktionsweise aber sind im Wesentlichen überall gleich. Über einem Boden, der auch das Flugloch beherbergt, werden die sogenannten Zargen gestapelt, Kisten, die oben und unten offen sind. In diese Zargen werden schmale Holzrahmen eingehängt, in die jeweils eine wächserne Mittelwand eingespannt ist. Diese Wände, in die bereits einzelne pyramidenartige Zellenvertiefungen und die Sechseckform eingeprägt wurden, dienen den Honigbienen als Untergrund für ihre Waben. Die Bienen müssen also nur noch die einzelnen Zellenwände anbauen. Die Holzrahmen, dicht nebeneinander gehängt, entsprechen in ihrer Entfernung zueinander exakt dem Abstand, den auch natürlich gebaute Waben in einem wilden Bienenstock zueinander hätten. Die obere Zarge wird mit einer Folie und anschließend einem Deckel geschützt. Theoretisch ist damit der Bienenstock fertig, er kann, je nach Größe des Bienenvolks, erweitert oder verkleinert werden, indem man Zargen einfügt oder herausnimmt. Imker ergänzen ihren Bienenstock meist noch um ein

Absperrgitter, das sie je nach Jahreszeit über die erste oder zweite Zarge legen. Die Maschen des Gitters sind weit genug, damit Arbeiterinnen sie ungehindert passieren können, aber zu eng für den größeren Körper der Königin. Ihr Reich bleibt damit auf die unteren Stockwerke des Bienenstocks beschränkt. So teilt der Imker den Bienenstock in einen Brut- und einen Honigraum ein: Der Brutraum ist das Reich der Königin, dessen Zellen sie in aller Ruhe bestiften kann, und im Honigraum lagern die Arbeiterinnen ausschließlich Honig ein. Der Imker schont damit bei der Honigernte sowohl die Brut als auch die Königin.

▸▸ DAS IMKERJAHR

Während der langen Wintermonate kann der Imker nicht viel für seine Bienen tun, wohl aber alles für die kommende Saison vorbereiten. Alte Waben müssen eingeschmolzen, das Wachs gefiltert und die Rahmen mit neuen Mittelwänden versehen werden. Wenn es dann im Frühjahr wärmer wird und die Witterung trocken genug ist, beginnt das Bienen- und mit ihm das Imkerjahr. Vorherrschende Aufgaben des Imkers sind, die Räumlichkeiten des Bienenstocks der Größe des Volkes anzupassen, mit den Bienenstöcken gegebenenfalls zu reichen Trachtquellen zu wandern, die allgemeine Bienengesundheit und den Parasitenbefall zu beobachten und gegebenenfalls einzugreifen und eventuell Bienenköniginnen zu züchten. Darüber hinaus ist es sein Bestreben, die Bienen am Schwärmen zu hindern, denn dadurch würden die Bienenvölker nicht nur kleiner und gegebenenfalls schwächer werden, sie würden auch deutlich weniger Honig liefern. Die Honigmenge, die ein Schwarm mit sich trägt, um einen ausreichenden Nahrungsvorrat für die Kolonieneugründung zu besitzen, ist nicht zu unterschätzen. Es fordert die ganze Erfahrung des Imkers, zu erkennen, wann ein Bienenstaat schwarmfreudig wird und rechtzeitig entsprechende Gegenmaßnahmen einzuleiten. Eine wirksame Maßnahme gegen das Schwärmen ist die Anlage von Ablegern. Im Grunde nimmt der Imker damit das Schwärmen vorweg, bildet aus einigen Waben verdeckelter

Das Absperrgitter verhindert, dass die Königin Eier in den Honigraum legt, was die Honigernte deutlich erschweren würde. Die Arbeiterinnen nehmen von dem Gitter hingegen keine Notiz und bebauen es sogar. (Unten links)

Nach der Honigernte werden die ausgeschleuderten Rähmchen wieder in den Stock gehängt. Die Bienen können die einzelnen Zellen nun wieder befüllen. (Unten rechts)

Folgende Doppelseite: Werden die Holzrähmchen der Magazinbeute nicht mit vorgefertigten Mittelwänden versehen, müssen die Bienen die kompletten Waben errichten. Das bedeutet für die Tiere zwar mehr Arbeit, ist aber auch natürlicher. In diesem Fall werden die Waben für die Drohnenbrut beispielsweise ein wenig größer angelegt als die für die Arbeiterinnen.

und gerade bestifteter Brut, einer Handvoll Arbeiterinnen, etwas Honig und Pollen und gegebenenfalls der alten Königin eine neue Kolonie. Damit unterbindet er die natürliche Vermehrung des Volkes durch Teilung und führt diese stattdessen kontrolliert selbst durch. Dennoch, auch die größte Sorgfalt des Imkers kann nicht verhindern, dass sich von Zeit zu Zeit ein Bienenschwarm löst.

Wie man einen Schwarm einfängt

Es mag für den Imker ein unerwünschtes Ereignis sein, einen ungeheuren Arbeitsaufwand bedeuten und letztendlich nicht immer von Erfolg gekrönt sein, aber für den Laien und unbeteiligten Beobachter ist es sehr spannend, einem Bienenschwarm zu folgen und bei dessen Ergreifung zuzuschauen. Fällt ein Bienenschwarm, so bedeutet das, dass die alte Königin mit einem Großteil des Volkes und einem kleineren Teil der Honigvorräte den Stock verlässt. Die Luft schwirrt nun von Bienen, die alle ihrer Herrscherin folgen, bis diese sich irgendwo, etwa auf einem Ast, niederlässt – meist nicht allzu weit von ihrem Stammsitz entfernt. Schon bald darauf bildet ihr Gefolge eine dichte Traube rund um die Königin, um sie mit seinen Körpern zu schützen. Nur einige Spürbiene beginnen, nach einem neuen Heim zu suchen.

Theoretisch ist es einfach, diesen Schwarm einzufangen – man muss nur die Königin finden; alle anderen Bienen folgen ihr nach. Praktisch braucht es einiges Geschick und teilweise gute Kletterfähigkeiten des Imkers, um an die Bienen zu gelangen. Indem die Insekten mit Wasser besprüht werden, drängen sie sich noch dichter aneinander. Diese Traube versucht der Imker durch einen einzigen kräftigen Ruck an dem Ast, an dem die Bienen sitzen, in eine untergestellte Kiste zu schütteln. Die Bienentraube fällt hinein und bleibt, sofern die Bienenkönigin nach wie vor in ihrer Mitte sitzt, auch in der Kiste liegen.

Aus diesem Schwarm kann der Imker nun eine neue Kolonie bilden. Oder er tötet die alte Königin. Dann werden die Arbeiterinnen – ohne Königin auf sich allein gestellt – wieder zu ihrem alten Nest zurückkehren oder sich, dank ihres gut gefüllten Honigmagens, in einem fremden Stock einbetteln und somit Teil dieses Bienenvolks werden.

Es sind die Monate Mai und Juni, in denen die Bienen in unseren Breiten zu schwärmen beginnen, die Zeit, in der auch eine erste Honigernte in Frage kommt. Eine zweite Ernte kann bis Ende Juli erfolgen; dann ist hierzulande die Tracht beinahe erschöpft: Was die Bienen später noch eintragen können, verbleibt ihnen als Winterfutter. Doch das allein würde bei Weitem nicht ausreichen, um das Bienenvolk über den Winter zu bringen. Da den Bienen in der Regel ein Großteil ihrer Wintervorräte an Honig genommen wurde, wird unmittelbar nach der letzten Honigernte mit der Fütterung der Bienen begonnen. Sie bekommen nun Zuckerwasser oder -sirup als Winterfutter, das sie ebenso emsig eintragen und das ihnen helfen soll, den Winter zu überstehen (siehe dazu S. 291). Zu dieser Zeit behandeln die meisten Imker ihre Bienen prophylaktisch gegen einen ihrer Hauptfeinde, die Varroamilbe.

Im Spätsommer neigt sich das Imkerjahr seinem Ende zu. Der Stock muss winterfest gemacht werden, die Beute verringert, das Flugloch vor Eindringlingen, etwa Mäusen, geschützt werden. Die Winterbienen sammeln sich mit zunehmender Kälte im

Stock zur Wintertraube, die Flugtätigkeit wird eingestellt – für den Imker endet sein Jahr mit den Bienen.

▸▸ DIE HONIGERNTE

Den Lohn ihrer Arbeit sehen Hobby- und Berufsimker ganz unmittelbar bei der Honigernte. Die Arbeitsprozesse beim Honigschleudern sind im Großen und Ganzen immer dieselben, allerdings muss ein kleiner Imkerbetrieb wohl einige Arbeiten von Hand erledigen, die in großen Imkereien mittlerweile maschinell ausgeführt werden.
Bereits am Vortag wird der Honigraum der Beute mit einer sogenannten Bienenflucht vom restlichen Stock abgetrennt. Sie ermöglicht den Bienen, die sich im Honigraum aufhalten, diesen in Richtung Brutraum zu verlassen, Bienen aus dem Brutraum können dagegen nicht mehr in den Honigraum gelangen. Durch den fehlenden Austausch zwischen den Bienen wird das Königinnenpheromon im Honigraum immer schwächer, die Bienen drängen nach unten und der Honigraum wird zunehmend leerer. Die restlichen Bienen werden am Erntetag sachte von den Waben gefegt, die Waben in den Schleuderraum gebracht. Mithilfe einer feinzinkigen Entdeckelungsgabel hebt der Imker auf beiden Seiten der Wabe vorsichtig die Wachsdeckel von den mit Honig gefüllten Zellen ab und stellt die Wabe in die Honigschleuder.
Die Honigschleuder besteht aus einem runden Kessel, in dessen Mitte ein drehbarer Korb die Waben samt Holzrahmen aufnimmt. Ob im Handbetrieb oder elektronisch: Dreht sich der Wabenkorb, so wird der Honig aufgrund der wirkenden Zentrifugalkraft aus den Zellen an die Kesselwand geschleudert, läuft daran herunter und durch einen Ablaufhahn und mehrere Siebe in einen großen Honigeimer. Der goldgelbe bis dunkelbraune Honig ist flüssig, beginnt aber je nach Sorte bereits nach wenigen Tagen zu kristallisieren. Um später möglichst kleine Kristalle und eine sämige Konsistenz zu erhalten, muss der Honig über einige Wochen hinweg regelmäßig gerührt werden. Zuletzt wird der Honig in Gläser abgefüllt, wozu er in einem sogenannten Wärmeschrank noch einmal langsam auf etwa 35 °C erwärmt werden muss.

Eine Entdeckelungsgabel dient dem Imker zur Entfernung der Wachsdeckel, die sich über den mit Honig gefüllten Waben befinden. (Links)

Nach dem Schleudern sind die Waben leer und können erneut in den Bienenstock eingesetzt werden. (Rechts)

»Beekeeping has changed a lot since Grandpa's day.«
GERRY TAYLOR, IMKER AUS OHIO

Weltweit im Einsatz – Bienen als Bestäuber

»Bestäubungsimker«, »Bee Broker« oder »Bestäubungsmanagement« – solche Bezeichnungen hat man vor 50 Jahren noch vergeblich im Bereich der Imkerei gesucht. Doch die Bienenhaltung erlebt in einigen Teilen der Welt einen strukturellen und inhaltlichen Wandel, der Honig zu einem Nebenprodukt macht und stattdessen die Bestäubungsleistung der Insekten in den Mittelpunkt rückt. Mit der zunehmenden Bestäubungsindustrie gewinnt die Mobilität von Bienen eine in der traditionellen Imkerei nie dagewesene Bedeutung.

GROSSEINSATZ NACH PLAN – DIE OBSTBLÜTE IM ALTEN LAND

Im Leben einer Biene sind 15 Tage für das Eintragen von Pollen, Nektar und Wasser vorgesehen. Pro Tag besucht die Sammlerin etwa 2500 Blüten, in ihrem kurzen Leben also knapp 40.000. Ein ganzes Volk kann damit gut und gerne 12 bis 20 Millionen Blütenbesuche pro Tag (!) auf seinem Konto verbuchen.

Mit der Entfaltung der ersten weißen Kirschbaumblüten beginnt die Invasion der Bienen im größten zusammenhängenden Obstanbaugebiet Deuschlands, dem Alten Land nahe Hamburg. Imker aus der Umgebung reisen mit ihren transportablen Bienenstöcken an und platzieren rund 5000 Bienenvölker mit insgesamt 140 Millionen Bienen in den Obstplantagen. Sofern das Wetter mitspielt, erfolgt schon bald das große Ausschwärmen der Sammelbienen. Die Zeit drängt: Kaum mehr als drei Wochen dauert die Blütezeit von Kirsch-, Apfel-, Birnen- und Pflaumenbäumen. In diesem kurzen Zeitraum müssen etwa 17 Millionen Obstbäume bestäubt werden, die sich auf einer knapp 11.000 Hektar großen Fläche befinden. Wer nun zwischen den blühenden Obstbäumen entlangschlendert, vernimmt unaufhörlich das Summen der Sammelbienen, die bis zu zehnmal pro Tag den Stock für Trachtflüge verlassen und auf der Suche nach Pollen und Nektar 150–300 Blüten pro Ausflug ansteuern. Indem sie Blütenstaub von einer Blüte zur nächsten tragen, schaffen sie die Voraussetzung für die Ausbildung der Fruchtknoten, aus denen die Früchte entstehen. Monate nach dem Abzug der Bienen aus dem Alten Land beginnt die Erntezeit: Pro Hektar werden rund 36 Tonnen Früchte gewonnen – ein Ertrag, der ohne den Einsatz der Bienen undenkbar wäre.

Allein im Alten Land bei Hamburg werden bis zu 350.000 Tonnen Äpfel pro Jahr geernet. In der nur rund zwei Wochen andauernden Blütezeit erledigen Millionen Bienen die Bestäubung der Apfelbäume.

Nicht nur im Alten Land und nicht erst in heutiger Zeit sind die Obstbauern auf die Arbeit der Bienen angewiesen. Schon im Mittelalter reisten Imker mit Pferdekarren durchs Land, auf denen sie Bienenstöcke transportierten. Gegen ein geringes Salär deponierten sie die Insekten im Bereich der Nutzpflanzen, die bestäubt werden sollten. Mit der Entwicklung von Monokulturen und dem wachsenden Druck, mehr und mehr Erträge pro Hektar zu erwirtschaften, stieg zugleich die Bedeutung der Bienen in der Agrarwirtschaft. Heute ist Fremdbestäubung durch Insekten ein riesiges Geschäft, das Hobbyimkern ein mögliches Zusatzeinkommen, Berufsimkern über das Jahr verteilt ein Einkommen beschert, das bis in die Millionenhöhe reichen kann.

DAS GESCHÄFT MIT DEN BIENEN

Im Central Valley von Kalifornien nehmen Mandelplantagen mittlerweile eine Fläche von 380.000 Hektar ein – Tendenz steigend. Der Ertrag von nahezu 1 Milliarde Kilogramm Mandeln wäre ohne den gezielten Einsatz von Bestäuberbienen nicht denkbar. (Rechte Seite)

Nirgendwo auf der Welt lassen sich die Ausmaße der Bienenvermarktung eindrucksvoller nachvollziehen als in Kalifornien. Das Schauspiel beginnt im Februar. Dann setzen sich über 3000 LKW in Bewegung, die jeweils Hunderte aufgestapelter, mit Netzen überspannter Holzkisten transportieren. Die Fahrer wissen um die Bedeutung und den Wert ihrer Fracht: Milliarden Bienen müssen nun mit der nötigen Vorsicht zu ihrem Einsatzort gefahren werden. Das Ziel ist die lang-

gestreckte Tiefebene Kaliforniens, die im Westen von den Coast Ranges und im Osten von der Sierra Nevada begrenzt wird. Central Valley, so der Name des fast 700 Kilometer langen Tales, ist der »Fruchtgarten der USA«. Hier gedeihen mehr als 300 Agrarprodukte, unter ihnen verschiedene Getreidesorten sowie zahlreiche Obst- und Gemüsesorten. Man geht davon aus, dass mindestens 30 Prozent der Agrarprodukte, die in amerikanischen Haushalten auf den Tisch kommen, hier angebaut und geerntet werden.

Wer das Central Valley auf den Highways durchkreuzt, fährt an schnurgerade angelegten Gemüsefeldern und Plantagen vorbei, die sich über viele, viele Kilometer erstrecken. Für zahlreiche Gewächse herrscht ein ideales Klima vor. Das gilt auch für *Prunus dulcis*, den Mandelbaum. Mitte Februar erblühen auf einer Fläche von 380.000 Hektar schätzungsweise 90 Millionen Mandelbäume und verwandeln das Land in ein Meer aus weißen und rosafarbenen Blüten. All diese Bäume müssen innerhalb von drei bis vier Wochen durch Bienen bestäubt werden, ein Vorgang, der nur durch systematisches, streng organisiertes Bienenwandern möglich ist. Rund 1,6 Millionen Völker, also etwa 60 Milliarden Sammelbienen, werden deshalb zu Beginn der Blütezeit in die Mandelplantagen des Central Valley befördert. Sie sind die Grundvoraussetzung dafür, dass Kalifornien Rekordernten einfährt, die bei etwa 970 Millionen Kilogramm Mandeln pro Jahr liegen (Quelle: The USDA National Agricultural Statistics Service und Almond Board of Califor-

Rund 1,6 Millionen Bienenvölker sind nötig, um die Bestäubung der kalifornischen Mandelbäume zu sichern. (Links)

Die Bestäubungsindustrie ist vor allem in den USA mittlerweile derart lukrativ, dass immer mehr Berufsimker die Honigproduktion als Nebenerwerb betreiben und stattdessen einen maximalen Einsatz ihrer Bienen auf Feldern und Plantagen anstreben – mit allen negativen Auswirkungen, die dies auf die Bienen hat. (Rechts)

nia). Damit wird nicht nur der amerikanische Markt abgedeckt, sondern auch 80 Prozent des Weltmarkts. Mandeln sind mittlerweile das wichtigste Exportprodukt des sonnenreichen US-Staates.

Da die in Kalifornien kommerziell gehaltenen Bienenvölker für die Bestäubung der Mandelbäume bei Weitem nicht ausreichen, bedarf es weiterer Abermillionen

Bienen – und diese werden mit riesigen Transportern angeliefert oder kommen geflogen, allerdings nicht durch Eigenantrieb aus der nahen Umgebung, sondern per Flugzeug, mitunter sogar aus Australien. Auf diese Weise sind rund 80 Prozent der kommerziell gehaltenen Bienenvölker in den USA ab Februar in den Mandelplantagen im Einsatz. Doch bevor die amerikanischen und australischen Bienen auf den Weg gebracht werden, müssen Logistikpläne erstellt werden, die verzeichnen, welcher Imker seine Nutztiere wo ablädt. Nur so lässt sich die Aufstellung Hunderttausender Bienenstöcke innerhalb weniger Tage in den Plantagen gewährleisten. Die LKW-Fahrer sind mit GPS-Systemen und zusätzlichen Handzetteln ausgerüstet, die ihnen genau anzeigen, auf welchem Stück Land und in welcher Baumreihe die wertvolle Fracht abzuladen ist.

Damit dieser Bestäubungsmarathon reibungslos verläuft, hat sich vor Jahren ein neuer Beruf etabliert: der des »Bee Broker«. Die Bienenmakler bilden gewissermaßen die Schnittstelle zwischen den Mandelpflanzern und den Berufsimkern des In- und Auslands. Sie organisieren für viele Farmer die pünktliche Anlieferung einer ausreichenden Menge Bestäuberbienen und erhalten dafür ein Honorar, das bei vier bis zehn Euro pro Volk liegt. Zwei Entwicklungen spielen den Bienenmaklern in die Karten: Zum einen der Rückgang an Bienenvölkern in den USA von fünf auf 2,6 Millionen Völkern in den letzten 70 Jahren und zum anderen der rasant wachsende Bedarf an Bienen. Das treibt die Vermittlungsprämien ebenso in die Höhe wie die Bestäubungsprämien für Imker. Doch der Beruf ist nicht ohne Risiko: Kein Vertragsimker kann seinem Vermittler tatsächlich die Garantie dafür geben, dass seine Völker die Wintermonate reibungslos überstehen. Bei Verlusten von 30 bis 40 Prozent entstehen Engpässe, die auch die Bienenmakler auffangen müssen, um den Verpflichtungen gegenüber den Mandelpflanzern nachzukommen. Läuft alles nach Plan, können gut verdienende »Bee Broker« jedoch allein für die Mandelblüte mit sechsstelligen Vermittlungsprämien rechnen.

Und wie sieht es mit den Imkern aus? Die Bestäubungsprämien für Imker variieren weltweit. In Deutschland lagen sie in den letzten Jahren zwischen 30 und 70 Euro pro Bienenvolk und Blühperiode. In den USA haben sich die Prämien seit dem dramatischen Bienensterben im Jahre 2007 deutlich erhöht: Lagen sie für Bienen, die im Central Valley zur Bestäubung der Mandelbäume eingesetzt wurden, im Jahr 2005 noch bei knapp 40 Euro pro Volk, mussten die Farmer gut zehn Jahre später durchschnittlich 140 Euro pro Bienenvolk und Blühperiode aufbringen. Ein Imker, der 3000 Bienenvölker besitzt und diese bei fünf Blühperioden zum Einsatz bringt, kann also binnen sechs Monaten mit Bestäubungsprämien in Höhe von rund 2 Millionen Euro rechnen. Hinzu kommen die Erträge, die sich durch den Verkauf des produzierten Honigs ergeben. Ein gutes Geschäft, das sich verbessert, je weniger Pausen zwischen den einzelnen Einsätzen liegen. Doch genau diese Praxis steht zunehmend im Verdacht, einer der Auslöser für das Massensterben der Bienen zu sein.

Nach wie vor liegt für viele Menschen die vorrangige Bedeutung der Bienen in der Honigproduktion. Im Hinblick auf den volkswirtschaftlichen Nutzen ist die Bestäubungsleistung jedoch weitaus wichtiger, denn sie übersteigt die Honigproduktion um das 10- bis 15-fache.

BESTÄUBUNGSLEISTUNG DURCH BIENEN

Die Bestäubung durch Bienen ist der Schlüsselfaktor für ertragreiche Ernten. Die Arbeit der Insekten wurde immer als eine Selbstverständlichkeit betrachtet, der wirtschaftliche Nutzen dieser Tiere nie berechnet oder in Relation gesetzt zu anderen Nutztieren. Das hat sich spätestens seit dem dramatischen Bienensterben seit Anfang des Jahrtausends verändert. Es ist wie so oft: Erst der Ausfall von Millionen Bienen bei der Bestäubung und entsprechende Einbrüche bei den Ernten haben die breite Öffentlichkeit, aber auch die Wirtschaft und Agrarindustrie für den Wert der Insekten sensibilisiert. Das scheint mehr als gerechtfertigt zu sein, hängen doch rund 80 Prozent aller Nutzpflanzen in der EU und den USA von der Bestäubung durch Bienen ab. Wissenschaftler des Helmholtz-Zentrums für Umweltforschung in Halle, des Nationalen Zentrums für Wissenschaftliche Forschung (CNRS) in Frankreich sowie des Nationalen französischen Instituts für Agrarforschung (INRA) haben in einer 2008 veröffentlichten Studie (in: »Ecological Economics«) den volkswirtschaftlichen Nutzen von Bienen auf der Grundlage der 100 wichtigsten Kulturpflanzen untersucht und kamen zu dem Ergebnis, dass die weltweite Wertschöpfung der Bienen einem sagenhaften Wert von 150 Milliarden Euro entspricht und damit knapp einem Zehntel des Gesamtwerts der Weltnahrungsmittelproduktion. Bienen nehmen damit nach Rind und Schwein den dritten Platz in der Hierarchie der Nutztiere ein. Und noch

Der gezielte Einsatz von Bienenvölkern zur Ertragssteigerung wird nicht nur in den USA und Europa, sondern ebenso in Afrika, hier Marokko, praktiziert. (Links)

Auch in Myanmar setzen Bauern auf Wanderbienen, die per LKW zu ihrem Einsatzort transportiert werden. (Rechts)

eines konnten die Forscher in ihrer Studie belegen: Je höher die Abhängigkeit der Nutzpflanze von den Bienen als Bestäuber, desto höher ist auch der Preis des Agrarprodukts auf dem Weltmarkt.

Um sich eine Vorstellung von der Leistung der Honigbiene zu machen, lohnt es sich, die Arbeit eines Volkes genauer unter die Lupe zu nehmen. Im Leben einer Biene sind 15 Tage für das Eintragen von Pollen, Nektar und Wasser vorgesehen. Pro Tag besucht die Sammlerin bis zu 1000 Blüten. Ein ganzes Volk, bei dem rund 15.000 Bienen als Sammlerinnen im »Außendienst« arbeiten und Nektar und Blütenstaub eintragen, kann damit gut und gerne bis zu 15 Millionen Blütenbesuche pro Tag (!) auf seinem Konto verbuchen.

Doch nicht nur die Anzahl der Blütenbesuche ist imposant. Betrachtet man die Erträge einiger der wichtigsten Agrarprodukte, die maßgeblich oder gar vollständig von der Bestäubung durch Bienen abhängen, kann man den ökonomischen Wert der Insekten ermessen (s. Tabelle folgende Seite).

Im Krisenfall Alternativen für die Bienen zu finden, scheint schon angesichts der beeindruckenden Bestäubungsquoten eines einzigen Bienenvolks äußerst ambitioniert. Wie erst ein adäquater Ersatz für Abertausende oder gar Millionen Völker

Bestäubungsleistung von Bienen am Beispiel einiger ausgewählter Kulturpflanzen

Kulturpflanze	Wer bestäubt? *AM=Honigbiene, B=Hummel, WB=Wildbiene*	Produktion EU in Tonnen für 2016	Anbauflächen in Hektar für 2016
Apfel	AM, B, WB	12.591.008	532.471
Aprikose	AM	633.867	69.198
Birne	AM, B	2.399.272	116.787
Bohnen	AM, B, WB	741.827	72.249
Erdbeere	AM, WB	1.263.526	106.296
Gurke	AM, WB	2.917.314	50.766
Kastanie	AM	135.299	118.511
Kirsche	AM	530.708	123.131
Kürbis	AM, WB	1.631.099	66.011
Mandel	AM	317.289	653.161
Pfirsich/Nektarine	AM	4.166.381	229.599
Raps	AM, B, WB	19.703.194	6.488.049
Rote Johannisbeere	AM, B	217.363	60.007
Sonnenblumenkerne	AM, B, WB	8.478.437	4.120.721
Tomate	AM, B, WB	17.916.137	265.218
		73.642.721	**13.072.175**

(Quelle: Food and Agriculture Organization of the United Nations)

Eine mögliche Ursache für das Bienensterben kann auch der Stress sein, dem die Bienen ausgesetzt sind, wenn sie – vor allem in den USA – als Fremdbestäuber in Anbaugebieten eingesetzt werden, die oft Tausende von Kilometern auseinander liegen.

weltweit aussehen sollte, ist zurzeit gar nicht vorstellbar. Nicht nur unter diesem Aspekt bleibt zu hoffen, dass das weltweite massenhafte Bienensterben bald der Vergangenheit angehört. Doch solange keine endgültige Klarheit über die Ursachen herrscht und vor allem keine wirksamen Maßnahmen gegen das Sterben gefunden werden, muss nach Lösungen gesucht werden.

Eine verhältnismäßig einfach zu bewältigende Maßnahme ist der zusätzliche Einsatz von Hummeln, der schon vielerorts durchgeführt wird, sowie die verstärkte Errichtung blüten- und strukturreicher Lebensräume, um den Bestand an Wildbienen zu sichern. Die Anzahl der Blütenbesuche pro Insekt spricht sowieso für langrüsselige Hummeln und manche Wildbienenarten (z. B. Mauerbienen), bestäuben sie doch im Vergleich zur Honigbiene die zwei- bis dreifache Menge. Zudem erweisen sie sich bei der Bestäubung mancher Pflanzen wie Raps als die effektiveren Pollenüberträgerinsekten. Der Nachteil: Wildbienen zeigen zum Teil erhebliche Populationsschwankungen in Abhängigkeit von zeitlichen und räumlichen Faktoren, Hummeln weisen mit ihren wenigen Hundert Exemplaren pro Volk verglichen mit Honigbienen kleine Populationen auf, die sich in der Bestäubungsleistung pro Volk niederschlägt. Dafür sind Hummeln zäher: Sie fliegen be-

Nisthilfen können einen wichtigen Beitrag zum Erhalt von Wildbienen leisten.

Wildbienen erweisen sich im Vergleich zur Westlichen Honigbiene bei der Bestäubung zahlreicher Pflanzen als die effizienteren Insekten. (Rechte Seite oben)

Insbesondere bei anhaltenden Schlechtwetterperioden oder der Bestäubung schwer ausbeutbarer Blüten wie der Tomate sind Hummeln unersetzlich.
(Rechte Seite unten)

reits ab Außentemperaturen von 7 °C aus und vertragen Windgeschwindigkeiten von bis zu 70 km/h, während Honigbienen den Stock erst ab 12–15 °C verlassen und verhältnismäßig stabile Wetterlagen benötigen. Wildbienen zeigen sich zudem widerstandfähiger, auch im Hinblick auf den Befall von Krankheiten.
Tatsache ist: Wildbienen ergänzen die Bestäubungsleistung von Honigbienen nicht nur, sie sind bei zahlreichen Pflanzen sogar die Hauptakteure. Vor diesem Hintergrund muss die Kombination aus Honigbienen, Hummeln und anderen Wildbienen das erklärte Ziel sein, um der Erwartung hoher Erträge in der Landwirtschaft gerecht zu werden. Mit dem Erhalt der Wildbienen könnte zugleich auch ein Beitrag zur Diversifikation jener Pflanzen geleistet werden, die zwar nicht in die Kategorie Nutzpflanze fallen, die Pflanzenwelt aber durch Abertausende bunte und nützliche Arten bereichern.

»Wenn wir uns über den Verstand der Bienen klar zu werden versuchen, so erforschen wir im Grunde genommen das Kostbarste unseres eigenen Wesens in ihnen und suchen ein Atom jenes seltenen Stoffes, der überall, wo er hervortritt, die wunderbare Gabe hat, die blinden Notwendigkeiten umzuformen und zu organisieren, das Leben zu verschönen und zu mehren und der hartnäckigen Macht des Todes, dem großen gedankenlosen Strome, der fast alles, was besteht, in ewiger Unbewusstheit dahinträgt, ein sinnfälliges Halt zu gebieten.«

MAURICE MAETERLINCK – DAS LEBEN DER BIENEN

Der Bienenstaat macht es vor – was wir von der Biene lernen können

Ein Bienenstaat ist ein faszinierender Organismus: In ihm leben etwa 60.000 Bienen und alle haben nur das eine Ziel, das Überleben des Volkes und seiner Nachkommen zu sichern. Um dieses Ziel zu erreichen, haben die Bienen in Jahrmillionen ein perfektes System des Zusammenlebens entwickelt.

Die Produktion von Honig und Wachs, ihre Leistung bei der Blütenbestäubung – das alles macht die Honigbiene zu einem unverzichtbaren Nutztier des Menschen. Doch es ist nicht die Arbeitsleistung allein, die den Menschen seit Jahrtausenden für das kleine Insekt einnimmt und ihn fasziniert, es ist vielmehr das Wesen des Bienenstaats, seine effektive Struktur und Organisation, die den Menschen fesseln. Und es sind die Fähigkeiten jeder einzelnen Biene – zu lernen, zu »lesen«, zu kommunizieren und komplexe Entscheidungen zu treffen, ihr Improvisationsvermögen und ihre Flexibilität –, die immer mehr Menschen und Unternehmen dazu bringen, sich die Biene und den Bienenstaat zum Vorbild zu nehmen. Wofür die Biene wohl in erster Linie steht, sind natürlich ihre preußischen Tugenden: Fleiß, Disziplin, Ordnung und Sauberkeit. Die besitzt sie, in der Tat, und man darf sie sich getrost abschauen. Darüber hinaus aber gibt es eine Fülle weiterer Tugenden, die entdeckt, wer die Bienen regelmäßig beobachtet.

SOLIDARITÄT UND EFFEKTIVITÄT

Ein ausgeprägter Altruismus bis hin zur Selbstaufopferung wird der Honigbiene gerne angedichtet. Ihr »Opfertod«, den eine stechende Biene für die Gemeinschaft

Eine Königin paart sich grundsätzlich mit verschiedenen Drohnen, wodurch im Bienenvolk verschiedene Voll- und Halbgeschwistergruppen vorhanden sind. Die gemeinsamen Erbanlagen der Arbeiterinnen zueinander schwanken daher im Durchschnitt zwischen 75 und 25 %. Das kooperative Verhalten bleibt von diesen Erbanlagen unberührt.

leistet, gilt als dessen Beweis. Doch so ganz stimmt das nicht. Die natürlichen Feinde der Bienen sind Räuber außerhalb des Stockes und Plünderer im eigenen Nest. Zu ihnen zählen weniger der Mensch als vielmehr andere Bienen, die durch Nahrungsknappheit auf den Bienenweiden und durch die üppige Fülle eines »feindlichen« Bienenstocks angelockt werden, aber auch Wespen und Hornissen oder die Larve der Wachsmotte. Setzt eine Honigbiene gegen sie ihren Stachel ein, kann sie ihn ohne Probleme und vor allem, ohne selbst ihr Leben zu lassen, wieder aus ihrem Feind herausziehen.

Es ist die Haut von Säugetieren und eben auch die des Menschen – der nicht zu den natürlichen Feinden der Biene gehört –, die aufgrund ihrer Elastizität verhindert, dass sich die Widerhaken des Stachels aus der Haut lösen lassen. Stattdessen reißt die Biene, im Bemühen, den Stachel aus der fremden Haut zu ziehen, ihren gesamten Stachelapparat aus dem eigenen Körper – und stirbt daran. Sticht eine Honigbiene nun beispielsweise den Imker, so opfert sie sich nicht für ihr Volk, um den Honigdiebstahl zu verhindern – dieser ist ihr nicht bewusst. Sie bekämpft lediglich einen Feind, ohne zu wissen, dass sie ihr Leben dafür gibt. Es ist mithin in der Regel Notwehr, nicht aber Opferwille.

Was die Honigbiene aber durchaus hat, ist ein ausgeprägter Gemeinsinn, eine bemerkenswerte Solidarität mit ihren Schwestern im eigenen Volk. Einander putzen, füttern, gemeinsam heizen, miteinander teilen – das alles und einiges mehr tun die Bienen, wie wir gesehen haben, füreinander. Doch warum?
Man könnte nun meinen, in einem Bienenstock müsste Konkurrenz schon allein wegen der Verwandtschaftsbeziehungen herrschen. Die Bienen eines Stockes haben in der Regel dieselbe Mutter, die Bienenkönigin, aber nicht immer denselben Vater, denn die Königin paart sich in der Natur mit mehreren Männchen. Die Verwandtschaftsverhältnisse ändern sich noch einmal, wenn die alte Königin mit einem Teil der Bienen den Stock verlässt, um eine neue Kolonie zu gründen, und die neue Königin Eier legt. Insbesondere in Bezug auf die im Stock lebenden Halbschwestern der Königin wird das genetische Verwandtschaftsverhältnis zu den Jungbienen nun äußerst kompliziert und die Insekten sind durchaus in der Lage, diese verwandschaftlichen Beziehungen zu unterscheiden. Geht man also von dem rein biologischen Ziel eines Lebewesens aus, möglichst häufig die eigenen Gene zu reproduzieren, dürften im Grunde nur die Vollschwestern unter den Bienen völlig solidarisch miteinander umgehen. Doch so ist es nicht. Es mag Beobachtungen geben, dass sich manchmal Vollschwestern eher gegenseitig Füttern als Halbschwestern. Das sind jedoch eher Einzelfälle. Vielmehr haben die Bienen im Verlauf der Evolution durch ihr kooperatives und solidarisches, sogenanntes eusoziales Verhalten eine wichtige Überlebensstrategie entwickelt, bei dem die Verwandtschaftsverhältnisse eine nebengeordnete Rolle spielen. Indem sie ihre vermeintlichen Konkurrenten an ihren Erfolgen partizipieren lassen, die Konkurrenz teilweise aktiv bewerben und in manchen Fällen sogar Kooperationen mit echten Feinden eingehen – solange die ihnen Vorteile zu bieten haben – kann das Volk, der Superorganismus Bien, weiterleben.

Bienen verhalten sich nicht altruistisch. Ihr solidarisches, eusoziales Verhalten untereinander basiert nicht auf einem ausgeprägten Opferwillen, es ist Überlebensstrategie in Bezug auf das gesamte Volk, den Superorganismus Bien. Das gilt auch in Bezug auf die Abwehr von Feinden wie Wespen (rechts) und Hornissen (links).

Einige Beispiele dazu:

- Eine Biene hat eine ergiebige Trachtquelle entdeckt. Sobald sie den kürzesten Weg vom Bienenstock zur Tracht gefunden hat, informiert sie ihre Schwestern, tanzt ihnen die Entfernung und Richtung vor und führt sie zur Tracht.
- Formiert sich ein neuer Bienenschwarm, so muss dieser ein geeignetes Zuhause finden – zumindest in »freier Wildbahn«, wenn der Imker diese Arbeit nicht erledigt. Einige Spürbienen gehen nun auf die Suche, um ein passendes Quartier zu finden, kehren zurück zum Schwarm und tanzen das Ergebnis vor. Versuche ergaben, dass es von der Intensität der Tänze abhängt, für wie geeignet eine Spürbiene das von ihr gefundene Quartier hält – je stürmischer sie tanzt, desto optimistischer bewertet sie das potenzielle neue Heim. Weniger geeignete Räumlichkeiten werden nun außer acht gelassen, alle Spürbienen untersuchen die übrig gebliebenen Räume erneut, kehren zum Schwarm zurück und werben durch Tänze für die von den »Konkurrenten« gefundenen Behausungen – bis schließlich der geeignetste Stock übrig bleibt.
- Eine stockfremde Biene erscheint am Flugloch eines Bienenstocks. Ihr Geruch verrät sie sofort als nicht dem Volk zugehörig, die Wächterbienen vertreiben sie in der Regel sofort und sehr aggressiv. Es sei denn, die fremde Biene bietet den Wächterinnen Nektar aus ihrem Honigmagen zum Kosten an, dann darf sie passieren. Obwohl einer völlig fremden Familie angehörig, hat sie den Willen zur Mitarbeit und Kooperation gezeigt und wird aufgenommen.

Ein Bienenvolk ist ein Superorganismus, häufig als »der Bien« bezeichnet. Nur wenn die Individuen zusammenarbeiten, ist das Volk lebensfähig und kann sich – durch die Bildung neuer Kolonien – vermehren.

Die Beispiele zeigen, dass zwischen den einzelnen Individuen eines Bienenvolks keine Konkurrenz herrscht. Stattdessen besteht eine Gemeinschaft, die durch die Kooperation ihrer Angehörigen im höchsten Maße effektiv und effizient arbeitet, die ihre Ressourcen optimal nutzt und daraus den höchsten persönlichen Nutzen zieht – im Fall der Biene den Weiterbestand ihrer Kolonie und damit auch ihrer Gene.

Honigbienen innerhalb eines Volkes leben solidarisch. Einander putzen, füttern, gemeinsam heizen, miteinander teilen ist für sie selbstverständliches Handeln.

Folgende Doppelseite: Futteraustausch ist nur ein Bestandteil der Kooperation und Solidarität der Honigbienen untereinander.

Was kann der Mensch aus diesem Verhalten lernen? Letztendlich, dass er sich verbünden muss, dass er kooperieren muss, um Erfolg zu haben. Dies ist nicht unbedingt eine neue Entdeckung, dennoch scheint dem Menschen kooperatives, solidarisches Verhalten innerhalb seiner Art schwerzufallen. Das gilt für Familien und Vereine ebenso wie für Unternehmen und Staaten.

Betrachten wir die Konkurrenz am Beispiel eines Unternehmens: Die Mitarbeiter, selbst die innerhalb einer Abteilung, stehen in einem ständigen Wettbewerb. Und das wird durch Ausbildung und Lehre sogar unterstützt, nicht umsonst heißt eine führende Pariser Wirtschaftsschule »École de guerre économique«, zu Deutsch: Schule für Wirtschaftskrieg. Für den Einzelnen in einem Unternehmen ist das aufreibend und mühsam – für das Unternehmen selbst ist es sogar schädlich. Das fortwährende Misstrauen der Mitarbeiter untereinander, das Kalkül, selbst mit hervorragenden Ideen hervorstechen und stets der Beste sein zu müssen, führt dazu, dass Arbeitnehmer gute Arbeit falsch bewerten, dass Vorgesetzte, um ihr Gesicht zu wahren, manche Ideen nicht weiterverfolgen, dass eine ständige unterschwellige Angst herrscht, ein Kollege könne einem etwas »wegnehmen«.

Kooperation ist kein Gegensatz zu Konkurrenz. Sie entlastet den Einzelnen, lässt sehr viel mehr Raum für Kreativität und Produktivität, lässt Lösungen zu, die einer alleine kaum entdeckt hätte oder nicht hätte umsetzen können.

Und für diese Solidarität, Kooperation unter scheinbaren Konkurrenten bedarf es nur einer Voraussetzung: Jedes Individuum einer Gruppe darf und muss sich seine Einzigartigkeit, seine Persönlichkeit und seine eigenen Fähigkeiten bewahren, denn nur Vielseitigkeit lässt ein System der Kooperation perfekt funktionieren. Auch dies macht uns die Gemeinschaft der Bienen sehr eindrucksvoll deutlich.

Die Hummel-Bienen-Allianz

In der Natur ist diese Kooperation zwar nicht vorgesehen, doch wenn es zu ihrem gegenseitigen Nutzen ist, dann gehen selbst Hummeln und Honigbienen eine Allianz miteinander ein. Weil sich Hummeln untereinander nicht über bessere Trachtquellen informieren, verweilen sie länger dort, wo sie eingesetzt werden – damit eignen sie sich besser zur Bestäubung von Treibhauspflanzen als Honigbienen. In Versuchen gestaltete sich eine kommerzielle Hummelzucht jedoch zunächst mühsam, weil die Hummelkönigin normalerweise eine Ruhepause benötigt, bevor sie Eier legt. Hilfe wurde der jungen, befruchteten Hummelkönigin in Form von frisch geschlüpften Honigbienen zur Seite gestellt, die ihr bei der Staatsgründung halfen. Eine für beide Seiten gewinnbringende Allianz: Die Hummelkönigin, nun von der Last der Futtersuche und Aufzucht befreit, konnte sich rascher ausschließlich der Eiablage widmen. Die Honigbienen, ohne Bienenstock und eigene Königin, hätten allein nicht überleben können.

VIELFALT

Am Beispiel der Klimatisierung im Bienenstock lässt sich sehr gut erkennen, wie wichtig Vielfalt – in Unternehmen etwas überzogen »Diversity« genannt – in einer Gemeinschaft ist; vor allem auch im Hinblick auf Eigenschaften, die anfänglich eher als unterentwickelt oder gar nutzlos gelten.

Jede Biene eines Bienenvolks reagiert etwas anders auf ihre Umwelt als die andere; so beginnt die eine schon bei kleinsten Erwärmungen im Bienenstock mit dem Kühlen, während eine andere sich erst rührt, wenn der Stock völlig überhitzt ist. Man könnte meinen, die »unsensiblere« sei eigentlich zu wenig nutze – jedenfalls, wenn es um die Wärme im Bienenstock geht. Tatsächlich aber ist die fein abgestufte Sensibilität der Bienen ein hervorragendes System, um nicht immer alle Bienen gleichzeitig bei einem Problem auf den Plan zu rufen. In Bezug auf die Klimatisierung funktioniert das so: Wird es im Stock zu warm, reagieren zuerst die hochsensiblen Tiere mit der Klimatisierung, reicht deren Arbeit nicht aus, startet die nächste Gruppe die Ventilation. So geht es fort, bis die richtige Temperatur erreicht ist, dann wird stufenweise die Arbeit wieder eingestellt: beginnend mit den »unsensiblen« Tieren und endend mit den hochsensiblen Bienen. Die individuellen Eigenschaften der verschiedenen Bienen werden durch das gesamte System und die Beziehungen der Einzelindividuen zueinander so reguliert, dass sie der gesamten Gemeinschaft nutzen. Ein System, in dem die Charaktere und Fähigkeiten jedes Individuums einer Gruppe zum allgemeinen Vorteil zugänglich gemacht, kanalisiert und weiterentwickelt werden, führt demnach zum größten Mehrwert für die Gemeinschaft.

ARBEITSTEILUNG, FLEXIBILITÄT UND VERTRAUEN

Rund 60.000 Einzeltiere leben in einem sommerlichen Bienenstock. Ein Teil der Bienen ist bei Tage unterwegs, sammelt Nektar und Pollen, kommt zurück, liefert die Rohstoffe ab und fliegt wieder aus. Die übrigen Tiere verteilen sich auf den einzelnen »Stockwerken« und verrichten dort ihre jeweilige Arbeit. Öffnet man zu der Zeit, in der das Volk seine größte Populationsdichte erreicht hat und die Honigspeicher prall gefüllt sind, den Deckel eines Bienenstocks, so ist man immer wieder erstaunt über die Menge der Individuen, erstaunt über den Erfolg des Volkes – und erstaunt über das vermeintliche Chaos. Auf den ersten Blick erscheint es, als würden die Bienen einfach nur umeinander wuseln, ohne Struktur, ohne Aufgabe, es geht buchstäblich drunter und drüber. Doch wir haben bereits erfahren, dass jede einzelne Biene ihren klar umrissenen Aufgaben nachgeht, die ihr in erster Linie abhängig von ihrem Alter »zugeteilt« werden. Jede einzelne Biene durchwandert eine Reihe verschiedener »Berufe« und hat im Großen und Ganzen am Ende ihres Lebens sämtliche Arbeiten erledigt, die im Staat anfallen, also etwa elf verschiedene Arbeitsgebiete erlebt.

Das Einlagern der Vorräte ist nur einer von vielen »Berufen«, denen eine Biene im Verlauf ihres Lebens nachgeht.

Auch der Mensch kennt die Arbeitsteilung, doch unterscheidet sich diese maßgeblich von der der Biene. Nach der Schule, die wir hier einmal der Verpuppung der Biene gleichsetzen wollen und in welcher der Mensch mehr oder weniger alle Grundlagen des Lebens lernen sollte, beginnt seine Spezialisation – in der Regel auf genau einen Beruf. Mit der Industrialisierung differenzierten sich Berufe weiter aus, zahlreiche Arbeitsprozesse wurden immer weiter unterteilt, um die Arbeitsleistung des Menschen effizienter zu gestalten, ihn zu entlasten oder die menschliche Arbeit ganz durch den Einsatz von Maschinen zu ersetzen.

Das natürliche Bestreben der Bienen zum Wabenbau wird als Bautrieb bezeichnet. Er ist am stärksten bei Bienenschwärmen ausgeprägt, die sich für ihr Überleben innerhalb kürzester Zeit eine neue Behausung schaffen müssen.

Die Vorteile liegen auf der Hand: Raum-, Zeit- und Kostenersparnis sowie Leistungssteigerung sind nur einige Argumente einer Arbeitsteilung, die die menschliche Arbeit immer auf einen einzigen Beruf, häufig aber sogar auf eine kleine Abfolge von Handlungen beschränkt. Spezialisierung und Arbeitsteilung sind die einzige Möglichkeit effektiven Arbeitens – wenn sie richtig verstanden wird. Eine Arbeitsteilung jedoch, die keinerlei Abwechslung oder die Möglichkeit der Weiterentwicklung und des Lernens bietet, hat einen deutlich negativen Effekt auf den Menschen: Seine Arbeit langweilt ihn, er wird ineffizient. Er beginnt, Fehler zu machen. Er wird unflexibel, sobald es Veränderungen im Arbeitsablauf gibt.

Und, was vielleicht das Schlimmste ist, das Unternehmen geht recht verschwenderisch mit seinen Ressourcen um und verliert wichtiges Know-how seiner Mitarbeiter. Denn eine ständige Schulung und Weiterbildung der Mitarbeiter würde nicht nur deren Geist und ihre Einstellung zur Arbeit rege halten, sie würden auch fachlich so flexibel, dass sie an anderer Stelle bei Bedarf einspringen könnten.

Um die Harmonie und den Erfolg eines Bienenvolks zu gewährleisten, hat sich im Stock ein sinnvolles System etabliert: die bewegliche Regulierung des Arbeitsmarkts. Eine Arbeiterin lernt im Lauf ihres Lebens fortwährend – je älter sie wird, desto besser sogar – und verlernt, obwohl sich wichtige Drüsen wie die Wachsdrüsen im Alter zurückbilden, nicht ihre vorherigen Fähigkeiten. Dadurch sind auch ältere Bienen in der Lage, bei Bedarf an einem früheren Arbeitsplatz wieder einzuspringen – und dafür beispielsweise ihre Wachsdrüsen zu reaktivieren. Andersherum aber ist es noch viel spannender: Auch junge, wenige Tage alte Bienen wagen sich bei Bedarf aus dem Bienenstock heraus und sammeln nach einigen Tagen der Eingewöhnung fleißig Nektar und Pollen. Ein in einem Unternehmen beinahe undenkbares Phänomen, müsste man einem jungen, unerfahrenen Mitarbeiter dabei doch nicht nur viel Vertrauen entgegenbringen, sondern ihm auch ein paar Fehler zubilligen.

Aber selbst bei einfacheren Aufgaben reagiert die Honigbiene äußerst flexibel: Werden beispielsweise die Pollen in einem Bienenstock knapp, so reagiert der Staat darauf, indem entweder vermehrt Bienen ausschwärmen und sammeln oder die Nektarsammlerinnen sich vorübergehend auf Pollen spezialisieren.

Wie aber wird die Biene darauf aufmerksam? Zum einen durch Kommunikation, zum anderen durch ihr eigenes Interesse an den Bedürfnissen des Staates, über die sie sich eigenständig informiert. Damit passt sich die einzelne Biene den sozialen und wirtschaftlichen Bedürfnissen ihres Volkes an, plant ihre eigene Arbeit – ein Phänomen, das nur möglich ist, wenn man lernt, das große Ganze zu sehen und nicht nur einzelne Bereiche der Gemeinschaft.

Flexibilität auch bei den Arbeitszeiten

Bei 60.000 Arbeiterinnen zum Höhepunkt des Bienenjahres kann es sich ein Volk leisten, eine eiserne Reserve von Bienen zu haben, die mehr oder weniger untätig im Stock auf ihren speziellen Einsatz wartet. Aber ist so etwas in einem Unternehmen möglich und sinnvoll? In dieser Form sicherlich nicht. Aber ein flexiblerer Umgang mit Arbeitszeiten und Spielräume in der Arbeitsplanung sind auch in Unternehmen möglich: Ein Mitarbeiter, der seine Arbeit erledigt hat und der seine Arbeitszeit nun am Schreibtisch absitzen muss, nur um den Vertrag einzuhalten, wird in Zeiten eines höheren Arbeitsaufkommens kaum verstehen, warum er nun mehr arbeiten sollte. Flexible Arbeitszeiten, dem Arbeitsaufkommen wie der persönlichen Lebenssituation angepasst, werden in einzelnen Unternehmen bereits gelebt und fördern die Zufriedenheit am Arbeitsplatz.

VORBILD FÜR DIE TECHNIK

Die Natur als Vorbild zu verwenden, ist keine neue Idee. Viele große Erfindungen nahmen ihren Anfang in der Natur: So orientierte sich im 15. Jahrhundert der Flugapparat Leonardo da Vincis am Flug der Vögel, im 20. Jahrhundert der Lotuseffekt der Nanotechnologie an der Lotusblüte und zurzeit entwickeln Forscher am Beispiel der Fußzehenlamellen des Geckos Möglichkeiten, senkrechte glatte Flächen »begehbar« zu machen. Die Entschlüsselung dieser Naturphänomene und ihre Umsetzung in der Technik wird heute Bionik genannt.

Schon Galileo Galilei formulierte im 17. Jahrhundert in seiner Schrift »Il Saggiatore«, warum die Natur so hervorragende Lösungen auch für technische Fragen bereitstellt: »Das Buch der Natur ist in der Sprache der Mathematik geschrieben und ihre Buchstaben sind Dreiecke, Kreise und andere geometrische Figuren, ohne die es ganz unmöglich ist, auch nur einen Satz zu verstehen, ohne die man sich in einem dunklen Labyrinth verliert.«

Das Facettenauge der Biene inspirierte die Forscher des Zentrums »Cognitive Interaction Technology« an der Universität Bielefeld zu einer Kamera, mit der sich ein Blickfeld von 280 Grad beobachten lässt. (Links)

Die Bauweise der Wabenzellen zeichnet sich nicht nur durch eine enorme Sparsamkeit in der Material- und Raumnutzung aus, sie ist auch äußerst stabil und sehr leicht. (Rechts)

Eine dieser geometrischen Figuren ist das Sechseck, die typische Form der Wabenzelle, deren Boden darüber hinaus die Hälfte eines Rhombendodekaeders bildet, also eine pyramidale Basis hat. Gegeneinander, von beiden Seiten bebaut, zeichnet sich die Bauweise der Wabenzellen nicht nur durch eine enorme Sparsamkeit in der Material- und Raumnutzung aus, sie ist auch äußerst stabil und sehr leicht. Wie die Bienen diese Waben errichten, war schon Galileo ein Rätsel, der den Insekten daher ein mathematisches Verständnis bescheinigte. Mittlerweile ist das Geheimnis der Wabenarchitektur durch Dr. Jürgen Tautz und seine Würzburger BEEgroup gelüftet (s. Kapitel 2, S. 129) – eine sensationelle Entdeckung nicht nur für Bienenfreunde, sondern auch für Ingenieure. Doch auch schon davor hatte man die Vorteile der Wabenzellkonstruktion erkannt und bereits ab 1901 zur Verstärkung von Papier verwendet. 14 Jahre später ließ sich der Ingenieur Hugo Junkers die ersten Wabenkernplatten für Flugzeuge patentieren. Junkers fand heraus, dass eine mit kleinen Stützen versehene Metallplatte einen wesentlich höheren Druck aushält als eine ungestützte – und diese Stützen waren sechseckige, dicht nebeneinanderliegende Zellen. Auf diese Weise wurden Junkers Eindeckerflugzeuge in Ganzmetallbauweise möglich. Seitdem ist die Verwendung von Wabenplatten – vor allem in der Verbindung mit der sogenannten Sandwichbauweise – eine gängige Methode, um stabile, aber leichte Bauteile zu erhalten.

17.000 sechseckige Metallplatten formen eine Art organische Bienenwaben in Mexiko City und bilden damit das Museo Soumaya, ein Kunstmuseum, das der reichste Mann der Welt, Carlos Slim, seiner Heimatstadt 2011 zum Geschenk machte und in dem Slims Privatsammlung aus rund 66.000 Exponaten ausgestellt wird.

Durch die Entdeckung der BEEgroup aber lassen sich Wabenzellen nach dem Vorbild der Bienen nun wesentlich kostengünstiger und in höherer Präzision erstellen, indem man Röhren herstellt und diese von innen erhitzt, bis sie die entsprechende Form erhalten.

Auch in anderer Hinsicht ist die Biene Vorbild für technische Neuentwicklungen. Ihr Facettenauge inspirierte die Forscher des Zentrums »Cognitive Interaction Technology« an der Universität Bielefeld zu einer Kamera, mit der sich ein Blickfeld von 280 Grad beobachten lässt. Mit ihrer Hilfe sollen in Zukunft unter anderem kleine Flugzeuge und Roboter besser navigierbar werden – beispielsweise um in Trümmerfeldern nach menschlichen Überlebenden zu suchen.

Fasziniert hat Forscher und Ingenieure auch die Fähigkeit der Biene, kollisionsfrei zu fliegen – selbst im dichtesten Getümmel eines Bienenschwarms. Das liegt einerseits ebenfalls an dem enormen Blickfeld des Facettenauges, andererseits an der Fähigkeit, nach allen Seiten innerhalb eines Augenblicks ausweichen zu können. Für die Automobilbranche ein interessanter Aspekt, ließe sich doch mit solchen Fähigkeiten eines Autos ein Großteil der Autounfälle vermeiden.

Völker in Not

»Was mit den Bienen geschieht, ist sehr wichtig für Europa – und für die gesamte Welt. In den letzten zwei Jahren ist in den USA ein Drittel der Honigbienen aus unerklärlichen Gründen gestorben. 2007 wurden etwa 800.000 Völker vernichtet. In Kroatien starben fünf Millionen Bienen in weniger als 48 Stunden. Im Vereinigten Königreich geht jeder fünfte Bienenstock zugrunde, und weltweit berichten gewerbliche Imker seit 2006 über Verluste von bis zu 90 Prozent. Was passiert da, und wie ernst ist dies für uns und die Zukunft der Menschheit? … Wir können nicht warten, bis alle Bienen ausgestorben sind, weil wir dann vor einem enorm schweren Problem stehen.«

NEIL PARISH,
VORSITZENDER DES AUSSCHUSSES FÜR LANDWIRTSCHAFT UND LÄNDLICHE ENTWICKLUNG, VOR DEM EUROPÄISCHEN PARLAMENT AM 19.11.2008

Vom Sterben der Bienen

Massenhaft tote Bienen sind ein Phänomen, mit dem sich zahlreiche Imker überall auf der Welt konfrontiert sehen. Die Ursachenforschung gestaltet sich schwierig, denn die Ergebnisse zahlreicher Untersuchungen sind keineswegs eindeutig und stehen oft unter dem Verdacht, tendenziös zu sein.

Seit Jahren erreichen uns aus unterschiedlichen Teilen der Welt immer wieder Meldungen über massenhafte Verluste von Honigbienen. Während die Zahlen über das Ausmaß des Bienensterbens eine eindeutige Sprache sprechen, herrscht in der Beantwortung der Frage, worin die Ursachen hierfür liegen, erstaunlich wenig Konsens. Imker machen für den Tod ihrer Tiere vor allem Pestizide und andere Umweltgifte verantwortlich, die produzierende Chemieindustrie wiederum bemüht sich darum, die Varroamilbe als Hauptursache zu identifizieren, andere sehen in klimatischen Faktoren, Nahrungsknappheit oder im zunehmendem Arbeitsstress den Hauptfeind der Biene. Nicht auszuschließen ist, dass es die Kombination mehrerer Faktoren ist, die den Kollaps verursacht. Das Sterben der Honigbienen ist umso besorgniserregender, da es mit einem generellen Insektenschwund einhergeht: 75 Prozent der Insektenbiomasse sind in manchen Teilen Deutschlands innerhalb der letzten 30 Jahre verschwunden – und damit auch Wildbienen und Hummeln. Obgleich sie für die Bestäubung vieler Pflanzen von größerer Bedeutung sind als Honigbienen, finden sie weitaus weniger mediale und öffentliche Aufmerksamkeit. Tatsache ist: Honig- wie Wildbienen verdienen gleichermaßen den Schutz des Menschen.

Die Varroamilbe trägt unbestritten zu den teils dramatisch hohen Verlustraten von Honigbienen bei. (Rechts)
Doch ebenso unzweifelhaft ist, dass zahlreiche Mittel, die in der konventionellen Landwirtschaft zum Einsatz kommen, die Gesundheit und das Verhalten von Bienen derart beeinträchtigen, dass sie ebenso als Verursacher des Bienensterbens angesehen werden müssen. (Links)

BIENENSTERBEN IM 20. JAHRHUNDERT

Unerklärliches Bienensterben ist kein Phänomen des 21. Jahrhunderts, sondern wurde auch schon vor mehr als 100 Jahren beobachtet. Großes Aufsehen erregte etwa eine Epidemie, die zwischen 1905 und 1919 auf der britischen Isle of Wight um sich griff und in den folgenden Jahren 90 Prozent der Bienenpopulationen vernichtete. Die Symptome dieser als Isle-of-Wight-Krankheit bezeichneten Epidemie waren Hunderttausende flugunfähige Bienen, die aus den Beuten krabbelten und schließlich verendeten. Die Imker wussten dem Sterben nichts entgegenzusetzen: Nie zuvor hatten sie ein solches Verhalten bei ihren Bienen beobachtet und konnten über die Ursachen nur spekulieren. Neuere Untersuchungen legen die Vermutung nahe, dass eine Kombination aus nachteiligen Witterungsbedingungen, Futtermangel, Infektionen der Tiere mit dem bis dahin unbekannten Chronischen Paralyse Virus und eine zu hohe genetische Homogenität für das damalige Massensterben der Bienen verantwortlich war. 1910 verloren Imker in Teilen Südaustraliens fast 60 Prozent ihrer Bienenvölker, sieben Jahre später hatten Bienenhalter aus New Jersey, New York, Ohio und Kanada mit ähnlichen Verlusten zu kämpfen, wobei die Ursachen bis heute nicht eindeutig geklärt sind.
Anders verhält es sich mit dem »Kahlschlag« bei Bienen und anderen Nützlingen, der auf den bedenkenlosen Einsatz von Pestiziden und Insektiziden zurückzuführen ist – wie es beispielsweise in den USA nach Ende des Ersten Weltkriegs durch den Einsatz von arsenhaltigen Mitteln der Fall war oder in den 1940er-Jahren durch die »Wunderwaffe« DDT.
Dem eindeutig zu erklärenden Tod der Bienen durch Giftstoffe folgte in den 1970er-Jahren ein Phänomen, das als »dissapearing disease« oder »Verschwinde-

krankheit« Schlagzeilen machte. Betroffen waren Australien, Mexiko und Teile der USA: Hier mussten Verluste von bis zu 50 Prozent der Bestände verkraftet werden. Bei der Verschwindekrankheit fanden die Imker Bienenstöcke vor, in denen sich lediglich die Königin samt Brut sowie eine kleine Anzahl junger Bienen aufhielt, während alle adulten Bienen den Stock verlassen hatten – und das bei komplett gefüllten Vorratskammern. Die Imker waren ratlos und ahnten zu diesem Zeitpunkt noch nicht, dass eine neue Gefahr im Anmarsch war: Ende der 1970er-Jahre wurde der Parasit *Varroa destructor* in Europa und Südamerika eingeschleppt, zehn Jahre später breitete er sich in den USA und Kanada aus und gilt seitdem als eine der Hauptursachen für das weltweite Bienensterben.

Folgende Doppelseite: Die Interessenkonflikte zwischen konventionellen Landwirten und Imkern bestehen seit vielen Jahren. Während die einen auf Monokulturen und chemische Wirkstoffe setzen, um ihre Erträge zu sichern, wünschen sich die anderen kleinteilige Landwirtschaft mit einem entsprechend vielfältigen Angebot an Bienennahrung.

Sichuan – Leben ohne Bienen

Die Provinz Sichuan liegt im Südwesten Chinas und ist bis heute überwiegend agrarisch geprägt. Landwirtschaftliches Kerngebiet ist das sogenannte Rote Becken, das dank besonders günstiger geografischer Begebenheiten elf Monate im Jahr bewirtschaftet wird. Seit Mitte der 1980er-Jahre kann man hier ein besonderes erschreckendes Schauspiel verfolgen: Zur Blütezeit der Sichuan-Birnenbäume finden sich Tausende Obstbauern in den Plantagen ein und übernehmen die Arbeit, die eigentlich Bienen leisten: die Bestäubung der Blüten. Ausgestattet mit Wattestäbchen, getrockneten Pollen und Leitern begeben sie sich in die Bäume, tauchen das Wattestäbchen in die Gefäße mit Pollen und tupfen sie anschließend auf die Blütenstempel. »Die Bestäubung per Hand« so ist in einer chinesischen Studie zu lesen, »ist sehr verbreitet und jeder Birnenbauer beherrscht sie perfekt«. Daran mag nicht gezweifelt werden. Es stellt sich jedoch die Frage, warum überhaupt Menschen diese mühevolle Arbeit in Kauf nehmen, obwohl sie doch Bienen normalerweise ganz »freiwillig« und effizient erledigen. Überraschenderweise schweigt sich die Studie darüber nicht aus. Bis in die 1980er-Jahre war der Einsatz von Bienen durchaus üblich. Mit wachsender Popularität und Vermarktung der Birnen stieg jedoch auch die Verwendung von Pflanzenschutzmitteln: Noch heute werden die Bäume zwischen erster Blüte und Ernte der Früchte bis zu zwölf Mal behandelt. Was den Ertrag steigerte, kostete die Bienen Sichuans das Leben. Ein Volk nach dem anderen erlag den giftigen Wirkstoffen, so lange, bis es keine Bienen mehr gab. Bauern beklagen zwar auf der einen Seite den enorm hohen Arbeitsaufwand der Handbestäubung, sind jedoch umgekehrt nicht bereit, auf den Einsatz von Pflanzenschutzmitteln zu verzichten. Bestäubungsimker, die es auch in Sichuan gibt und die ihre Tiere gegen Bezahlung bei anderen, weniger behandelten Kulturpflanzen zur Bestäubung einsetzen, verlassen deshalb mit dem Öffnen der ersten Birnenblüten die Region: Zu groß ist die Gefahr, dass ihre Tiere den Einsatz in den Birnbaumplantagen mit dem Leben bezahlen.

Noch immer sehen sich Imker insbesondere in den USA mit dem Problem massenhafter Völkerverluste konfrontiert. Die Untersuchung und Beobachtung von Bienenvölkern wie hier im kalifornischen Central Valley ist maßgeblich bei der Suche nach den Ursachen des Bienensterbens.

CCD – SYNONYM FÜR DIE BEDROHUNG EINER ART

Der Winter 2006/2007 stellt in der weltweiten Bienenhaltung eine Zäsur dar. Aus mehr als 20 US-Bundesstaaten meldeten Imker den Verlust von insgesamt 800.000 Völkern, 2008 Jahr stieg dieser sogar noch weiter auf eine Million Völker an. Seitdem sehen sich Imker mit Schrecken einem Phänomen gegenübergestellt, das an die Ausfälle der 1970er-Jahre erinnert: Sie finden ihre Beuten, die noch eine Woche zuvor von einem vermeintlich gesunden Volk bewohnt wurden, nahezu leer vor: Die erwachsenen Bienen sind gänzlich verschwunden und hinterlassen einen Bienenstock mit üppigen Nahrungsvorräten, in dem Königin, Larven und eine kleine Traube junger Bienen dem sicheren Tod geweiht sind, da der Großorganismus Bienenvolk zusammenbricht. Weder finden sich auffällig viele tote Bienen im Stock noch bedienen sich fremde Bienen oder andere Insekten der vorhandenen Honigvorräte.

Es dauerte nicht lange, bis sich Wissenschaftler, Imker und Behörden zu einem Netzwerk zusammenschlossen und der Krankheit einen Namen gaben: Colony Collapse Disorder (CCD) bzw. Völkerkollaps. Diese Bezeichnung ist mittlerweile zum Synonym für eine massive Bedrohung von *Apis mellifera* insbesondere in den USA geworden. Die anfängliche Hoffnung, das Phänomen könne ein zeitlich begrenztes sein, hat sich mittlerweile zerschlagen: Seit dem ersten Auftreten von CCD hat sich die Mortalitätsrate der Bienen in den USA auf einem Niveau eingependelt, das nach wie vor als ungewöhnlich hoch zu bewerten ist. Während Verluste von 10 bis 15 Prozent unter Imkern als normal gelten, liegen die durchschnittlichen Winterverluste bei den amerikanischen Imkern mittlerweile bei 20 bis 30 Prozent, die durchschnittlichen Jahresverluste gar zwischen 30 und 45 Prozent. Noch immer gibt es Meldungen von Imkern, die binnen weniger Wochen sogar 60 bis 90 Prozent ihrer Bienen an CCD verlieren. Vor diesem Hintergrund wird seit Jahren eine intensive Suche nach möglichen Ursachen betrieben – bislang jedoch ohne eindeutige Ergebnisse. Bekannte Krankheiten wie Faulbrut oder Nosema, aber auch Stress und Pestizide, insbesondere Neonicotinoid-Insektizide (s. S. 274), stehen ebenso im Verdacht wie eine geringe genetische Vielfalt, ungünstige Witterungsbedingungen, gentechnisch veränderte Pflanzen – oder eine Kombination aus all diesen Faktoren.

Nicht nur angesichts der Tatsache, dass die Bestäubungsarbeit von Insekten in den USA Agrargüter im Wert von mehr als 15 Milliarden Dollar hervorbringt, wobei Honigbienen einen Anteil von schätzungsweise 40 Prozent tragen, ist das landesweite Bienensterben ein Anlass zu großer Sorge. Im Juni 2014 verfasste der damalige Präsident Barack Obama deshalb ein Memorandum zur Förderung der Gesundheit von Bienen und anderen Bestäubern. Um die Nahrungsmittelproduktion in den USA nachhaltig zu sichern, wurde eine »Pollinator Health Task Force« eingerichtet, die nicht nur umfassende Studien über die Ursachen des Verlusts von Bestäubern in Auftrag gibt, sondern auch die Einrichtung, Erweiterung und Verbesserung der Lebensräume von Bestäubern zu ihrer Aufgabe macht.

Intakte Bienenvölker wie hier in Oregon/USA sind die Grundvoraussetzung für die Bestäubung von Agrargütern und damit für die nachhaltige Sicherung der Lebensmittelproduktion.

Imker in Deutschland demonstrieren gegen die chemische Industrie, die mit der Entwicklung und dem Vertrieb zahlloser Pflanzenschutzmittel als einer der Hauptversursacher des Bienensterbens gilt.

BIENENSTERBEN IN DEUTSCHLAND

Im Verlauf der Wintersaison 2002/2003 gab es in Deutschland ungewöhnlich hohe Verluste bei Bienen: Durchschnittlich 30 Prozent aller Völker gingen zugrunde. Diese Zahl ließ aufhorchen und führte unter anderem zur Einrichtung des Deutschen Bienen-Monitoring-Projekts. Bieneninstitute, Imker, Vertreter des Landwirtschaftsministeriums und von Unternehmen aus dem Bereich Pflanzenschutz verständigten sich auf eine langjährige Studie, in deren Verlauf 1200 Bienenvölker beobachtet und untersucht werden sollten. Hieraus versprach man sich Erkenntnisse über das Bienensterben. Nach vier Jahren wurde bekannt gegeben: »Ausgehend von den vorgestellten Ergebnissen ist es deshalb berechtigt zu sagen, dass *Varroa destructor* die vorherrschende Ursache für den Verlust von Honigbienenvölkern während des Winters ist (...). Für Pestizidrückstände, die in im Frühjahr angelegten Bienenbrot gefunden wurden, ließ sich keine negative Beeinträchtigung der Überlebenschancen für Bienenvölker im folgenden Jahr nachweisen (...).«
Die Studie spricht eine eindeutige Sprache und entsprechend eindeutig fiel auch das Echo in der Presse aus, die *Varroa destructor* zum »Staatsfeind Nr. 1« deutscher Honigbienenvölker erklärte. Viele Imker, aber auch Umweltverbände wollten das nicht recht glauben, zweifelten die Aussagekraft der Untersuchung an und erhielten dafür Anfang 2011 Rückenwind. Zwei unabhängige Autoren untersuchten die Studie im Hinblick auf Methodik, Datenerfassung und andere

wissenschaftliche Maßstäbe und kamen zu dem Ergebnis: »Insgesamt verstößt das Deutsche Bienenmonitoring gegen die Grundsätze guter wissenschaftlicher Untersuchungen, nämlich Unabhängigkeit, Transparenz und Korrektheit.« Nicht zuletzt die Tatsache, dass ausgerechnet vier Unternehmen der chemischen Industrie, unter ihnen BASF und die damalige Bayer CropScience AG, rund 50 Prozent der Projektkosten finanziert hatten, brachte das Bienenmonitoring zusätzlich in die Kritik.

Viele Imker folgen deshalb lieber ihrem Instinkt und streben Maßnahmen zum Schutz ihrer Bienen an, die über die Bekämpfung der Varroamilbe hinausgehen. Bei der Durchsetzung umfassenderer Schutzmaßnahmen, die jenseits der imkerlichen Praxis liegen, sehen sich Bienenhalter allerdings starken Interessengruppen gegenübergestellt. Die Konflikte zwischen Imkern und Naturschutzverbänden einerseits, Landwirtschaftverbänden, Pflanzenschutz- und Saatgutunternehmen andererseits scheinen unauflösbar. Dieser Umstand wiegt umso schwerer, da Maßnahmen wie ökologische Vorrangflächen oder das Verbot bestimmter chemischer Wirkstoffe nicht nur dem Schutz der Honigbienen, sondern auch der Wildbienen dienen, die als Bestäuber unentbehrlich sind und maßgeblich zur Biodiversität beitragen. Angesichts des dramatischen Insektenschwunds der letzten 30 Jahre und überdurchschnittlich hohen Honigbienenverlusten im Winter 2016/2017 sollten weitreichende und nachhaltige Lösungen zur Verbesserung der Bienengesundheit deshalb nicht nur im Interesse von Imkern liegen.

Immer wieder geraten Imker und konventionelle Landwirte, die den umfassenden Einsatz von Herbiziden, Pestiziden und Insektiziden auf ihren Feldern und Äckern betreiben, in Konflikt, denn viele der Wirkstoffe stehen im Verdacht, die Gesundheit der Bienen massiv zu beeinträchtigen.

»Das Thema ist ernst. Früher nahmen die Bergleute Kanarienvögel mit in die Stollen, um sie vor giftigen Gasen zu warnen. Sie taten dies, indem sie starben. Das war schlecht für die Kanarienvögel, aber gut für die Bergleute. Wir fürchten, dass die Bienen Europas uns im Wesentlichen den gleichen Dienst erweisen. (...) Die Dezimierung der Bienen ist katastrophal, und wir müssen Maßnahmen auf europäischer Ebene ergreifen.«

ALYN SMITH AM 19.11.2008 VOR DEM EUROPÄISCHEN PARLAMENT

Kampf an allen Fronten – die Veränderung der Lebensbedingungen für Honig- und Wildbienen

Bienen können auf viele Weisen sterben, Colony Collapse Disorder ist nur eine Form davon. Diese Erkenntnis ist leider weniger eine Entwarnung als vielmehr eine Verschärfung des Problems. Bienen haben eine Jahrmillionen zurückreichende Evolutionsgeschichte. Sie konnten sich extremen Veränderungen anpassen, denen andere Arten erlagen. Doch die Lebensumstände für die Bienen ändern sich. Und dies vollzieht sich in einer rasanten Geschwindigkeit. Hinzu kommt, dass Bienen nicht mit einer, sondern mit einer Vielzahl von Veränderungen konfrontiert werden, die jede für sich im Verdacht steht, die Gesamtkonstitution der Insekten anzugreifen. Sei es der Einsatz von Pflanzenschutzmitteln, der Rückgang an Nahrungsquellen und Nistplätzen, aggressive Schädlinge, mangelnde genetische Vielfalt oder Stress – die moderne Biene kämpft seit Jahren an vielen Fronten. Wer mag sich wundern, dass ihr die Kraft ausgeht.

INSEKTIZIDE, HERBIZIDE, FUNGIZIDE – TOD DURCH PFLANZENSCHUTZMITTEL

In den vergangenen Jahrzehnten gab es mehr als genug Fälle, in denen der Einsatz von Pflanzenschutzmitteln zum Tod von Millionen Bienen führte. Viele Felder werden mittlerweile flächendeckend und zum Teil mittels Flugzeugen mit chemischen Wirkstoffen behandelt.

»Es gibt immer mehr Hinweise darauf, dass die weit verbreitete prophylaktische Verwendung von Neonicotinoiden schwerwiegende negative Auswirkungen auf Nichtzielorganismen hat.« (EASAC policy report 26, April 2015)

Der Tod eines Bienenvolks ist für jeden Imker mehr als ein ökonomischer Verlust. Doch selbst unter Imkern herrscht keine Einigung darüber, welches die Hauptursachen für die zum Teil auffällig hohen Bienenverluste sind.

»Die Ergebnisse zeigen klar, dass es keinen Zusammenhang zwischen der Belastung der Bienenvölker durch Pestizidrückstände im Bienenstock und der Sterblichkeitsrate der Bienenvölker gibt.« (Bayer AG, Crop Science Division, 2017)

»Die meisten Pestizide schaden Bienen. Wie die Arbeitsgruppe um Jeff Gore von der Mississippi State University feststellte, töten allein 26 der 42 eingesetzten Stoffe unter Feldbedingungen wohl praktisch alle kontaminierten Bienen.«
(Spektrum, 13.10.2015 mit Bezug auf die Ergebnisse der Untersuchung »Spray Toxicity and Risk Potential of 42 Commonly Used Formulations of Row Crop Pesticides to Adult Honey Bees)

»Für Pestizidrückstände (...) ließ sich keine negative Beeinträchtigung der Überlebenschancen der Bienenvölker im folgenden Winter nachweisen.«
(Das Deutsche Bienen-Monitoring-Projekt, 2010)

Pflanzenschutzmittel sind ein heikles Thema. Die meisten Bauern, aber auch viele Klein- und Hobbygärtner betrachten sie als einzig probates Mittel im Kampf gegen Schädlinge, Pilze und Unkraut. Umweltschützer hingegen beklagen seit Jahrzehnten die negativen Auswirkungen auf Natur, Menschen und Tiere, die unmittelbar und langfristig durch den weltweiten Masseneinsatz von Chemikalien entstehen, und erhalten dabei auch die Rückendeckung vieler Tausend Imker. Dazwischen stehen Konzerne, die mit der Herstellung und dem Verkauf eben jener Mittel Umsätze in Milliardenhöhe erzielen.

Angesichts unterschiedlicher Interessenlagen verwundert es nicht, dass auch die Frage nach dem möglichen Einfluss von Pflanzenschutzmitteln auf das ungewöhnliche Bienensterben der letzten Jahre zu ganz unterschiedlichen Antworten führt. Wer die in Zeitungen, Fachjournalen und Pressemitteilungen dargelegte Ursachenforschung und vermeintliche Ursachenfindung in den letzten Jahren verfolgte, durfte durchaus verwirrt sein. Konnten kausale Zusammenhänge zwischen Bienensterben und dem Einsatz von Pflanzenschutzmitteln in der einen wissenschaftlichen Studie eindeutig belegt werden, so untermauerte die nächste Studie das genaue Gegenteil. Tatsache ist: Nicht nur in der Presse, die das Thema Bienensterben mitunter sensationsheischend aufbereitet und dabei mal den einen, mal den anderen Hauptfeind der Bienen an den Pranger stellt, sondern auch unter Wissenschaftlern und Bienenforschern gibt es kein abschließendes und eindeutiges Urteil über die Auswirkungen von Pflanzengiften auf die Bienen. Für viele Imker liegt der Fall jedoch klar: Schädlinge, klimatische Faktoren oder Krankheiten mögen ihren Bienen zusetzen, für das Verschwinden oder den Tod ganzer Völker jedoch sind Substanzen verantwortlich, die von profitorientierten Chemiekonzernen vertrieben werden. Ihre Sorge ist nicht unbegründet.

Wie sehr Pflanzenschutzmittel unseren Bienen zusetzen, ist ein seit Jahrzehnten heiß diskutiertes Thema.

In den vergangenen Jahrzehnten gab es mehr als genug Fälle, in denen der Einsatz von Pflanzenschutzmitteln zum Tod von Millionen Bienen führte. Erste dramatische Erfahrungen machte man Ende des Ersten Weltkriegs, als arsenhaltige Substanzen zunächst in den USA flächendeckend per Flugzeug auf Baumwollfeldern versprüht wurden, später auch in Deutschland im Weinbau und Holzschutz Anwendung fanden. Die schweren Vergiftungen, die sich bei zahlreichen Menschen zeigten und schließlich 1974 zum vollständigen Verbot arsenhaltiger Pflanzen-

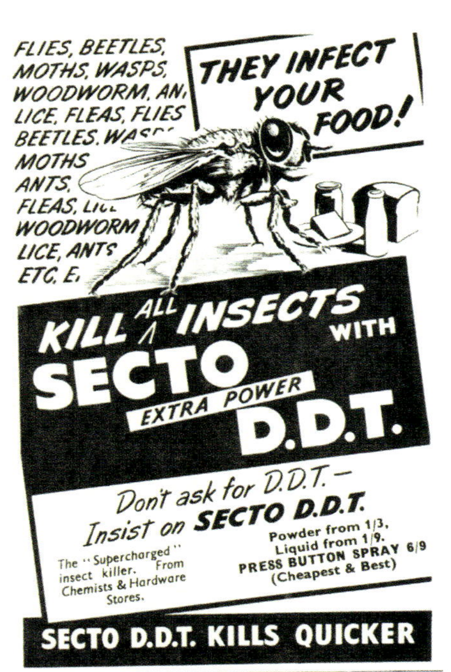

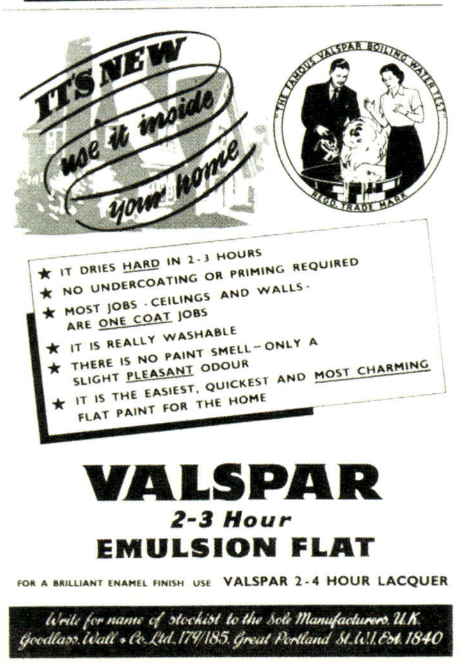

Nach dem Zweiten Weltkrieg kam Dichlordiphenyltrichlorethan, kurz DDT, auf den Markt. Ein Wundermittel schien entdeckt. Erst nach jahrzehntelangem intensivem Einsatz wurden die verheerenden Auswirkungen auf Flora und Fauna in ihrem ganzen Ausmaß offenkundig.

schutzmittel führten, machten noch weniger vor kleineren Organismen wie Insekten und Kleintieren halt, die dem Giftstoff massenweise erlagen.

Auf Arsen folgte nach dem Zweiten Weltkrieg Dichlordiphenyltrichlorethan, kurz DDT. Ein Wundermittel schien entdeckt, das selbst Winston Churchill zu Lobeshymnen im englischen Unterhaus anregte. Das Mittel zeigte unglaubliche Erfolge in der Behandlung von Epidemien wie Fleckfieber oder Malaria – bis Resistenzen entstanden und die schädlichen Wirkungen nach und nach offenkundig wurden. Doch bis dahin war DDT längst auf dem Agrarmarkt angekommen. Hunderttausende Tonnen des über 25 Jahre weltweit erfolgreichsten Insektizids kamen auf allen Kontinenten zum Einsatz. In groß angelegten Aktionen wie dem »Maikäferkrieg« in der Schweiz oder Bekämpfungsprogrammen gegen den Schwammspinner in den USA wurde Schädlingen per Nebelbläsern, Sprühvorrichtungen und Flugzeugen der Garaus gemacht. Doch leider nicht nur Schädlingen. In vielen Ländern gingen Imker auf die Barrikaden und beklagten den Verlust vieler oder sämtlicher ihrer Bienenvölker und erhielten zum Teil auch Schadensersatz.

Mit dem Verbot von DDT in den USA und in Europa in den 1970er-Jahren war zwar eine Gefahren- oder Todesquelle für Bienen beseitigt, doch es kamen neue hinzu. Auch die letzten 30 Jahre sind nicht frei von Nachrichten, in denen das Massensterben von Bienen und anderer Nutzinsekten durch einen neu entwickelten oder falsch eingesetzten Pflanzenschutzwirkstoff dokumentiert wird.

Der Sommer 1994 zum Beispiel bescherte Frankreich ein ungewöhnliches Bienensterben. Französische Imker beobachteten bei ihren Bienen zunächst ein auffälliges Verhalten: Die Tiere putzten sich fortwährend die Fühler, schienen aufgeregt, andere erlagen einer Art Lähmung und in den Bienenstock zurückkehrende Tiere wurden häufig von Wächterbienen zurückgedrängt. Dabei blieb es nicht: In den folgenden Jahren gingen die Honigerträge von durchschnittlich 70 auf rund 30 Kilogramm pro Stock zurück, während die Mortalitätsrate der Bienen deutlich anstieg. Die Imker hatten den Verursacher schnell ausgemacht und zögerten auch nicht, diesen offiziell zu benennen: »Gaucho«, ein Beizmittel für Sonnenblumensaatgut mit dem Wirkstoff Imidacloprid, setzte den Bienen massiv zu. Die Regierung gab Untersuchungen in Auftrag, deren Ergebnisse das Verbot des Wirkstoffs in Frankreich nach sich zogen.

In Deutschland machte 2008 ein ähnlicher Fall Schlagzeilen. Ein Jahr zuvor hatte der Maiswurzelbohrer den Südwesten des Landes erreicht. Gegenmaßnahmen zielten in zwei Richtungen: die Errichtungen von Sperrzonen, in denen kein Mais angebaut werden durfte, und/oder die chemische Bekämpfung des Schädlings. Auf diese Weise kam das mit Chlothianidin gebeizte Maissaatgut »Poncho Pro« verstärkt zum Einsatz. Ende April 2008 beklagten Imker erste auffällige Verluste bei ihren Bienenvölkern, die sich eine Woche darauf zu einer dramatisch hohen Mortalitätsrate ausweiteten. Alle Symptome wiesen auf Vergiftungserscheinungen hin: Tausende krabbelnde, sterbende oder tote Bienen fanden sich vor den Fluglöchern

Immer wieder protestieren Imker wie hier in Freiburg gegen den Einsatz von Clothianidin und anderer chemischer Wirkstoffe, die von vielen Seiten für das Massensterben der Bienen verantwortlich gemacht werden. (Links)

Im Kampf gegen den Maiswurzelbohrer, der sich 2007 vor allem im Südwesten Deutschlands verbreitete, setzten Landwirte verstärkt das mit Chlothianidin gebeizte Maissaatgut Poncho Pro ein. Bald darauf mussten Imker ein massenhaftes Sterben ihrer Bienen registrieren, das auf den Abrieb des chemischen Wirkstoffs zurückzuführen war. (Rechts)

und am Boden der Bienenkästen. Kurz zuvor verendete Bienen wiesen einen ausgefahrenen Rüssel auf, was auf Vergiftungen hindeutete. Analysen von Pflanzen und toten Bienen brachten schnell die Erkenntnis, dass Abdrift bei der Aussaat von Poncho Pro die Ursache für das Bienensterben war. Offensichtlich haftete der Wirkstoff nicht ausreichend an dem Saatgut und wurde somit durch den Wind auf benachbarte blühende Pflanzen wie Löwenzahn oder Raps sowie Obstbäume getragen. Dort nahmen ihn die pollensammelnden Bienen auf und trugen ihn in die Bienenstöcke. Rund 12.000 Völker waren davon betroffen, mehr als 350 Millionen Bienen starben. Bayer CropScience, Hersteller von Poncho Pro, zahlte an die Imker eine Entschädigungssumme in Höhe von 2,25 Millionen Euro.

Nach dem Bienensterben von 2008 in Süddeutschland meldeten im darauffolgenden Jahr auch österreichische Imker hohe Verluste bei ihren Bienen, die sich 2010 fortsetzten. Hauptverdächtiger war erneut Clothianidin. Behörden riefen daraufhin das Forschungsprojekt »Melissa« ins Leben, das toxologische und andere Untersuchungen an den geschädigten Bienen vornahm. Bei den untersuchten Bienen war Clothianidin in 51 Prozent und Thiamethoxam in 23 Prozent der Proben nachweisbar. Diese Schäden, vermutlich verursacht durch unsachgemäßes Ausbringen der Saat, bestätigten, so die Österreichische Agentur für Gesundheit und Ernährungssicherheit, »eindrucksvoll die Notwendigkeit, die Vorgaben und Auflagen zur Pflanzenschutzmittelanwendung in der Landbewirtschaftung zum Schutz der Anwender, v.a. der Landwirte und der Umwelt, insbesondere der Bienen, einzuhalten«.

Mindestens ebenso »eindrucksvoll« könnte ein grundsätzliches Verbot der Wirkstoffe sein – eine Maßnahme, die nur seitens verantwortlicher Behörden oder Institutionen wie der EU-Kommission umgesetzt werden kann, denn angesichts milliardenschwerer Umsätze werden die im Pflanzenschutz tätigen Konzerne das Feld nicht freiwillig räumen. Maßgeblich bei den Entscheidungen auf landes- oder europaweiter Ebene sind Studien, die die Effekte chemischer Wirkstoffe auf die Gesundheit von Bienen und anderen Bestäuberinsekten untersuchen. Das Problem: Diese Studien sind zeitintensiv und nicht selten liefern sie widersprüchliche Ergebnisse. Diese Umstände führen dazu, dass sich Entscheidungen über das Verbot bereits zugelassener Wirkstoffe oftmals über viele Monate, wenn nicht gar Jahre hinziehen – ein Zeitraum, in dem Bienen gegegebenenfalls einem Pflanzenschutzmittel ausgesetzt sind, das sich später als eindeutig bienenschädlich erweist. Wie komplex und verworren sich Zulassungs- und Verbotsverfahren gestalten können, zeigt sich am Beispiel der Neonicotinoide.

▸▸ DAS RINGEN UM NEONICOTINOIDE

Neonicotinoide zählen zu den systemischen Pflanzenschutzmitteln (s. Kasten unten). Neben Imidacloprid und Clothianidin sind in der EU derzeit drei weitere Wirkstoffe aus dieser Gruppe der Insektizide zugelassen: Thiamethoxam, Aceta-

Systemische Pflanzenschutzmittel

Seit Kalkarsen, Bleiarsen und DDT hat sich viel getan im Bereich des Pflanzenschutzes. Agrochemische Konzerne forschen unter Hochdruck, schließlich gilt es, sich an einem profitreichen, stark umkämpften Markt zu behaupten. Eine der entscheidenden Meilensteine auf dem Pflanzenschutzsektor war die Entwicklung von systemischen Pestiziden. Sie wirken nicht nur oberflächlich, sondern dringen in die Pflanze ein und verteilen sich dort über Leitbündel. Die Wirkstoffe wiederum werden von Bienen über Pollen und Nektar aufgenommen, wenn auch nur in sehr geringen Dosen. Diese Mengen führen nicht zum unmittelbaren Vergiftungstod des Insekts, sind aber durchaus in der Lage, Schädigungen im Nervensystem und Störungen in der Orientierung und der Kommunikation bei Bienen herbeizuführen. Für soziale Gemeinschaftswesen wie die Biene sind solche »Fehlverhalten« verheerend, können sie doch die Ordnung eines ganzen Bienenvolks zum Einsturz bringen. Immer wieder wird beklagt, dass derartige Wirkungen nicht ausreichend in Langzeitstudien erforscht werden, bevor ein Pflanzenschutzmittel zugelassen wird.

Insektizide aus der Klasse der Neonicotinoide werden u.a. eingesetzt, um Nutzpflanzen vor Schadinsekten wie Blattläusen zu schützen. (Rechts) Über die Auswirkungen dieser Insektizide auf adulte Bienen und Bienenbrut wird kontrovers diskutiert. (Links)

miprid und Thiacloprid. Die synthetisch hergestellten Wirkstoffe greifen bei Insekten in das zentrale Nervensystem ein, indem sie sich an die Rezeptoren der Nervenzellen binden und damit die Weiterleitung von Nervenreizen beeinträchtigen. Die Markteinführung der hochwirksamen Insektizide wurde nicht nur von zahlreichen Landwirten, sondern auch von Kleingärtnern begrüßt und bescherte den Herstellern wachsende Umsätze.

Als jedoch immer mehr Imker einen Zusammenhang zwischen Bienenverlusten und Neonicotinoiden vermuteten, diesen Verdacht auch äußerten und zudem 2008 Millionen Bienen dem Wirkstoff Clothianidin zum Opfer fielen, wurden mehrere Studien mit einer Risikobewertung der Wirkstoffe in Auftrag gegeben. Insbesondere auf der Grundlage von Untersuchungen der Europäischen Behörde für Lebensmittelsicherheit (EFSA), die »ein hohes akutes Risiko für Bienen aufgrund von Pflanzenschutzmitteln mit den Wirkstoffen Clothianidin, Thiamethoxam oder Imidacloprid« ermittelte, entschied sich die EU-Kommission im Mai 2013 zu einer Durchführungsverordnung, die Einschränkungen in der Verwendung der Wirkstoffe verbindlich festlegte. Seitdem haben zahlreiche weitere Studien die negativen Effekte von Neonicotinoiden auf Honigbienen und andere Nutztiere wie Wildbienen, Schmetterlinge, Nachtfalter und Marienkäfer konstatiert. Orientierungslosigkeit, ein beeinträchtigtes Gedächtnis, Schwächung des Immunsystems oder ein gestörtes Brut- und Fortpflanzungsverhalten sind nur einige der zu beobachtenden Auswirkungen des gefährlichen Nervengifts. Besonders dramatisch erweist sich in diesem Zusammenhang, dass Bienen offensichtlich mit Neonicotinoiden behandelte Pflanzen bevorzugt ansteuern.

Vermutlich greifen dabei dieselben Mechanismen, die bei der menschlichen Nikotinsucht bekannt sind.

Es kann kaum verwundern, dass die Pflanzenschutzindustrie andere Standpunkte vertritt und auch hierfür Studien anführt. So findet sich auf den Internetseiten der Bayer AG folgende Information zum Thema Neonicotinoide: »Im Feld (wurden) unter realistischen Einsatzbedingungen zu keinem Zeitpunkt negative Auswirkungen auf Bienenvölker beobachtet. (...) Dieses Ergebnis deckt sich mit vielen groß angelegten multifaktoriellen Studien. (...) Sie haben gezeigt, dass eine schlechte Bienengesundheit mit Varroamilben, Viren und vielen anderen Faktoren korre-

Unternehmen wie BASF oder die Bayer AG führen immer wieder Studien ins Feld, nach denen sich bei sachgemäßer Anwendung von Pflanzenschutzmitteln »keine negativen Auswirkungen auf die Entwicklung des Bienenvolks zeigen«. (Links)

Imker und Umweltverbände weisen jedoch darauf hin, dass auch subtilere, zum Teil erst mittelfristig auftretende Effekte existieren, die dennoch zum Tod der Bienen führen können. (Rechts)

liert, nicht jedoch mit dem Einsatz von Insektiziden.« Vor diesem Hintergrund erscheint der Geschäftsbericht des Unternehmens von 2016 nur konsequent, in dem es heißt: »Wir sind der Überzeugung, dass Neonicotinoide anwendungssichere Insektizide sind und ein positives Risikoprofil haben, ohne eine Gefahr für Bienenvölker darzustellen.«

Die Standpunkte der Industrie sind eindeutig – entsprechend hartnäckig gehen sie gegen die Einschränkungsvorgaben ihrer Produkte vor. Derzeit muss sich das Gericht der Europäischen Union mit der Frage beschäftigen, ob die Durchführungsverordnung der EU-Kommission von 2013 überhaupt zulässig war. Die Bayer AG, Syngenta und BASF haben Klage eingereicht und untermauern ihren Standpunkt mit Schadensersatzforderungen in Milliardenhöhe. In erster Linie fechten die Chemiekonzerne die Rechtsgrundlage der Kommissionsentscheidung an, also die

Bewertung der Europäischen Behörde für Lebensmittelsicherheit, die angeblich »weder auf einem validierten noch offiziell anerkannten Risikobewertungssystem basiert« (aus dem Geschäftsbericht der Bayer AG von 2016). Angesichts der Tragweite dieses Falles ist mit mindestens zwei Verhandlungsjahren und einem endgültigen Beschluss vor dem Europäischen Gerichtshof zu rechnen.

Die EU-Kommission indes stimmt 2018 darüber ab, ob sie den Einsatz von Neonicotinoiden in größerem Maße einschränkt. Entgegen der Forderung zahlreicher Naturschutzverbände wird die grundsätzliche Zulassung der Wirkstoffe zwar derzeit nicht in Frage gestellt, aber zumindest kommt es zu einer Abstimmung über ein Freiland-Verbot. Der Einsatz wäre dann auf Pflanzen beschränkt, die von der Saat bis zur Ernte im Gewächshaus gehalten werden. Wie 2013 wird sich auch dieser Beschluss an der Risikobewertung der Europäischen Behörde für Lebensmittelsicherheit richten, deren Ergebnisse 2018 erwartet werden.

Ein Mitarbeiter der Bayer CropScience AG prüft, ob bei Sojabohnen- und Maispflanzen einer Testreihe die gewünschten Wirkungen der eingesetzten Pflanzenschutzmittel eintreten. Nicht nur die Effektivität der Chemikalien gegenüber Schädlingen, Pilzen etc. muss vor der Zulassung der Wirkstoffe getestet werden, sondern auch deren Gefährdungspotenzial gegenüber Bienen und anderen Nützlingen.

▸▸ PFLANZENSCHUTZGESETZ UND BIENENSCHUTZVERORDNUNG

Angesichts immer wiederkehrender Schlagzeilen über die Vergiftung und den Tod von Millionen Bienen durch Pflanzenschutzmittel stellt sich die Frage, wie solche Unfälle möglich sind trotz vorhandener Prüfungsverfahren für potenziell gefährliche Wirkstoffe in der Landwirtschaft. Die EU-Verordnung 546/2011 zur Bewertung und Zulassung von Pflanzenschutzmitteln gibt unmissverständlich vor: »Besteht die Möglichkeit einer Exposition von Honigbienen, so wird die Zulassung nicht erteilt, wenn die Gefährdungsquotienten für die orale und

die Kontaktexposition von Honigbienen mehr als 50 betragen, es sei denn, eine geeignete Risikoabschätzung erbringt den praktischen Beweis, dass bei Verwendung des Pflanzenschutzmittels unter den vorgeschlagenen Bedingungen keine unannehmbaren Auswirkungen auf die Larven, auf das Verhalten der Honigbienen und auf das Überleben sowie die Entwicklung von Bienenvölkern eintreten.«

Was verbirgt sich hinter diesen Gefährdungsquotienten? – Bevor ein Pflanzenschutzmittel zugelassen wird, muss es ein Prüfungsverfahren durchlaufen. In der ersten Stufe wird die akute Toxizität eines Wirkstoffs geprüft und der sogenannte LD50-Wert ermittelt. Dieser benennt die Konzentration einer Chemikalie, nach deren einmaliger Verabreichung 50 von 100 der behandelten Bienen innerhalb von 24 Stunden sterben. LD50-Werte, die über 100 Mikrogramm/Biene liegen, werden als nicht toxisch, Werte unter 10 Mikrogramm/Biene als toxisch bewertet. Es erfolgt eine Berechnung, die Auskunft darüber gibt, wie hoch das Risiko für Bienen ist, wenn das Präparat in der Natur gemäß den Bestimmungen ausgebracht wird. Richtwert ist der sogenannte Hazard Quotient. Liegt er über 2500, wird das Produkt als bienengefährlich (B1) eingestuft, bei Werten unter 50 gilt es als bienenungefährlich (B4). Werte über 50 legen den Verdacht nahe, dass eine Verwendung des Präparats in der Landwirtschaft zu Schäden bei Bienen führen kann und verpflichten zu anschließenden Zelt- und ggf. Freilandversuchen, die die Bienengefährlichkeit erneut überprüfen.

Die Untersuchungen hinsichtlich der Umweltverträglichkeit bestimmter Wirkstoffe beeinhalten im Hinblick auf Bienen Prüfungen zur akuten Toxizität bei oraler Aufnahme und Kontakt. Kann eine Gefährdung nicht ausgeschlossen werden, schließen sich Freiland- und Feldversuche an.

Wie sehr Bienen chemischen Wirkstoffen ausgesetzt sind, lässt sich auch anhand des Honigs analysieren, den sie produzieren. In einer Untersuchung der Schweizer Universität von Neuchâtel konnten in Dreiviertel der weltweit gesammelten Honigproben (insgesamt 198 Proben) Neonicotinoide nachgewiesen werden.

Für Pflanzenschutzmittel der Kategorie B1 gelten strenge Auflagen. Es dürfen keine blühenden oder von Bienen beflogenen Kulturen behandelt werden. Ebenso muss gewährleistet sein, dass benachbarte Pflanzen nicht durch Drift des Spritznebels mitgetroffen werden.

Darüber hinaus gibt es Präparate, die als bienengefährlich definiert sind, dennoch auf blühende Pflanzen aufgebracht werden dürfen, sofern dies nach dem Ende des täglichen Bienenflugs bis 23 Uhr erfolgt (Kategorie B2). Eine letzte Kategorie (B3) bezeichnet Mittel, deren toxikologische Wirkung auf Bienen in direktem Kontakt nachgewiesen ist, die aber aufgrund der durch die Zulassung festgelegten Anwendungen des Mittels (z. B. als Beizsaatgut oder Bodenherbizid) als nicht bienengefährlich eingestuft werden.

Die sachgemäße Anwendung der Pflanzenschutzmittel ist generell die Voraussetzung für die Zuverlässigkeit der Kategorien. Dies darf durchaus als Schwachstelle im Hinblick auf die Bienensicherheit angesehen werden. Doch die Kritik vieler Imker und Umweltverbände an den Präparaten und an den für die Zulassung nötigen Testverfahren geht darüber hinaus. Die Untersuchungen berücksichtigen nicht ausreichend die Effekte von Wirkstoffen jenseits letaler, also tödlicher Konzentrationen. Mortalität ist aber lediglich ein Aspekt der Toxizität von Präparaten. Daneben existieren subtilere, zum Teil erst mittelfristig auftretende Effekte, die nichtsdestotrotz zum Sterben ganzer Bienenpopulationen führen können. Das ist zum Beispiel dann der Fall, wenn Wirkstoffe, die von den Bienen über Pollen oder Nektar aufgenommen werden, zu abnehmender Fruchtbarkeit der Drohnen, zu Beeinträchtigungen in der Orientierung, Gedächtnisleistung oder Kommunikation führen. Das Überleben von Bienenvölkern basiert auf der Zusammenarbeit und dem »Funktionieren« der Insekten. Verhaltensänderungen oder Defekte bei Sammelbienen haben deshalb auch zwangsweise Auswirkungen auf das gesamte Volk.

Ebenso unberücksichtigt bleibt das Risiko, dass Bienen durch Pflanzenschutzmittel in ihrer Gesamtkonstitution geschwächt werden und somit anfälliger sind für Pilzinfektionen oder Schädlinge. Dieser Aspekt spielt insofern eine nicht unerhebliche Rolle, führen Unternehmen wie Bayer, Syngneta, BASF und Co. doch immer wieder Studien ins Feld, in denen die Varroamilbe zum definitiven Hauptfeind erklärt wird. Es wäre ebenso interessant zu überprüfen, ob sich Varroa nicht besonders bei jenen Bienenvölkern ausbreitet, die durch Umweltgifte in ihrer Gesamtkonstitution geschwächt sind.

Und nicht zuletzt weisen Imker, Wissenschaftler und Umweltverbände immer wieder darauf hin, dass die Tests zur Bestimmung von Bienengefährlichkeit solche Wechselwirkungen bzw. Synergien außer Acht lassen, die auftreten, wenn sich zwei oder mehrere chemische Wirkstoffe miteinander verbinden. Erwiesen ist, dass dies zu einer Potenzierung der Toxizität führen kann. Leider werden derart schädigende Synergieeffekte erst im freien Feld offenkundig, nämlich dann, wenn Millionen Bienen einem »unnatürlichen« Tod erliegen.

Die Sorge um die Gesundheit ihrer Bienen und um die Verunreinigung des Honigs durch Pollen genveränderter Pflanzen veranlasst Imker regelmäßig zu Protestaktionen wie hier vor Kloster Andechs in Oberbayern.

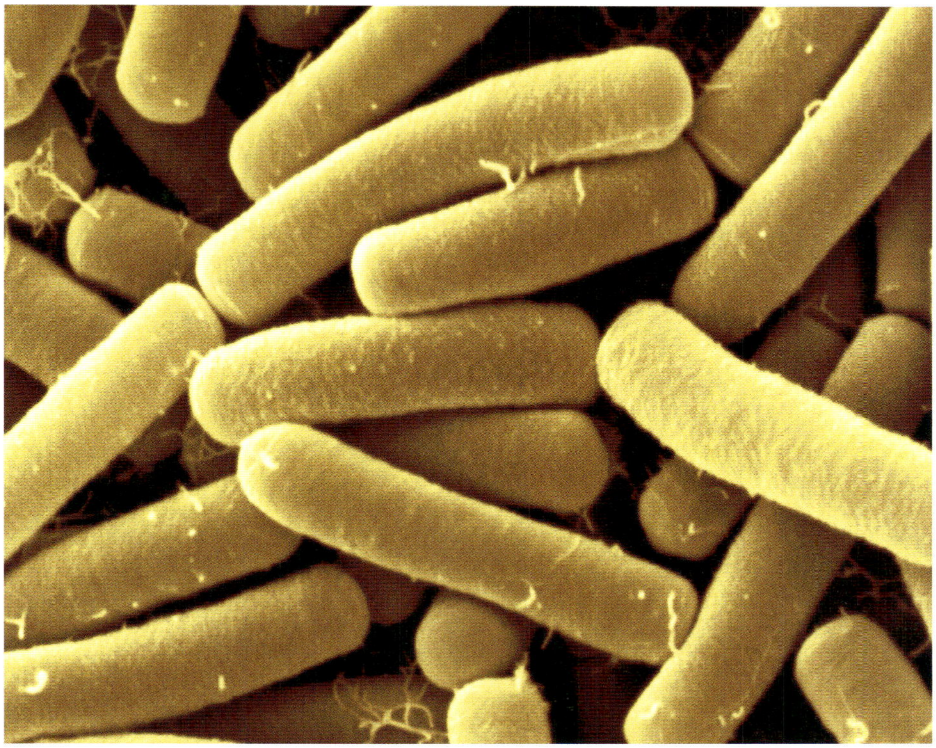

Mehr als 60 Millionen Hektar Fläche werden weltweit mit gentechnisch verändertem Mais angebaut, in dessen Erbgut Gene des Bodenbakteriums *Bacillus thuringiensis* eingeschleust wurden, die eine insektizide Wirkung entfalten.

GENTECHNISCH VERÄNDERTE PFLANZEN

Es sind nicht nur Pflanzenschutzmittel aller Art, die Imkern und Umweltschützern Sorgen bereiten. Seit der Einführung gentechnisch veränderter Nutzpflanzen stehen auch diese im Verdacht, die Gesundheit von Bienen anzugreifen. Ein Begriff, der in diesem Zusammenhang oft fällt, ist Bt-Mais. Hierbei handelt es sich um Mais, in dessen Erbgut ein Gen des Bodenbakteriums *Bacillus thuringiensis* eingeschleust wurde, das nachweislich eine insektizide Wirkung hat. Insbesondere in den USA ist Bt-Mais weit verbreitet. 1995 erstmalig für den Anbau zugelassen, wurde er 2016 bereits auf mehr als 60 Millionen Hektar eingesetzt, wobei über 50 Millionen Hektar allein auf die USA und Brasilien entfallen. 1998 erhielt der Bt-Mais »Mon810« von Monsanto die Zulassung auf EU-Ebene bis zum Jahr 2007. In vielen Ländern regte sich enormer Widerstand, darunter auch in Deutschland. Das Bundesministerium für Bildung und Forschung gab deshalb eine Studie in Auftrag, die die Auswirkungen von Bt-Maispollen auf die Honigbiene untersuchen sollte. Bis zu diesem Zeitpunkt gab es weder Vorschriften noch anerkannte Methoden, mit denen die Verträglichkeit gentechnisch veränderter Pflanzen für Bienen überprüft werden konnte. Die Studie kam zu dem Ergebnis, dass »eine toxische Wirkung auf gesunde Bienen unter natürlichen Bedingungen (…) mit großer Sicherheit ausgeschlossen werden« kann. Es war reiner Zufall, dass Bienenvölker der Test- und Kontrollgruppe während der ersten Versuchsreihen mit Mikrosporidien (Parasiten, die im Darm zu finden sind) befallen waren.

Bienen sterben immer häufiger an Nahrungsmangel. Dazu tragen Flächenversiegelung, Erosion und die intensive Landwirtschaft mit ihrem Mangel an Nahrungsangeboten bei. Und mit den Blühflächen, die den Bienen eine ausreichende Versorgung gewährleisten, verschwinden auch oft geeignete Nistplätze für Wildbienen.

Dieser Befall führte in beiden Gruppen zu einer Abnahme der Bienenzahl und infolgedessen zu einer verringerten Brutaufzucht, wobei dieser Effekt bei den mit Bt-Maispollen gefütterten Bienen signifikant höher war. Könnte es eine Wechselwirkung zwischen dem im genveränderten Mais enthaltenen Toxin und dem Befall mit Krankheitserregern geben, der die Widerstandskraft der Tiere und auch ihre Überlebenschancen mindert? Entsprechende Untersuchungen durch das Thünen-Institut in Braunschweig und die Universität Würzburg widerlegen diese Vermutung. Es lasse sich keine Beeinträchtigung auf die Gesundheit und Überlebensrate von Bienen durch Bt-Mais nachweisen, so die Forscher.

Viele Imker bleiben indes skeptisch und sprechen sich für ein kategorisches Verbot gentechnisch veränderten Saatguts nicht zuletzt deshalb aus, weil sie allein auf diese Weise Verunreinigungen des Honigs mit Pollen gentechnisch veränderter Pflanzen ausschließen können. Gegenwärtig bauen in der EU lediglich Spanien, Portugal, Tschechien und die Slowakei bt-Mais an, wobei dies allein Spanien in größerem Umfang betreibt. Hier liegt der Anteil an gv-Mais bei 35 Prozent. Deutschland, Österreich und weitere 15 Länder sowie vier Regionen nutzen hingegen die sogenannte Opt-out-Richtlinie von 2015, nach der EU-Mitgliedstaaten den Anbau gentechnisch veränderter Pflanzen auf ihrem Hoheitsgebiet beschränken oder ganz verbieten können, auch wenn eine Anbauzulassung auf EU-Ebene besteht.

Wo die kleinbäuerliche Landwirtschaft einst ein breites Nahrungsangebot für Bienen bereitstellte, finden sich heute großflächige Kulturen mit nur wenigen Nutzpflanzenarten. Insbesondere die Wildbienen haben unter diesem Mangel an Nahrung zu leiden, da sie im Bedarfsfall keinen imkerlichen Schutz in Form von Zufütterung genießen.

NAHRUNGSMANGEL

Es ist schon paradox. Während die Menschen Europas und Nordamerikas mit einem Nahrungsüberangebot gesegnet sind, sterben Bienen, die den Großteil dieses Überflusses durch Bestäubung von Pflanzen überhaupt erst ermöglichen, immer häufiger an Nahrungsmangel. Grund sind dramatische Veränderungen der Landschaftsstruktur, hervorgerufen durch einen umfassenden Wandel im Agrarbereich und zunehmende Urbanisierung.

In den vergangenen 50 Jahren ging weltweit ein Drittel des landwirtschaftlich nutzbaren Bodens durch Flächenversiegelung und Erosion verloren. Das entspricht einem Verlust von ca. 10 Millionen Hektar Ackerfläche pro Jahr. Auch die Imkerei bleibt von diesen Entwicklungen nicht unberührt: Insbesondere für die Wanderimker in den USA wird es zunehmend schwierig, geeigneten Boden zu finden, auf dem sie ihre Bienen für die Wintermonate platzieren können. Und Hobbyimker, die ihre Bienen in den Sammelmonaten nicht kommerziell in Monokulturen einsetzen, müssen in immer entlegenere Regionen ausweichen, um den Tieren die Chance auf eine ausreichende Versorgung mit Blütenstaub und Nektar zu geben.

Letzteres Problem ist durchaus auch europäischen Imkern bekannt. Wiesen werden in blumenarmes Ackerland umgewandelt oder sie werden gemäht, bevor Klee

Es mangelt den Bienen generell an Brachflächen, auf denen sich Wildblumen ausbreiten können, die den Insekten einen abwechslungsreichen Speiseplan bieten. Blühflächen bzw. -streifen, die von staatlicher Seite gefördert werden, schaffen Abhilfe.

und Löwenzahn zur Blüte gelangen, da sehr junges Gras einen höheren Eiweißgehalt besitzt. Zudem ist die kleinbäuerliche Landwirtschaft mit ihrer Vielfalt an Strukturen und Nutzungsformen einer industriellen Landwirtschaft mit großflächigen Monokulturen und nur wenigen Nutzpflanzen gewichen.

Diese Veränderungen treffen nicht nur Honigbienen, sondern in besonderem Maße auch Wildbienen. Hier verschärft sich das Problem noch dadurch, dass Nahrungsquellen und geeignete Nistplätze gleichermaßen verschwinden. Es gibt kaum verlässliche Quellen, die Auskunft geben über das anhaltende Sterben von Wildbienen aufgrund landwirtschaftlicher Veränderungen: Tatsache ist, dass von den insgesamt 560 eingebürgerten Wildbienenarten derzeit über die Hälfte auf der Roten Liste gefährdeter Arten steht, wobei 110 Arten in die Kategorien »Vom Aussterben bedroht« oder »Stark gefährdet« gerechnet werden.

Es mangelt den Bienen an Nistplätzen und es mangelt ihnen an Nahrungs-, insbesondere an Pollenquellen. Ein abwechslungsreicher und damit gesunder Speiseplan setzt eine arten- und blumenreiche Vegetation voraus, die jedoch immer weiter schwindet. In vielen Ländern wird dieses Problem von staatlicher Seite angegangen. Eine der wichtigsten Maßnahmen ist das Anlegen von Blühflächen bzw. -streifen. Landwirte erhalten Zuwendungen, sofern sie auf einem Teil ihrer Felder verschiedene standortangepasste Blütenpflanzenarten anlegen und dort auf den Einsatz von Pflanzenschutzmitteln verzichten. Diese Blühflächen dienen Bienen und anderen Insekten als reichhaltige Nahrungsquelle und bieten darüber hinaus auch Kleintieren und Wild Schutz und Rückzugsräume.

KLIMATISCHE EINFLÜSSE

Der Lebensrhythmus, aber auch die Gesundheit eines Bienenvolks sind an klimatische Begebenheiten gebunden. Dem Massensterben der Bienen auf der Isle of Wight zu Beginn des 20. Jahrhunderts beispielsweise ging eine ungewöhnliche Wärmeperiode zu Beginn des Frühjahrs mit darauffolgendem Kälteeinbruch voran, der die Bienen am Ausschwärmen hinderte. Offensichtlich schwächte dies die Tiere in hohem Maße, sodass sie deutlich anfälliger für das Chronische Paralyse Virus wurden.

Auch wenn sich Pflanzen wie hier der Scharfe Mauerpfeffer an die scheinbar widrigsten Umstände anpassen können, reagieren sie dennoch auf klimatische Extrembedingungen, indem sie zum Beispiel bei anhaltenden Trockenperioden weniger Nektar und Pollen produzieren und auf diese Weise Versorgungsengpässe für Bienen entstehen können.

Dauerregen hindert die Bienen daran, ihren Bienenstock zu verlassen. Wenn Blühphasen bestimmter Trachtpflanzen mit lang anhaltenden Regenphasen zusammenfallen, kann sich eine kritische Versorgungslage für Wild- und Honigbienen ergeben.

Extreme klimatische Bedingungen sind immer ein Risiko für Bienen, denn sie gefährden ebenso die Versorgung der Insekten mit Nahrung: Hitze und Dürre führen dazu, dass Pflanzen weniger Blütenstaub und Nektar produzieren, bei Dauerregen und Kälte hingegen hört die Flugaktivität der Bienen auf, wobei sich Honigbienen »temperaturempfindlicher« zeigen als viele Wildbienenarten oder Hummeln. Imker können in solchen Notzeiten Abhilfe schaffen, indem sie die Bienenvölker mit Zusatznahrung versorgen. Wildbienen hingegen sind bei unerwarteten Dürrezeiten oftmals dem Hungertod ausgeliefert.

Doch nicht nur wetterbezogene Ausnahmesituationen machen den Bienen zu schaffen: Schleichende klimatische Veränderungen stellen ebenso eine Gefahr dar. Das gilt zum einen im Hinblick auf die Verbreitung von Parasiten wie der Varroamilbe, die ursprünglich in anderen Klimazonen heimisch waren, sich nun aber auf dem europäischen und amerikanischen Kontinent ansiedeln und dort den Bienen erheblich zusetzen. Steigende Temperaturen haben zum anderen aber auch Einfluss auf den Lebenszyklus von Pflanzen. Nachforschungen in 21 Ländern Europas haben ergeben, dass sich der Frühlingsbeginn, definiert über das Sprießen, Knospen und Blühen von Pflanzen, in den letzten 30 Jahren um jeweils 2,5 Tage pro Dekade nach vorn verschoben hat. Bei einzelnen Pflanzen hat sich verglichen mit den späten 1970er-Jahren der mittlere Blütebeginn um über 20 Tage nach vorn verschoben.

Für Bienen kann das verhängnisvoll sein, blühen doch immer mehr Sträucher und Bäume, die früher ein fester Bestandteil im Nahrungsplan waren, zu einer Zeit, in der Bienen noch nicht ausfliegen. Obstbauern reagieren auf diesen Umstand, indem sie für die Bestäubung ihrer Bäume Hummeln einsetzen, die bereits bei einer Außentemperatur von 9 °C ausfliegen. Eine Verknappung der Nahrung oder die Einschränkung seines Speiseplans braucht der Mensch deshalb weniger zu fürchten, wohl aber die Bienen, die mit der Verschiebung der Jahreszeiten bislang nur schlecht Schritt halten können.

ÜBERZÜCHTUNG

Die Bienenhaltung veränderte die im Zuge natürlicher Selektion entstandene geografische Verteilung der Bienen: Züchter spezialisierten sich auf zwei Unterarten – *Apis mellifera carnica* und *Apis mellifera ligustica*.

Mit der Domestizierung der Honigbiene begann nicht nur die gezielte Haltung der Bienen in Beuten und Magazinen, um einfacher Honig zu ernten oder eine effektivere Bestäubung von Pflanzen zu erreichen, mit ihr ging auch die Züchtung besonders sanfter und fleißiger Bienen einher. Vor Jahrmillionen entwickelten sich mehrere Unterarten von *Apis mellifera*, jede für sich bestens ausgestattet, um in dem jeweiligen Lebensraum fortbestehen zu können. Die Bienenhaltung veränderte diese im Zuge natürlicher Selektion entstandene geografische Verteilung der Bienen: Züchter spezialisierten sich auf zwei Unterarten – *Apis mellifera ligustica* und *Apis mellifera carnica* –, die dann auch in bislang artfremden Lebens-

räumen angesiedelt wurden. Dieses Vorgehen bedroht nicht nur die Existenz der rund 25 Unterarten, unter ihnen die als Dunkle Biene bezeichnete *Apis mellifera mellifera*, die bis ins 19. Jahrhundert die einzige Biene war, die nördlich der Alpen lebte und an das rauere Klima und die schwierigeren Lebensbedingungen perfekt angepasst ist. Die Weiterzüchtung beispielsweise der Carnica-Biene zu einer sanftmütigen »Turbobiene« ging auch auf Kosten ihrer ursprünglichen Robustheit und Widerstandskraft. Dies kann der Biene heute zum Verhängnis werden, zeigt sie sich doch gegenüber manchen Parasiten, insbesondere der Varroamilbe, extrem anfällig. Das weltweite Bienensterben lässt deshalb auch Stimmen lauter werden, die sich für die Erhaltung und Wiederansiedlung der ursprünglich vorhandenen Unterarten der Honigbiene einsetzen.

Aufgrund ihrer Sanftmut wird die Carnica-Biene von deutschen Imkern ganz besonders geschätzt, erlaubt es ihnen doch, auch ohne Schutzanzug zu arbeiten. Für die Tiere selbst ist diese angezüchtete Gutmütigkeit allerdings gar nicht so positiv, ist sie vielen Krankheiten und Parasiten doch recht hilflos ausgeliefert. Und das schadet letztendlich wiederum dem Imker.

In den USA hat sich das Problem der Überzüchtung aus zweierlei Gründen ganz besonders verschärft: Zum einen gab es bis zur Ankunft der Europäer keine einheimischen Honigbienenarten. Zum anderen erließ der amerikanische Kongress 1922 den »Honey Bee Act«, der ein Verbot für den Import europäischer Bienen aussprach. Hiermit wollte man das Einschleppen und die Verbreitung der Tracheenmilbe verhindern, die insbesondere in Großbritannien zu gewaltigen Bienenverlusten geführt hatte. Infolge dieser Umstände bzw. Maßnahmen greifen amerikanische Imker bei dem Kauf von Königinnen auf einen extrem kleinen Genpool zurück. Könnte es gerade diese mangelnde genetische Vielfalt sein, die für CCD und anderes Bienensterben der letzten Jahre mitverantwortlich ist? Mittlerweile gibt es Bienengenetiker, die diese Vermutung nahe legen.

Einen Hinweis auf die Richtigkeit dieser Vermutung gibt das Leben der afrikanisierten amerikanischen Biene, auch Killerbiene genannt (siehe dazu S. 84). Die Bienen, zunächst als Unfall aus Königinnen afrikanischer Bienen und südamerikanischer Bienenvölker entstanden und sich seitdem stark verbreitend, werden in Süd- und Mittelamerika nicht nur imkerlich gehalten. Sie sind auch in der Lage, wild in freier Natur und ohne jegliche Hilfe durch einen Imker zu leben und haben ihren Lebensraum sogar bis weit in den Süden der USA erweitern können. Bemerkenswert ist etwa ihre Toleranz bzw. ihr wirksames Abwehrverhalten gegenüber der Varroamilbe.

Künstliche Befruchtung einer Bienenkönigin am Länderinstitut für Bienenkunde »Hohen Neuendorf e.V.«: Ziel der Zucht sind unter anderem varroatolerante Bienenvölker. Ob jedoch eine immer weitere Verringerung des Genpools die Lösungen für die Herausforderungen der Zukunft sind oder ob nicht ein Rückgriff auf die ursprüngliche Honigbienenunterarten und auf die Verbesserung der natürlichen Lebensbedingungen der Insekten im Kampf gegen bestehende und künftige Herausforderungen in der Bienengesundheit sinnvoller wären, bleibt fraglich.

FEHLER UND MÄNGEL IN DER BIENENHALTUNG

Wenn Hunderte von Millionen Bienen aufgrund nicht klar zu benennender Ursachen sterben, ist das ein Problem aller Menschen. Landschaften ändern sich, weil wegen eines Mangels an Wildbienen die Biodiversität von Wildpflanzen in Gefahr gerät, Bauern verlieren die Bestäuber für ihre Kulturpflanzen, womit Verbrauchern potenziell Preisexplosionen bei bienenbestäubten Produkten ins Haus stehen, und Imker verlieren mitunter ihre Einkommensgrundlage, mindestens aber müssen sie mit dem Verlust von Tieren fertig werden, denen sie viel Zeit und

In den USA und Australien nimmt die Wanderimkerei Ausmaße an, die für die Bienen außerordentlichen Stress bedeuten und die empfindlichen Insekten zusätzlich schwächen.

Aufmerksamkeit geschenkt haben. Ihr Erschrecken angesichts anhaltender Bienenverluste überall auf der Welt ist demnach mehr als verständlich. Und dennoch können Imker auch Teil des Problems sein.

Unzureichende Sachkenntnis oder zu wenig Erfahrungen in der Haltung von Bienen sind eine potenzielle Gefahr für Bienen. Das reicht von mangelnder Hygiene im Bienenstock über ungeeignete Standortwahl der Bienenstöcke oder das Öffnen der Beute bei zu kalten Außentemperaturen bis hin zur falschen Behandlung von Varroamilben. Doch gerade im Umgang mit Varroa sehen sich Imker einem Dilemma gegenübergestellt. Seit sich die Milbe auf dem europäischen und amerikanischen Kontinent verbreitet hat, sind ihr Milliarden Bienen zum Opfer gefallen. Eine prophylaktische, medikamentöse Behandlung des Schädlings ist möglich, scheint vielen Imkern unumgänglich und bedeutet für diesen insbesondere den geringsten Arbeitsaufwand. Doch Untersuchungen von Bienen haben ergeben, dass sich in den Körpern mitunter tödliche Konzentrationen eben jener Wirkstoffe finden, die gegen Varroa eingesetzt werden. Alternative Arbeitsmethoden zur Varroaregulierung werden von manchen Imkern – gerade in den Großimkereien

Bereits anhand der Farbe lässt sich erkennen, dass unterschiedliche Blüten auch unterschiedliche Pollen und Nektare produzieren. Und beide unterscheiden sich natürlich nicht nur in der Farbe, sondern auch in ihren Inhaltsstoffen und deren Zusammensetzung. Von den Bienen weiterverarbeitet, ergeben sich daraus hochwertige Nahrungsmittel, die nicht nur den Menschen, sondern auch die Bienen selbst mit Mineralstoffen, hochwertigem Eiweiß und Spurenelementen versorgen.

Glaubt man allerdings manchen Imkern, reicht Zuckerwasser für die Ernährung der Bienen im Winter aus. Versuche wie die des bosnischen Forschers Goran Mirjanic (2013) haben das längst widerlegt: Die Lebenserwartung von mit Zuckerwasser gefütterten Bienen lag beispielsweise im Durchschnitt bei 12 Tagen, die der mit Honig ernährten bei 27 Tagen. Die US-amerikanische Professorin Marsha Wheeler bewies zudem 2014, dass die Fütterung mit Saccharose- oder Fructosesirup die Genaktivität negativ beeinflusst – vor allem hinsichtlich des Eiweißstoffwechsels, der Signalübermittlung der Nervenbahnen sowie des Immunsystems. Es ist also auch eine Frage des imkerlichen Eigennutzes, wie gesund die Bienen sind. Wer den gesamten Honig im Sommer entnimmt, muss sich nicht wundern, wenn seine Völker stark geschwächt aus dem Winter hervorgehen.

der USA – nicht einmal in Betracht gezogen, ebensowenig wie eine Orientierung an der tatsächlichen Schadschwelle, die eine prophylaktische Behandlung der Bienenvölker ausschließen würde.

Darüber hinaus können aber auch die persönlichen Interessen der Imker den Bienen schaden. Besonders deutlich zeigt sich das in den USA, wo die Ökonomisierung der Insekten ein bislang unbekanntes Ausmaß erreicht hat. Die Bienen wer-

den von einem Einsatzort zum nächsten gefahren, verbringen Tage und Nächte auf Transportern. Diesen Stress müssen eben jene Bienen zusätzlich aushalten, die aufgrund eines mangelnden Genpools und Überzüchtung im Verdacht stehen, sowieso schon anfälliger für Krankheiten und Schädlinge zu sein.

Berufsimker, die ihre Tiere in solch großem Stil vermarkten, gibt es in Europa bislang nicht. Doch auch der Wunsch von Hobbyimkern nach möglichst großen Honigerträgen setzt der Biene zu. Die Insekten sammeln viele Monate lang, um im Winter ausreichend Honig zum Überleben zu besitzen. Die gängige Praxis, diese Vorräte komplett zu entnehmen und durch Zucker zu ersetzen, steht im Verdacht, die Gesamtkonstitution der Biene zu schwächen, denn immerhin wird ein hochwertiges Naturprodukt durch einen ernährungsphysiologisch minderwertigeren Stoff ersetzt. Das ist insbesondere in Zeiten ein Problem, in denen die Vielfalt der Trachtquellen auch in Europa nicht mehr gewährleistet ist. Monokulturen stellen für die Bienen – und im übrigen für alle anderen Lebewesen – nicht nur in Bezug auf die Umweltgifte ein

Untersuchungen der Universität Koblenz-Landau und des Swiss Federal Insitute of Technology in Lausanne legen den Verdacht nahe, dass elektromagnetische Felder das Verhalten von Bienen, wie beispielsweise die Rückkehrzeit in den Bienenstock, beeinflussen.

enormes Problem dar. Sie bieten den Insekten während des gesamten Jahres eine einseitige Nahrung, was selbst für Insekten Mangelernährungen, Krankheiten und eine allgemeine Schwächung der Konstitution zur Folge haben dürfte.

FUNKWELLEN

»Handystrahlen killen unsere Bienen!« Diese Schlagzeile war im Mai des Jahres 2011 auf einer Seite des Schweizer Internetportals Blick.de zu lesen. Sie war nicht die erste ihrer Art. Erste Wogen im Nachrichtenbereich schlug das Thema Bienensterben und Funkwellen, als die britische Tageszeitung »The Independent« im April 2007 die Frage stellte: »Vernichten Mobiltelefone unsere Bienen?« Und weiter hieß es: »Einige Wissenschaftler vertreten die Theorie, dass die von Mobiltelefonen und anderen Hightech-Geräten ausgehende Strahlung eine mögliche Antwort auf eines der bizarrsten Mysterien sein kann, von der die Natur je heimgesucht wurde: das Verschwinden pflanzenbestäubender Bienen.« Die Autoren bezogen sich auf eine Pilotstudie der Universität Koblenz-Landau über das Rückkehrverhalten von Sammelbienen und das Bauverhalten der Insekten unter elektromagnetischer Exposition und fanden nur allzu schnell begeisterte Anhänger einer Theorie, die Mobiltelefone für einen der Hauptverursacher des weltweiten Bienensterbens erklärt. Das änderte sich auch nicht, nachdem sich die Universität Koblenz-Landau darum bemühte, auf einen Übersetzungsfehler in dem »Independent«-Artikel hinzuweisen: Nicht Mobiltelefone, sondern die Basisstationen schnurloser Telefone dienten den Forschern als Grundlage zur Erzeugung elektromagnetischer Felder. Darüber hinaus waren die Geräte direkt auf dem Boden des Bienenkastens positioniert worden – eine Versuchsanordnung, die in freier Natur kaum zu finden sein dürfte. Die Ergebnisse ließen dennoch aufhorchen: »Zum einen ist die Anzahl der zurückkehrenden Bienen aus unbestrahlten Bienenvölkern deutlich höher, zum anderen ist die Rückkehrzeit der (wenigen zurückkehrenden) Bienen aus bestrahlten Völkern deutlich länger.«

Eine Studie aus dem Jahr 2009 untermauerte diese Beobachtungen. Am Swiss Federal Institute of Technology in Lausanne ging man der Frage nach, ob Mobiltelefone Einfluss auf die Kommunikation von Bienen ausübten. Das Summen der Bienen im Stock diente dabei als Indikator. Zur Untersuchung wurden neben einem Mikrofon zur Erfassung des Bienensummens zwei Mobiltelefone platziert. Befanden sich die Telefone im Standby-Modus, so zeigten die Bienen keine Verhaltensänderungen: Die Frequenz ihres Summens verblieb im Bereich der üblichen 450 Hertz. Wurde zwischen den Mobiltelefonen jedoch eine aktive Verbindung hergestellt, so steigerte sich die Frequenz auf über 4000 Hertz. Die Forscher sehen hierin ein klares Zeichen dafür, dass die Bienen zum einen empfänglich sind für Funkwellen und sich zum anderen durch aktive Mobiltelefone gestört fühlen. Eine Frequenz von 4000 Hertz ist unter normalen Umständen nur dann zu beobachten, wenn die Tiere aus dem Stock ausschwärmen wollen. Und genau aus diesem Kommunikationsfehler könnten schwerwiegende Folgen entstehen.

»Vernichten Mobiltelefone unsere Bienen?« fragte »The Independent« bereits im April 2007. Und Beobachtungen von Imkern scheinen dies mittlerweile zu bestätigen: Die Berner Zeitung berichtete im Mai 2017 beispielsweise vom Kahlflug in einer Waberner Imkerei – bei dem alle Bienen die Stöcke ohne ersichtlichen Grund komplett verlassen –, wenige Monate, nachdem eine nahe Handyantenne verstärkt wurde. Für den Imker liegt Elektrosmog als Ursache für den Kahlfug auf der Hand, hat er in 57 Jahren Imkerei doch niemals einen solchen Totalverlust erlebt. Das dem schweizerischen Bundesamt für Landwirtschaft angegliederte Forschungsinstitut Agroscope bestreitet solche Zusammenhänge.

»Die harzigen Bestandteile, das Stopfwachs, werden zum Einhüllen fremdartiger Gegenstände verwendet, welche ihrer Größe wegen nicht beseitigt werden, durch Fäulnis aber den Stock verpesten können. Es wird erzählt, dass man eine Maus, eine nackte Schnecke auf diese Weise eingekapselt in Stöcken gefunden habe.«

ALFRED BREHM: BREHMS TIERLEBEN

Feinde und Krankheiten der Honigbiene

Als einer der gefährlichsten, natürlichen Feinde der Westlichen Honigbiene gilt seit den 1970er-Jahren die Varroamilbe (links). Zu den seltener auftretenden Bedrohungen gehört u.a. der Totenkopffalter (unten).

Amerika verliert seit Jahren jährlich Tausende seiner Bienenvölker und auch in Europa spricht man zunehmend vom Bienensterben. Fieberhaft suchen Imker, Imkerverbände und Umweltschützer nach einem greifbaren, sichtbaren Feind, den man bekämpfen kann, der das Massensterben verursacht. Für Lobbyisten aus Wirtschaft und Industrie ist dieser Feind längst bekannt, lenkt er doch von der tatsächlichen Gefahr durch Pestizide u. ä. wirksam ab: ein in der Tat mächtiger Kontrahent der Honigbiene, die Varroamilbe. Doch für das große Bienensterben kann das kleine Spinnentier kaum verantwortlich sein, denn sie zählt erst seit den 1960er-Jahren zu den Feinden der Westlichen Honigbiene (in Deutschland sogar erst seit 1977), während massenhaftes Bienensterben in Großbritannien bereits ab 1905, in den USA seit 1915 zu beobachten ist. Darüber hinaus gibt es sehr wirksame Bekämpfungsmittel gegen die Varroamilbe, sodass dem Bienensterben heute Einhalt geboten werden könnte, wenn die Milbe der Hauptverursacher wäre.

Ein gefahrvoller Feind ist die Milbe dennoch, so wie die Honigbiene eine ganze Reihe anderer Feinde besitzt: Fraßfeinde wie Vögel und Frösche fangen sie in der Luft, Sammelbienen verheddern sich in den Netzen von Spinnen. Honigbienen anderer Völker oder Arten räubern Honig, Hornissen sind Honigräuber, nähren ihren Nachwuchs aber auch mit Bienenfleisch. Als Einzelindividuen sind die Bienen fast machtlos gegenüber solchen Feinden. Im Volk aber, also in der Gemeinschaft sind sie durchaus in der Lage, sich Gegnern zu stellen und sich zur Wehr zu setzen – selbst gegen Mäuse, die sie im Nest überraschen.

DIE FEINDE DER BIENEN

So gewaltig die Menge der Bienenfeinde auch ist, die meisten davon können kaum als echte Bedrohung angesehen werden. Sie sind entweder wie Vögel und Frösche nicht ausschließlich auf Bienen spezialisiert oder kommen so selten vor wie

der spektakuläre Totenkopffalter, dass sie einem Bienenvolk nicht ernsthaft gefährlich werden. Erst Widersacher, die ganze Bienenvölker zu schwächen wissen oder gar ausrotten können, sind eine echte Bedrohung für die Honigbiene. Einer ihrer gefährlichsten Gegner ist in Mitteleuropa längst ausgerottet worden: der Bär. Er kann vielleicht die nordamerikanischen oder asiatischen Völker bedrohen, europäische Bienen aber müssen seine Gegenwart nicht mehr fürchten. Ein anderer mächtiger Feind der Biene, der Mensch, hat gelernt, sich mit dem Insekt zu arrangieren und es für seine Zwecke zu nutzen. Der Schaden, den er anrichtet, bezieht sich auf den Eingriff in die Natur, in das natürliche Gleichgewicht und den Lebensraum, ja in die Biologie der Biene – vor dem Hintergrund der Schäden, die er in Bezug auf die Natur der Biene und ihre Umwelt anrichtet, ist seine Honigräuberei nahezu bedeutungslos.
Doch es bleiben einige Feinde, die die Existenz von Bienen bedrohen können, sofern der Imker nicht rechtzeitig eingreift.

In Mitteleuropa längst ausgestorben, können Bären in anderen Erdteilen – wie in Südostasien der Malaienbär – Bienenvölkern durchaus gefährlich werden.

DIE VARROAMILBE

Erst in den 1970er-Jahren nach Europa eingeschleppt, gilt die winzige Varroamilbe mittlerweile als der Erzfeind der Honigbiene. Ihre östliche Verwandte, der ursprüngliche Wirt der Varroa, kann mit dem kleine Parasiten ohne Weiteres fertig werden, doch die Westliche Honigbiene scheint der Milbe machtlos ausgeliefert zu sein und muss daher medikamentös gegen den Befall, die sogenannte Varroose, behandelt werden – was allerdings selbst mit biologischen Mitteln wirksam möglich ist.
Die Varroa ist im erwachsenen Zustand nur 1,6 mm groß, hat einen ovalen Körper mit glattem Panzer und schädigt sowohl die erwachsenen Honigbienen als auch die Bienenbrut. Die Verbreitung der *Varroa destructor* von der Östlichen auf die Westliche Honigbiene ist eine direkte Folge der allmählichen jahrhundertelangen Globalisierung: Einerseits nämlich wurden bereits im 18. Jahrhundert europäische Honigvölker nach Sibirien eingeführt, wo mit ihnen eine solch erfolgreiche Imkerei betrieben werden konnte, dass *Apis mellifera* rasch auf dem gesamten asiatischen Kontinent begehrt war. In der Nähe von *Apis-cerana*-Bienenvölker gehalten, kamen die beiden Bienenarten miteinander in Kontakt (z. B. durch gegenseitige Räuberei), mit der Folge, das *Varroa destructor* (eine von vielen verschiedenen Varroaarten) ihre Wirtsgemeinde auf *Apis mellifera* ausweiten konnte.
Andererseits wurden Nester von *Apis cerana* vor allem von Japan nach Südamerika gebracht, wodurch ein Kontakt der beiden Arten und damit auch der Kontakt zwischen *Apis mellifera* und *Varroa destructor* möglich wurde. Es dauerte eine Weile, bis sich die Milbe unter den Westlichen Honigbienenvölkern so ausbreiten konnte, dass sie ernsthaften Schaden anrichtete: Erst 1977 trat sie beispielsweise in Deutschland in Erscheinung. Und in der kurzen Zeitspanne seit Auftreten des Parasiten konnte noch keine gegenseitige Anpassung zum gemeinsamen Mitein-

Im Nest der Honigbiene befällt die Milbe zunächst einmal die Brut, auch die der Bienenkönigin (rechts), um in der Brutzelle bis zu sechs Eier zu legen. Besonders gern wird jedoch die Drohnenbrut befallen: Weil die Drohnen sich am längsten entwickeln können, bleibt auch den Varroamilben am meisten Zeit zum Heranwachsen und zur späteren Paarung untereinander in den verdeckelten Zellen.

Die ausgewachsene Varroamilbe nistet sich im Pelz der Honigbiene ein und wird auf diese Weise weiterverbreitet.

anderleben zwischen Varroa und Westlicher Honigbiene entwickelt werden, wie sie bei der Östlichen Honigbiene und der Milbe seit Jahrtausenden besteht.
Doch wie dringt die Milbe in ein Volk ein und welchen Schaden richtet sie an? Die Varroamilbe kann nicht fliegen und auch wenn sie sich auf ihren acht Beinchen im Bienenstock recht gut bewegen kann, könnte sie nicht allein von einem Bienenvolk zum nächsten wandern. Sie nutzt also die Flugkraft ihres Wirtes, um sich auszubreiten. Besonders geeignet sind dazu Drohnen, denn die werden im

Die Varroamilbe ist nicht der einzige Überträger des Flügeldeformationsvirus, aber ihr bedeutendster. Wird die Biene im Erwachsenenalter, als Ei oder Larve infiziert, zeigen die Insekten keinerlei Symptome. Nur bei der Infektion der Puppe kommt es zu der charakteristischen und namensgebenden Deformation der Flügel. Solche verkrüppelten Bienen werden im Stock nicht geduldet: Direkt nach dem Schlupf drängen ihre Artgenossen sie aus dem Bienenstock, wodurch sie unweigerlich verhungern werden.

Sommer ohne jede Abwehr auch von fremden Völkern aufgenommen. Hat sich eine Milbe im Pelz des Drohns eines milbenbefallenen Volkes eingenistet und dieser Drohn wechselt in einen fremden Bienenstock, so kann sich die Varroa dort verbreiten, ohne dass das Volk aktive Gegenwehr leisten kann. Aber auch weisellose Schwärme, die sich in fremde Völker einbetteln, oder räuberische Bienen sind wirksame Überträger des Parasiten.

Im Nest der Honigbiene befällt die Milbe zunächst einmal die Brut. Sie ist äußerst fortpflanzungsfreudig, nistet in den Brutzellen, lässt sich dort mit »verdeckeln« und legt in eine Zelle bis zu sechs Eier. Die daraus schlüpfenden Nymphen ernähren sich von der Bienenmade, saugen deren Hämolymphe (der »Blutersatz« der Insekten, in dem die Inneren Organe schwimmen), und allein das würde die Maden schon erheblich schwächen. Doch die Milbe ist vor allem ein Überträger von Viren und Bakterien und so wird die Bienenmade beispielsweise mit dem DW-Virus, dem Flügeldeformationsvirus, infiziert, sodass das Insekt mit verkrüppelten Flügeln schlüpft. Auch andere gefährliche Viren und Bakterien werden auf diese Weise in erhöhtem Maße verbreitet.

Eine relativ neue Methode der Varroabekämpfung ist die sogenannte Bienensauna. Mit Temperaturen zwischen 41 und 42 °C werden die Parasiten abgetötet, während die Bienen selbst mit diesen Temperaturen recht gut zurechtkommen.
Vielversprechend ist auch ein eher zufällig entdecktes Medikament der Landesanstalt für Bienenkunde der Universität Hohenheim: Während die Forscher eigentlich mit dem RNA-Interferenz-Verfahren an Bienen experimentierten, zeigte das den Bienen in einer Kontrollgruppe mitverfütterte Lithiumchlorid hervorragende Wirkung gegen den Varroamilben-Befall. Die beim Menschen gegen bipolare Störungen und Depressionen eingesetzte Chemikalie wäre ein günstiges und leicht anwendbares Medikament gegen den Parasiten. Noch sind jedoch weitere Untersuchungen nötig, bis Lithiumchlorid als Bienenmedikament tatsächlich zugelassen werden kann.

Noch in der Zelle paaren sich die verschwisterten Männchen und Weibchen und schlüpfen mit der Biene aus der Zelle. Die Weibchen legen nun ihrerseits erneut Eier in eine bestiftete Brutzelle – nicht ohne zuvor noch einige der erwachsenen Bienen zu befallen, sich mit ihren Mundwerkzeugen in ihnen zu verbeißen, an ihnen zu laben und sie gegebenenfalls mit Viren und Bakterien zu infizieren oder über sie weitere Bienennester zu verseuchen. Es ist also nicht nur die Milbe selbst, die einzelne Bienen schwächt, es sind die Krankheitserreger, die das Bienenvolk schädigen, und insbesondere der Übertragungsweg direkt in die Hämolymphe, wodurch auch für die Biene eher harmlose Viren plötzlich gefährlich werden. Mit einem ohnehin durch die Milbe und andere Umweltfaktoren stark geschwächten Immunsystem werden die natürlichen Hilfsmaßnahmen und »Medikamente« des Bienenvolks – wie Propolis, Hitzeregulierungen etc. – nun außer Kraft gesetzt.
Die Östliche Honigbiene entledigt sich dieser Gefahren, indem sie die Milben entweder selbst wegbeißt oder sich von ihren Artgenossinnen durch gegenseitiges Putzen davon befreien lässt. Bei der Westlichen Honigbiene konnte dieses Verhalten vereinzelt ebenfalls beobachtet werden. Bei einer ausreichenden genetischen Vielfalt und Zeit kann man davon ausgehen, dass auch die Westliche Honigbiene allmählich einen wirksamen Schutz gegen die Varroamilbe entwickeln und sich künftig gut mit ihr arrangieren würde. Forscher, beispielsweise des United States Department of Agriculture, USDA, in Baton Rouge, aber auch des Bieneninstituts in Kirchhain unter Dr. Ralph Büchler arbeiten daher mit Hochdruck an der Zucht varroaresistenter Bienen. Sie untersuchen den Hygienetrieb und das beobachtete gegenseitige Putzverhalten in Bienenvölkern der Westlichen Honigbiene und vermehren jene, deren entsprechendes Verhalten am wirkungsvollsten ist. Neben dem gegenseitigen Putzen und Töten der Varroen gilt die sogenannte »Varroa Sensible Hygiene« (VSH) als besonders vielversprechendes Verhalten: Ammenbienen entfernen die infizierte Brut aus dem Nest, indem manche Bienen die Zellen der befallenen Bienenpuppen öffnen und ihre Artgenossen anschließend Puppe und Milben entfernen. Wie die jeweiligen Bienen erkennen, dass eine Zelle infiziert ist, ist nicht endgültig geklärt – möglicherweise ist es der Geruch der Milben, vielleicht aber auch jener der durch die Milbe verletzten Bienenpuppe, den einzelne Individuen identifizieren können.
Doch bei all den riesigen Fortschritten der Wissenschaft in Bezug auf die varroaresistente Westliche Honigbiene tauchen immer auch Schwierigkeiten auf: Zum einen zeigen maßgeblich jene Bienenvölker/Bienenrassen das erwünschte Varroa-Abwehrverhalten, die weniger sanftmütig sind und deren Honigproduktionsleistung geringer ausfällt. Letzteres bei der Zucht gleichzeitig zu erhalten, ohne dabei die genetische Verarmung unserer Bienenvölker noch zu vergrößern, stellt eine echte Herausforderung dar. Darüber hinaus hängt ein tatsächlicher Züchtungserfolg aber von der Mitarbeit der Imker ab, äußerte Dr. Ralph Büchler gegenüber dem Deutschen Bienenjournal im November 2016. Sie müssten für das Thema sensibilisiert werden, ihre

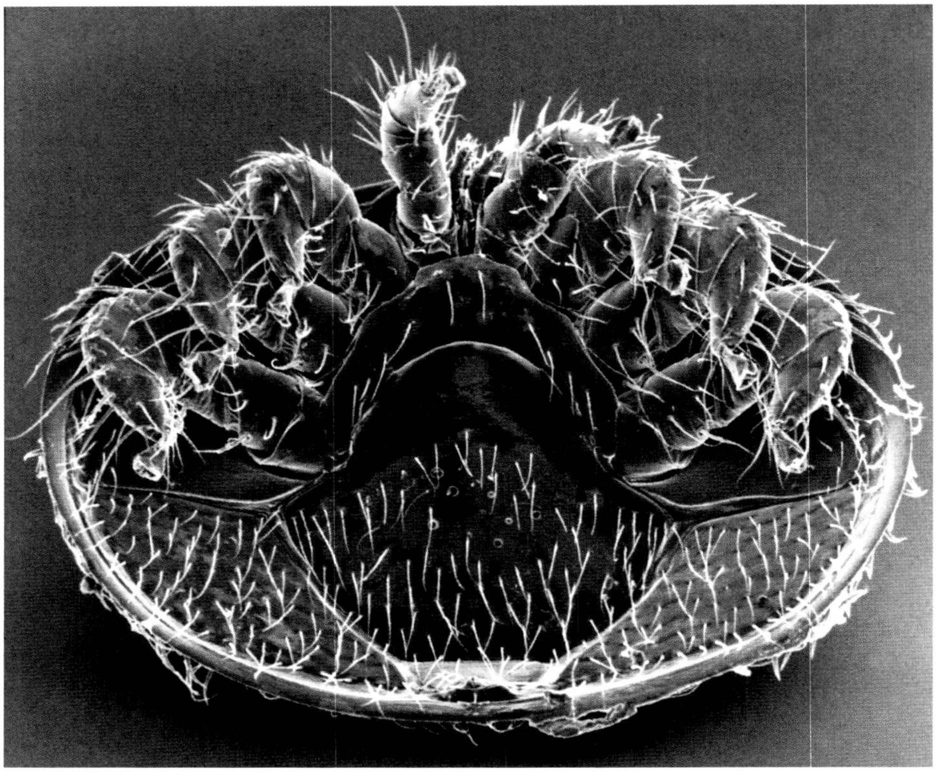

Ein querovaler behaarter Panzer schützt den Körper von *Varroa destructor*. Zwischen den vier Beinpaaren, die mit Sinneshaaren besetzt sind und deren vorderstes zu einem Sinnesorgan umgewandelt ist, sitzt der Stech- und Saugapparat (links). Seit Mitte des 20. Jahrhunderts hat sich die Milbe in Mitteleuropa ausgebreitet und ganz allmählich lernen Bienen und Imker, dem Feind zu begegnen.

Das gibt Hoffnung auch für künftige Bedrohungen, die möglicherweise durch weitere Parasiten – wie den Kleinen Beutenkäfer (siehe S. 183), der mittlerweile von Nordafrika kommend erste europäische Völker in Portugal und Italien bedroht – auftauchen könnte. In Asien wurde bereits der Befall der Westlichen Honigbiene mit Milben der Gattung *Tropilaelaps* nachgewiesen, die ebenfalls die Brut, insbesondere der Drohnen, befällt und zu deren Totalverlust führen kann. Die längsovalen Milben sind von *Apis dorsata* auf *Apis mellifera* übergegangen. Welche Abwehrmechanismen die Honigbienen im Falle einer Einschleppung der *Tropilaelaps*-Milben entwickeln oder ob die gegen die Varroamilbe ausreichen, bleibt abzuwarten.

Wirtschaftsweise ändern und insbesondere die prophylaktische Varroabehandlung ihrer Bienenvölker beenden. Eine chemische Behandlung sollte laut Büchler also nur bei tatsächlichem massiven Befall durchgeführt werden; die prophylaktische Behandlung dagegen beispielsweise durch die Etablierung von Brutpausen – etwa durch das Bannwaben-Verfahren, bei dem im Mai/Juni über etwa vier Wochen hinweg die gesamte verdeckelte Brut entnommen wird – ersetzt werden.
Im Übrigen würde das auch der Bienen- und letztlich der menschlichen Gesundheit im Allgemeinen zugute kommen, lassen sich doch Rückstände vieler chemischer Varroamedikamente in den Bienen wie auch im Bienenbrot, in Pollen und Honig nachweisen. Sie kommen einzeln zwar nicht in für den Menschen bedroh-

licher Dosis vor, aber Tier und Produkte zeigen häufig Mehrfachbelastungen mit anderen Mitteln sowie Umweltgiften, die sich durchaus potenzieren können. Mithin lassen sich eine Reihe vom Methoden und Medikamenten ausmachen, die der Varroose Einhalt gebieten. Sie als DEN Grund für das weltweite Bienensterben anzuführen, ist nicht nur durch Studien – wie jener des europäischen Forscher-Netzwerks Easac, die Pestizide für die Bienenverluste verantwortlich machen – längst widerlegt. Auch gute imkerliche Praxis beweist, dass sich zumindest durch die chemische Varroabehandlung die Varroose deutlich eindämmen lässt. Das Gerücht, sie sei in der Hauptsache für die Verluste an Bienen verantwortlich, hält sich dagegen hartnäckig – geschürt nicht zuletzt durch Interessenvertreter der agrochemischen Industrie.

Da sich der Bestand des Bienenwolfs in den letzten Jahren deutlich dezimiert hat, ist er für die Honigbiene keine echte Bedrohung mehr.

▸▸ DER BIENENWOLF UND ANDERE HAUTFLÜGLER

Kann man die Varroamilbe als den Erzfeind der Westlichen Honigbiene bezeichnen, so ist der Bienenwolf wenn nicht der gefährlichste, so doch aus Sicht der Bienen wohl einer ihrer perfidesten Feinde. Der Bienenwolf ist nicht etwa ein Säugetier, sondern eine Grabwespenart, kaum fünf Millimeter größer als die Honigbiene. Das Weibchen lauert Sammelbienen in einer Blüte auf, greift sie blitzschnell an und setzt sie mittels eines Stiches außer Gefecht. Dabei tötet das Wespengift die Biene nicht etwa, sondern lähmt sie lediglich. Zunächst presst der Bienenwolf den gerade gesammelten Nektar aus dem Honigmagen der Biene und verschlingt ihn, dann umklammert die Wespe ihre Beute mit den Beinen und fliegt zu ihrem Nest. Dieses besteht aus einem tiefen Gang in sandigem Boden und mehreren kleinen Bruthöhlen. Feucht und warm ist es darin und der Bienenwolf sammelt für

Bienen sind eine willkommene Nahrung für Hornissen. Einen echten Schaden an einem Bienenvolk können die selten gewordenen Insekten aber kaum anrichten.

jede Höhle drei bis vier Bienen und legt anschließend in jede Höhle ein Ei. Um die gelähmten, aber noch immer lebenden Bienen haltbar zu machen und vor Schimmelpilzen in dem feucht-warmen Klima zu schützen, beleckt der Bienenwolf seine Beute rundherum. Zudem gibt die Wespe eine weiße Substanz aus ihren Fühlern ab, die von den sich bald entwickelnden Wespenlarven gefressen wird. Die darin enthaltenen Bakterien dienen als natürliches Antibiotikum, das vor dem Befall der Larve und Puppe mit Schimmelpilzen schützt. Die gelähmten Bienen dienen den Larven als Lebendfutter, bevor sie sich in einen Seidenfaden einspinnen, verpuppen und schließlich schlüpfen. Als adulte Tiere leben die Wespen im Übrigen ausschließlich von Blütennektar.

Weil der Lebensraum des Bienenwolfs immer mehr zerstört wird, die Tiere in den vergangenen Jahren stark bekämpft wurden und infolgedessen der Bestand der Grabwespenart deutlich dezimiert ist, ist er für den Bestand von Honigbienenvölkern keine echte Bedrohung mehr. Das gilt auch für die Hornisse, die zwar ab und zu Bienen als Nahrung abfängt und auch gerne als Räuber fungiert, dabei aber kaum echten Schaden anrichten kann. Anders ist das bei einigen staatenbildenden Wespenarten, der Deutschen und der Gemeinen Wespe. Sie können schwache Bienenvölker stark schädigen, werden aber in einem starken, gesunden Bienenvolk bereits am Flugloch von den Wächterbienen erkannt und bekämpft.

Wespen haben selten die Gelegenheit, sich in einen Bienenstock einzuschleichen, um dort Honig zu räubern. Das gelingt ihnen nur bei schwachen, kranken Völkern.

DIE BIENENLAUS

Auch bei der Bienenlaus *(Braula coeca)* handelt es sich um einen Parasiten, der die Bienen im Stock befällt, doch ist er wesentlich harmloser als die Varroamilbe. Die Bienenlaus ist eigentlich eine Fliege, besitzt aber keine Flügel. Sie setzt sich im Bauchpelz der Bienen fest, mit besonderer Vorliebe in dem der Bienenkönigin. Dort wartet sie, bis die Königin gefüttert wird und zweigt sich ihren Teil der Nahrung ab. Lebt sie dagegen im Pelz einer Arbeiterin, »kitzelt« sie diese am Mund und imitiert damit das Futterbetteln anderer Arbeiterinnen bzw. von Drohnen. Die Angebettelte fällt auf den Trick herein und füttert ihren Parasiten. Solange sich der Bienenlaus-Befall in Grenzen hält, wird ein Volk nicht geschädigt. Wird die Königin jedoch zu stark belästigt, so verringert sie die Eiablage oder stellt sie ganz ein. Jahrzehntelang bekämpfte man die Bienenlaus daher mit gesundheitsschädlichen Chemikalien wie Naphthalin, das weder der Bienengesundheit noch dem Menschen, der über den Honig damit in Kontakt kommt, zuträglich ist. Heute genügen Tabakrauch oder ein mit Honig getränktes Wattestäbchen, mit dem die Königin betupft wird, um die Bienenlaus abzunehmen.

▸▸ DIE WACHSMOTTE

Es gibt zwei Arten von Wachsmotten, die Kleine *(Achroea grisella)* und die Große *(Galleria mellonella)*. Die beiden Schmetterlingsarten haben an den Bienen und der Bienenbrut eigentlich kein Interesse, dafür aber ein umso größeres Verlangen nach ihren wächsernen Bauwerken. Die erwachsenen Motten fressen zu Lebzeiten gar nichts, sondern legen ausschließlich Eier in die Ritzen und Ecken der Bienenbeuten. Ihre Larven aber, die sogenannten Rankmaden, sind stets hungrig und lieben das Wachs mit Pollenresten, die Puppengespinste der Bienen und die Kotreste in den Brutzellen. Haben sie einen Bienenstock befallen, so fressen sie ihre Gänge durch die Brutzellen und können dabei erheblichen Schaden anrichten, bevor sie sich in einen Kokon einspinnen und verpuppen. Meist aber werden die Larven längst vorher von den Honigbienen entdeckt und dann einzeln aus dem Stock befördert.

Die Larven der Wachsmotte ernähren sich u. a. von Pollenresten und Brutrückständen der Honigbiene.

Warum sie von Imkern weit mehr gefürchtet werden als von den Bienen liegt daran, dass sie sich bei unsachgemäßer Winterlagerung von alten Brutwaben gerne in diesen breitmachen und der Imker eine böse Überraschung erlebt, wenn er nach dem Winter seinen Wabenschrank öffnet.

BIENENKRANKHEITEN

Viren, Bakterien und Pilze können auch bei den Bienen Krankheiten hervorrufen, wobei erstaunlicherweise die Vireninfektionen bis zum Auftauchen der Varroamilbe als die harmlosesten Erkrankungen angesehen werden konnte. Die Bienen wurden zwar infiziert, doch erst die Infektion durch die Milbe hat nun häufig auch eine Erkrankung zur Folge. Zuvor konnten die etwa 20 bekannten Bienenvirenarten zwar die Biene befallen, schädigten sie jedoch nur selten und führten nicht zum Kollaps ganzer Völker. Letzteres ist auch heute noch sehr selten. Schlimmer sind einige bekannte bakterielle Infektionen und Pilzinfektionen bei der Honigbiene.

Erkennbar ist die Amerikanische Faulbrut an den im Spätsommer vereinzelt stehenden, noch verdeckelten Brutwaben, deren Wachsdeckel aber eingesunken und löcherig ist. Im Innern befindet sich zunächst ein hellbrauner Brei, der stinkt und Fäden zieht, wenn man ein Streichholz hineinsteckt, und der dann zu einer festen braunen Masse austrocknet.

▸▸ AMERIKANISCHE, AUCH BÖSARTIGE FAULBRUT

Ein Bakterium, *Paenibacillus larvae larvae*, ist Verursacher einer hoch infektiösen Bienenseuche, die nicht etwa aus Amerika eingeschleppt, sondern dort erkannt wurde. Weil das Bakterium Sporen bildet, breitet es sich rasant aus, ist aber für die erwachsenen Biene sowie den Menschen und andere Lebewesen völlig ungefährlich. Nur den Larven, denen die Sporen mit dem Futter im jungen Alter gereicht werden und die sich nach dem Verdeckeln der Brutzelle strecken, wird das Bak-

terium zum Verhängnis. Zunächst sich im Mitteldarm vermehrend, durchdringen die Sporen bald die Darmwand, und vermehren sich in der Streckmade und Vorpuppe so rasant, dass die Brut bald abstirbt. Innerhalb einer solchen befallenen Brutzelle sammeln sich Milliarden von Sporen. Erkennbar ist die Amerikanische Faulbrut an den im Spätsommer vereinzelt stehenden, noch verdeckelten Brutwaben, deren Wachsdeckel aber eingesunken und löcherig ist. Im Innern befindet sich zunächst ein hellbrauner Brei, der stinkt und Fäden zieht, wenn man ein Streichholz hineinsteckt, und der dann zu einer festen braunen Masse austrocknet. Die Amerikanische Faulbrut ist nicht nur lebensbedrohlich für ein Bienenvolk, weil sich die Sporen überall im Futter finden und darüber an die Brut verfüttert werden, sie birgt auch durch die hohe Ansteckungsgefahr und die Langlebigkeit der Sporen eine große Gefahr für andere Völker. In Deutschland, Österreich und der Schweiz ist die Krankheit daher meldepflichtig, infizierte Völker müssen im schlimmsten Fall sogar getötet, zumindest aber die Brut vernichtet werden, die Honigvorräte müssen geerntet und dürfen nicht an andere Völker verfüttert werden und höchste Hygiene- und Desinfektionsmaßnahmen sind im Umgang mit dem betroffenen Volk wichtig. Der Honig aber darf durchaus noch vom Menschen verzehrt werden – er hat keinerlei schädigende Wirkung für ihn.

▸▸ EUROPÄISCHE, AUCH GUTARTIGE FAULBRUT UND ANDERE BRUTKRANKHEITEN

Auch die Europäische Faulbrut ist eine durch *Melissococcus plutonius* ausgelöste bakterielle Erkrankung, betrifft aber nur bis zu 48 Stunden alte Larven und ist, weil der Erreger weniger widerstandsfähig ist, nicht so hochinfektiös wie der Erreger der Bösartigen Faulbrut. Da der Krankheitsverlauf also in der Regel die Rundmaden betrifft, erkennen die Stockbienen erkrankte Bienen meist selbst und entsorgen sie. Zwar ist auch diese Faulbrut meldepflichtig, doch die Völker können sich von der Erkrankung fast immer selbst heilen.

Auch andere Erreger befallen die Bienenbrut; der Pilz *Ascosphaera apis* führt beispielsweise zu der sogenannten Kalkbrut, das Sackbrutvirus zur sogenannten Sackbrut. Beides sind Krankheiten, die in einem gesunden Volk keinen größeren Schaden anrichten und von den Bienen eigenständig geheilt werden.

▸▸ NOSEMOSE/NOSEMATOSE

Pilzsporen der Art *Nosema apis* und, wie seit wenigen Jahren bekannt, auch *Nosema ceranae*, sind für eine Bienenkrankheit verantwortlich, die sich vor allem in einem schlimmen Durchfall bemerkbar macht. Die Nosemose befällt die adulten Bienen und kann sich in Windeseile auf das ganze Volk ausbreiten. Dabei kommt der Krankheit auch noch der Reinlichkeitsdrang der Bienen zugute: Zunächst vor allem über das Futter verbreitet, werden die an *Nosema apis* erkrankten Bienen bald von einem so schlimmen Durchfall heimgesucht, dass sie nicht mehr in der

Lage sind, rechtzeitig zu einem Reinigungsflug das Nest zu verlassen. Die gesunden Arbeiterinnen, die den Bienenstock säubern wollen, infizieren sich an diesem Bienenkot. Bienen, die mit *Nosema ceranae* infiziert sind – einem Erreger, der ursprünglich nur die Östliche Honigbiene befallen hat, nun aber auch in Europa die Westliche Honigbiene krank macht – schaffen es meist eher, den Stock zu verlassen, ohne das eigene Nest zu beschmutzen. Bei beiden Erregern sind die Bienen meist flugunfähig, krabbeln mit gekrümmtem, aufgedunsenem Hinterleib auf dem Flugbrett herum. Da die Sporen im Darm verhindern, dass das Polleneiweiß komplett aufgespalten werden kann, leiden die meisten Bienen bald unter Nahrungsmangel und verhungern. Medikamente helfen den Bienenvölkern, wieder auf die Beine zu kommen.

▸▸ CHRONISCHE PARALYSE

Die Viruserkrankung Chronische Paralyse geht ebenfalls mit einem schlimmen Durchfall einher, hat aber noch einige andere auffällige Anzeichen. Ein Zittern am ganzen Körper gehört dazu, darüber hinaus verlieren infizierte Bienen meist ihre Haare und ihr Körper erscheint dadurch auffällig schwarz. Übertragen wird das Virus einerseits über das Futter, andererseits durch Hautverletzungen, weshalb besonders die Varroamilbe als einer der Hauptüberträger der Erkrankung anzusehen ist. Es können erwachsene Bienen ebenso wie Bienenbrut betroffen sein. Auch wenn die infizierten Tiere in der Regel binnen acht Tagen sterben, sind starke Bienenvölker in der Lage, die Krankheit selbst zu heilen.

Das Auftreten der Chronischen Paralyse wird durch fehlende Trachtpflanzen während langer Schlechtwetterperioden begünstigt. Die Bienen verlassen den Stock kaum und sitzen dicht gedrängt zusammen, sodass sich das Virus rasch ausbreiten kann. Die Krankheit kann ein ganzes Volk dahinraffen, doch ist das eher selten. In der Regel erholen sich die Insekten, wenn rechtzeitig das schlechte Wetter endet und die Flugtätigkeit wieder einsetzen kann.
Da die Königin ebenfalls zu den Überträgern des Virus zählt, hilft einem erkrankten Volk teilweise auch eine Umweiselung.

»Jeder kann sich hier für Bienen einsetzen. Dieses fleißige Insekt braucht mehr Aufmerksamkeit und Schutz. Auch viele Wildbienenarten sind bedroht, haben kaum eine Lobby und verschwinden einfach.«

WORLD SAVE BEE FUND e.V.

Den Helfern helfen – was wir für Bienen tun können

Die Sympathie des Menschen gegenüber Insekten ist in der Regel als eher gering einzuschätzen. Bienen waren davon lange Zeit nicht ausgenommen, doch das Bienensterben der letzten Jahre, eine starke Lobbyarbeit für die Wild- und Honigbienen und nicht zuletzt das Wissen um ihre Bedeutung als Bestäuber hat eine Trendwende eingeläutet: Die Tiere haben im Bewusstsein vieler Menschen eine Aufwertung erhalten, die sich, so bleibt zu hoffen, auch in einem nachhaltigen Bemühen um Schutz und Erhalt der Insekten niederschlägt. Einen Beitrag hierfür kann jeder leisten, denn zahlreiche Maßnahmen sind schnell und ohne großen finanziellen Aufwand zu bewerkstelligen.

Je weniger Chemikalien auf Feldern, Äckern, Wiesen und Gärten eingesetzt werden, desto weniger Belastungen sind Bienen, aber auch andere Tiere und schlussendlich der Mensch ausgesetzt.

Dank der Medien, die seit Jahren das weltweite Bienensterben zum Thema machen, wissen heute immer mehr Menschen um die Bedeutung der Insekten nicht nur als Honiglieferant und möchten etwas zum Schutz der pelzigen Tiere tun. Initiativen wie der »World Save Bee Fund e.V.« oder »Berlin summt« wurden ins Leben gerufen, auf neue Schreckensmeldungen zum Bienensterben folgen Petitionen wie etwa die der Kampagnenplattform Avaaz, die das Verbot von Neonicotinoid-Pestiziden einfordert und dafür binnen 48 Stunden eine halbe Million Unterzeichner gewinnen konnte. Der Wunsch nach konkreter, effektiver und schneller Hilfe ist also vorhanden. Doch was kann jeder einzelne tatsächlich zum Schutz der Bienen tun?

Die vermeintlich naheliegendste Maßnahme, um dem Verlust von Honigbienen etwas entgegenzusetzen, ist die Haltung eigener Völker. Nachdem die Anzahl der Imker jahrzehntelang kontinuierlich zurückging, zeichnet sich in jüngster Zeit ein wachsendes Interesse an Bienen und ihrer Haltung ab, das auch getragen wird durch das in Mode gekommene »urban beekeeping«. Doch der Schritt zum Hobbyimker will wohl überlegt sein. Bienen benötigen Zeit und Aufmerksamkeit, und das umso mehr, seitdem Varroa und andere Schädlinge um sich greifen. Die Rettungsmaßnahme in Form eigener Bienenhaltung ist für die Tiere nur dann wirklich hilfreich, wenn sie ausreichend betreut werden, sodass eventuell auftretende Krankheiten erkannt und entsprechend behandelt werden, andernfalls wird die Gesundheit und das Leben anderer Bienenvölker zusätzlich in Gefahr gebracht.

Doch der Schutz von Bienen lässt sich auch mit weniger Aufwand betreiben. Seit der Entwicklung von Pflanzenschutzmitteln, insbesondere systemisch wirkender Pestizide, stehen diese im Verdacht, die Gesundheit der Bienen massiv zu beeinträchtigen. Noch im aktuellen Bericht des Umweltprogramms der Vereinten Nationen (UNEP) ist zu lesen: »Verschiedene Studien zeigen die hohe Toxizität von Chemikalien wie Imidacloprid, Clothianidin, Thiamethoxam (...). Laborstudien haben gezeigt, dass diese Wirkstoffe zum Verlust des Orientierungssinns, einer Beeinträchtigung von Gedächtnis und Gehirnleistung sowie einer erhöhten Sterblichkeit führen können.« Trotz dieser Erkenntnisse befinden sich zahlreiche Präparate mit den angesprochenen Wirkstoffen im internationalen Handel. Jenseits aller Diskussionen darüber, wie schwer die Auswirkungen auf Bienen tatsächlich sind, kann man sagen: Pflanzenschutzmittel sind immer eine potenzielle Gefahr

Auch Bienen brauchen Wasser

Helfen Sie Bienen im Sommer bei der Versorgung mit Wasser, indem Sie eine Vogeltränke oder ein flaches Schälchen auf den Balkon oder die Terrasse stellen. Wenn Sie ein paar kleine Steine hineinlegen, die etwas aus dem Wasser herausragen, erleichtern Sie den Insekten die Aufnahme der Flüssigkeit.

für Bienen. Das gilt für die unmittelbare Gesundheit der Insekten ebenso wie für ihre Lebensumstände, denn selbst wenn die Bienen beispielsweise den Kontakt mit glyphosathaltigen Mitteln überleben, werden mit der Beseitigung jeglicher Unkräuter auf jeden Fall auch wichtige Trachtquellen vernichtet, die für das Fortbestehen der Insekten jedoch entscheidend sind. Die naheliegende Antwort auf dieses Problem sind die Reduzierung oder vollständige Vermeidung von Chemikalien im eigenen Garten und die Förderung des ökologischen Landbaus durch den Kauf entsprechender Produkte. Je weniger Chemikalien auf Feldern, Äckern, Wiesen und Gärten eingesetzt werden, desto weniger Belastungen sind Bienen, aber auch andere Tiere und schlussendlich ebenso der Mensch ausgesetzt.

Nicht jede Nisthilfe nützt den Wildbienen tatsächlich. Risse im Holz sind ebenso zu vermeiden wie Holzsplitter in den Bohrlöchern. Auch der Standort ist entscheidend: Ideal sind sonnige, windberuhigte Stellen und eine freie Einflugschneise für die Bienen.

Eine weitere effektive Möglichkeit zum Schutz von Wildbienen ist das Aufstellen von Nisthilfen, die es mittlerweile in vielfacher Ausführung im Handel zu kaufen gibt, bzw. der Erhalt geeigneter Lebensräume wie Tot- und Morschholz oder Stängel von Königskerzen, Disteln und Himbeer- oder Brombeersträuchern im eigenen Garten. Diese Maßnahme hilft zwar ausschließlich den Wildbienenarten, die ihre Nester nicht im Erdboden errichten, doch auch diese, in Deutschland mit rund 170 Arten vertretenen Bienen haben mit dem Problem schwindender Nistplatzmöglichkeiten zu kämpfen. Sofern Sie auf angefertigte Nisthilfen zurückgreifen, achten Sie beim Kauf darauf, dass diese den ursprünglichen, natürlichen Nistplätzen von Bienen entsprechen. Bohrlöcher in Holzblöcken beispielsweise dürfen keine abstehenden Holzsplitter enthalten, da sich die Insekten sonst verletzen können. Auch durch zu eng angesetzte Bohrungen verursachte Risse im Holz machen die Nisthilfe nahezu unbrauchbar, siedeln sich doch hierdurch allzu oft schädliche Parasiten an. Nisthilfen sollten zudem an Plätzen aufgestellt werden, die für ein paar Stunden am Tag von der Sonne beschienen werden, andernfalls droht zu große Feuchtigkeit in den Nisthöhlen, was insbesondere die Brut in Gefahr bringt, da Nahrungsvorräte verderben können.

Mut zur Wildnis! Garten-, Balkon- und Grünflächenbesitzer, die dieses Motto beherzigen, können viel zum Schutz und zur Erhaltung von Honig- und Wildbienen beitragen. Das Prinzip von Ordnung und Sauberkeit, das beim Anlegen vieler Gärten und Balkone leider noch immer vorherrscht, ist für Bienen ein großes Problem, bieten doch gestutzte englische Rasen, akkurat geschnittene Buchsbäume oder exotische Blütenpflanzen den Tieren keinerlei Nahrungsquellen. Der Ordnungswahn nicht weniger Gärtner beraubt vielen Wildbienenarten zudem ihrer Nistmöglichkeiten, sind sie doch auf morsches Holz oder abgestorbene Stängel angewiesen, die als »Abfall« jedoch allzu oft beseitigt werden. Wer seinen Garten oder Balkon zu einem geeigneten Lebens- und üppigen Nahrungsraum für Bienen machen möchte, sollte folgende Grundsätze beherzigen:

1. Setzen Sie auf heimische Pflanzen und unterstützen Sie damit insbesondere jene Wildbienenarten, die sich auf wenige oder gar eine heimische Pflanzenart spezialisiert haben. Vor diesem Hintergrund sind leider viele der in Bau- und Super-

märkten angebotenen bienen- und schmetterlingsfreundlichen Saatmischungen mit Vorsicht zu genießen, denn sie enthalten oft fremdländische Blumen, die für viele Bienenarten als Nahrungsquelle bedeutungslos sind.

2. Geben Sie der Natur Raum zur freien Entfaltung. Das beinhaltet auch, dass der Rasen nicht jede Woche gemäht wird. Nur so können Klee, Wiesensalbei und andere Wildpflanzen zur Blüte gelangen und den Bienen zur Nahrungsquelle werden. Zudem sollten Wildpflanzen, die sich im Laufe der Zeit an Wegen, Zäunen oder Tümpelrändern selbst verbreiten, nicht gleich entfernt werden, denn sie sind für die Bienen fast immer von Nutzen.

3. Sorgen Sie für eine möglichst große Vielfalt an Blumen: Sie beschert Ihnen zugleich eine Vielfalt an Bienenarten und anderen Nützlingen.

4. Verzichten Sie auf den Einsatz von Pestiziden, Herbiziden und Fungiziden.

Kleine Auswahl bienentauglicher Nahrungsquellen

Für Balkone und Terrassen	▸ Salbei, Kamille, Lavendel, Thymian, Zitronenmelisse, Majoran, Ysop, Borretsch, Koriander, Glockenblume, Blaukissen, Winterheide
Für Gärten	▸ Obstbäume wie Apfel, Kirsche, Birne und Zwetschgen ▸ Berg- und Spitzahorn, Edelkastanie, Silberweide ▸ Obststräucher wie Johannisbeere, Stachelbeere, Himbeere oder Brombeere ▸ Stauden wie Malve, Ziest, Glockenblume, Eibisch, Steinkraut, Schafgarbe, Sonnenhut, Blutweiderich, Himmelsleiter, Fette Henne, Aster, Kugeldistel, Wegwarte ▸ Wildblumenwiesen mit Zaunwicken, Glockenblumen, Wiesensalbei, Hornklee, Löwenzahn, Kornblumen, Klatschmohn, Steinklee, Phacelia ▸ Wildrosen, Schlehen ▸ Efeu, Klee

Bienen lieben Klee! Lassen Sie die Blüten zur Entfaltung kommen, indem Sie auf Ihrem Rasen einen Blühstreifen stehen lassen oder die Intervalle beim Rasenmähen verlängern. (Rechte Seite oben)

Wildblumengärten und -beete sind nicht nur ein Fest für das menschliche Auge. Zahlreichen Bienenarten dienen sie als schmackhafte Nahrungsgrundlage. (Rechte Seite unten)

Ausgewählte Literatur

Belletristik :
Bonsel, Waldemar: Die Biene Maja.

Roald Dahl: Gelée Royal. In: Küßchen, Küßchen! Elf ungewöhnliche Geschichten.

Lunde, Maja: Die Geschichte der Bienen. 2017.

DVDs und CDs:
Bienen und Honig – Die Filme – NZZ Format. DVD, 2010.

Büchler, Dr. Ralph: Varroaresistenz – eine Frage der Behandlung! Apis e.V., Apisticus-Tag 2016.

Die Bienen – Alle Macht der Königin. DVD, 2004.

Frisch, Karl von, und Klaus Sander: Die Tanzsprache der Bienen. Originaltonaufnahmen 1953–1962 Audio-CD, 2005.

Imhoof, Markus: More than Honey. DVD, 2012.

Tautz, Jürgen, und Klaus Sander: Der Bien: Superorganismus Honigbiene. Audio-CD, 2007.

Sachliteratur:
Abrol, D.P.: Beekeeping: A Compressive Guide To Bees And Beekeeping, 2016.

Benjamin, Alison, und Brian McCallum: Welt ohne Bienen: Wie das Sterben einer Art unsere Zivilisation bedroht, Köln 2009.

Bogdanov, Stefan: Bienengift. Schweizerisches Zentrum für Bienenforschung, 2000.

Bort, Rosemarie: Honig, Pollen, Propolis: Sanfte Heilkraft aus dem Bienenstock, Stuttgart 2010.

Bortolotti, Laura, und Cecilia Costa: Chemical Communication in the Honey Bee Society. In: Mucignat-Caretta, Carla (editor): Neurobiology of Chemical Communication, Boca Raton 2014.

Bujok, Brigitte: Thermoregulation im Brutbereich der Honigbiene Apis mellifera carnica, Dissertation Universität Würzburg 2005.

Bundesamt für Verbraucherschutz und Lebensmittelsicherheit: Das »Bienensterben« im Winter 2002/2003 in Deutschland, Braunschweig 2005.

Crane, E.: The World History of Beekeeping and Honey Hunting, Duckworth 1999.

Deißenberger, Horst: Apis mellifica. Honigbiene, Stuttgart 1977.

Dutli, Ralph: Das Lied vom Honig. Eine Kulturgeschichte der Biene, Göttingen 2012.

EASAC policy report 26: Ecosystem services, agriculture and neonicotinoids, 2015.

Ellis, J.D. et al: Social encapsulation of the small hive beetle (Aethina tumida Murray) by European honeybees (Apis mellifera L.). In: Insectes Sociaux, 2003, S. 286–291.

Ellis, Jamie: Colony Collapse Disorder (CCD) in Honey Bees, IFAS Extension, University of Florida 2017.

Engel, Michael S.: A New Interpretation of the Oldest Fossil Bee (Hymenoptera: Apidae). In: American Museum Novitates 3296, New York 2000.

Florio, Richard M. (editor): Bees: Biology, Threats and Colonies, New York 2012

Forschungsinstitut für biologischen Landbau FiBL (Hg.): Wildbienen und Bestäubung, 2016.

Frisch, Karl von: Aus dem Leben der Bienen, Berlin 1964.

Fuchs, Stefan, und Nikolaus Koeninger: Schallerzeugung im Dienst der Verteidigung des Bienenvolkes (Apis cerana Fabricius), Apidologie 5 (3), 1974.

Heinrichs, Horst: Botinnen der Götter. Natur- und Kulturgeschichte der Honigbiene, Köln 1988.

Heinrich, Bernd (u. a.): Thermoregulation im Bienenschwarm. In: Biologie des Sozialverhaltens, Heidelberg 1988, S. 70–77.

Hintermeier, Helmut, und Margrit Hintermeier: Bienen, Hummeln, Wespen im Garten und in der Landwirtschaft, 2009.

Hölldobler, Bert, und Edward O. Wilson: Der Superorganismus, Berlin Heidelberg 2010.

Jahresbericht 2010/2011. Deutscher Imkerbund e.V. (D.I.B.), Wachtberg 2011.

Jensen, Annette B. (u. a.): Varying degrees of Apis mellifera ligustica introgression in protected populations of the black honeybee, Apis mellifera mellifera, in northwest Europe, Molecular Ecology (2005) 14, S. 93–106.

Kirchner, Oskar von: Blumen und Insekten, Paderborn 2012. Nachdruck des Originals von 1911.

Lee, Kathleen V. et al: A national survey of managed honey bee 2013–2014 annual colony losses in the USA. In: Apidologie, May 2015, Volume 46, Issue 3, S. 292–305.

Leutz, Achim: Über Ortungs- und Navigationsverfahren bei Tieren, Wiesbaden 1975.

Maeterlinck, Maurice: Das Leben der Bienen, Frankfurt 1953.

Menzel, Randolf: »Was denken Bienen, wenn sie tanzen?« Zur neurobiologischen Hirnforschung von Bienen. In: Sprachen öffnen Welten, Berlin 2001.

Michener, Charles Duncan, und David A. Grimaldi: A Trigona from Late Cretaceous Amber of New Jersey (Hymenoptera: Apidae: Meliponinae). In: American Museum Novitates No. 2917, New York 1988, S. 1–10.

Michener, Charles Duncan: The Bees of the World, Johns Hopkins University Press 2000.

Mirjanic, Goran: Impact of different feed on intestine health of honey bees, Onlineressource 2013.

Moritz, Robin F.A., und Edward E. Southwick: Bees as Superorganisms, Berlin 1992.

Morse, Roger A., und Nicholas W. Calderone: The Value of Honey Bees As Pollinators of U.S. Crops in 2000, Ithaca 2000.

Mühlen, Werner: Heimische Wildbienen, Hummeln und Wespen – verkannte Nutzinsekten. aid infodienst Ernährung, Landwirtschaft, Verbraucherschutz e.V., 1998.

Neumann, Peter et al: Social encapsulation beetle parasites by Cape honeybee colonies (Apis mellifera capensis Esch.). In: Naturwissenschaften, 2001, S. 214–216.

Neumann, Peter et al: Quo vadis Aethina tumida? Biology and control of small hive beetles, Apidologie 2016, S. 427–466.

Nowottnick, Klaus: Die Honigbiene, Hohenwarsleben 2004.

Oldroyd, Benjamin P., und Siriwat Wongsiri: Asian honey bees: biology, conservation and human interactions, Harvard 2006.

Page, Robert E.: The spirit of the hive: the mechanisms of social evolution, Cambridge/Massachusetts 2013.

Paulus, Hannes F.: Bienen und Pollen. In: Natur & Land Jg. 97, 2011, S. 10–15.

Pfefferle, Karl: Imkern mit dem Magazin und mit der Varroatose, 1997.

Ripberger, Robert: Schützt die Hornissen, Stuttgart 1997.

Roffet-Salque, Mélanie et al: Widespread exploitation of the honeybee by early Neolithic farmers, Nature 527, 2015, S. 226–230.

Rolke, Daniel et al: Large-scale monitoring of effects of clothianidin-dressed oilseed rape seeds on pollinating insects in northern Germany: residues of clothianidin in pollen, nectar and honey. In: Exotoxicology (2016), Volume 25, Issue 9, S. 1691–1701.

Rüdiger, Wilhelm: Ihr Name ist Apis. Kleine Kulturgeschichte der Biene, 1974.

Ruttner, Friedrich: Naturgeschichte der Honigbienen, München 1992.

Schmölders, Günter, und Gerhard Brinkmann (Hg.): Sozialverhalten bei Mensch und Tier. Ein Symposion der Akademie der Wissenschaften und der Literatur, 1975.

Schürch, Roger (u.a.): Ballroom Biology: Recent Insights into Honey Bee Waggle Dance Communications, Lausanne 2016.

Seeley, Thomas D.: Bienenschwärme auf Wohnungssuche. In: Biologie des Sozialverhaltens, Heidelberg 1988, S. 66–68.

Seeley, Thomas D.: Honeybee Ecology. A study of Adaptation in Social Life, Princeton 2014.

Seeley, Thomas D.: The wisdom of the hive, London 1995.

Stern, Horst: Bemerkungen über Bienen, München 1971.

Stever, Hermann (u.a.): Verhaltensänderung unter elektromagnetischer Exposition, Pilotstudie der Arbeitsgruppe Bildungsinformatik der Universität Koblenz-Landau, 2005.

Stocker, Klaus Nowottnick von: Propolis: Gewinnung – Rezepte – Anwendung, Graz 2010.

Tautz, Jürgen: Die Erforschung der Bienenwelt. Neue Daten – neues Wissen, Stuttgart 2016.

Tautz, Jürgen: Phänomen Honigbiene, Heidelberg 2007.

Weiß, Karl: Bienen und Bienenvölker, München 1997.

Westrich, Paul et al: Rote Liste und Gesamtartenliste der Bienen (Hymenoptera, Apidae) Deutschlands. In: Rote Liste gefährdeter Tiere, Pflanzen und Pilze Deutschlands, Band 3: Wirbellose Tiere (Teil 1). Münster 2011, S. 373–416.

Westrich, Paul: Wildbienen. Die anderen Bienen, München 2011.

Wheeler, Marsha M., und Gene E. Robinson: Diet-dependent gene expression in honey bees: honey vs. sucrose or high fructose corn syrup, Onlineressource 2014.

Wimmer, Elisabeth: Biene und Honig in der Bildersprache der lateinischen Kirchendarsteller, Wien 1998.

Winston, Mark L.: The Biology of the Honey Bee, London 1987.

Wünsch, Steffen: Das Massensterben der Honigbiene Apis mellifera (Colony Collapse Disorder). Eine Diskussion möglicher Ursachen, München 2007.

Zander, Enoch: Das Leben der Biene, Stuttgart 1964.

Ziegelmann, Bettina (u.a.): Lithium chloride effectively kills the honey bee parasite Varroa destructor by a systemic mode of action. In: www.nature.com, Scientific Reports, Januar 2018.

Wissenschaftliche und andere informative Webseiten:

www.apis-ev.de

www.hobos.de

www.life.illinois.edu/robinson

Register

Bildnachweis

dpa Picture-Alliance

Vorsatz, S. 1, 2/3, 10, 12, 14, 16/17, 20 re., 21, 22 o. li., 22 o. re., 24/25, 26, 28, 29, 32, 35 o., 35 u., 40, 43 li., 45 u., 46, 47 li., 47 re., 48 re., 49, 50 u., 52 li., 53, 54, 56 li., 58/59, 60, 63 o., 63 u., 64 li., 64 re., 65 li., 65 re., 66 o., 66 u., 67 li., 67 re., 74 re., 75, 78, 79, 85, 86, 88, 91 o., 94, 95, 96 re., 98, 100 li., 100 re., 101, 102 u., 103, 104, 106 u., 107, 108 u., 109, 110 re., 112, 120, 122, 123, 125 u., 126/127, 130 li., 133, 134, 135, 136 o., 136 u., 138, 140, 141, 142, 144, 145, 146, 148, 149, 154, 155, 156, 157 li., 157 re., 161, 162 li., 162 re., 164, 167 li., 167 re., 170 o., 171, 173 u., 178 li., 178 re., 179, 180 re., 183, 186, 187, 189, 190 o. li., 190 u., 192 li. o., 192 li. u., 192 re., 195, 202 o., 206/207, 208, 211, 214 li., 214 re., 215, 216, 217, 218, 219, 220, 221, 223, 224, 225 li., 225 re., 226/227, 229 li., 229 re., 239, 240, 242, 245 li., 245 re., 246 li., 246 re., 247, 248/249, 251, 252, 254 li., 254 re., 256/257, 261, 264, 265, 266, 268, 272, 273 li., 273 re., 275 o. re., 276 li., 277 (dpa/Bayer AG), 279, 280, 284, 285, 286, 288 o., 288 u., 297 u., 299, 300 u., 301, 302, 304, 310, 311, 313 o., 313 u., Nachsatz;

Fotolia.com

S. 19 (© grandaded), 23 (© Eileen Kumpf), 27 (© evbrbe), 36 (© Ayupov Evgeniy), 37 (© Tom Bayer), 51 (© L.Klauser), 57 (© Wißmann Design), 66 o. (© alex_1910), 66 u. (© Samuele Gallini), 68 (© VL@D), 77 (© goldbany), 87 (© teptong), 90 (© nayneung1), 97 (© SyB), 110 li. (© Bäckersjunge), 115 (© mirkograul), 116/117 (© Yaroslav Gnatuk), 125 o. (© Piotr Burak), 128 (© kosclovskyy), 129 (© Viesinsh), 139 (© djama), 150/151 (© xenijapaunic), 158/159 (© Irochka), 163 li. (© KNV), 163 re. (© photocrew), 165 (© emer), 166 (© p-fotography), 169 (© cloud9works), 172 (© PhotoSG), 181 (© kostik2photo), 182 re. (© Claude Calcagno), 185 (© 5ph), 193 li. (© abcmedia), 194 (© squirlgirl), 236 (© Zoltán Futó), 253 (© Frank Becker), 255 (© qojoo), 260 li. (© HeikoR), 262/263 (© Dusan Kostic), 274 (© luigipinna), 275 u. (© Beth Van Trees), 282 (© Igor Link), 283 (© Christian Schwier), 286 (© anna_andre), 291 o. (© marcobe), 291 u. (© Carola Schubbel), 292 (© Bäckersjunge), 297 o. (©Vera Kuttelvaserova), 306 (© yonel), 308 (© Liudmila Travina);

Nadine Gebauer

S. 31, 132 u.;

Adolf Giltsch

S. 91 u.;

Mauritius Images

S. 4/5, 6, 20 li., 30, 33, 34, 38/39, 44, 45 o., 48 li., 50 o., 52 re., 55 li., 55 re., 56 re., 62, 67 M., 69, 70 li., 70 re., 71 li., 71 re., 72 li., 72 re., 73 o., 73 u., 74 li., 76, 80/81, 82, 84, 89 li., 89 re., 93, 96 li., 99, 106 o., 108 o., 113, 114 o., 114 u., 118 li., 118 re., 119, 130 re., 131, 132 o., 137, 147, 152, 153 o., 153 u., 160, 170 u., 173 o., 174 o., 174 M., 174 u., 175, 176, 180 li., 182 li., 184 li., 184 re., 188 o., 188 u., 190 o. re., 191, 193 re., 196, 197, 198, 200 li., 200 re., 201, 202 u., 203, 204, 205, 210, 213 o., 213 u., 228, 230, 232, 233, 234 li., 234 re., 235, 237 li., 237 re., 241 o., 241 u., 244, 250, 258, 260 re., 267, 270, 271, 275 o. li., 276 re., 278, 281, 287, 290, 293, 294, 296, 298, 300 o., 303, 305, 307;

Wikimedia Commons

S. 18 (Susan Ellis, Bugwood.org), 22 u. (Sarefo), 42 (Walké), 43 re. (SecretDisc), 92 li. (Vijay Cavale), 92 re. (Sean.hoyland), 102 o. (Emmanuel Boutet), 212 (fr:Utilisateur:Achillea), 295 (Jeffdelonge)